高等学校计算机应用规划教材

嵌入式 Linux 系统开发教程

(第 2 版)

贺丹丹　编著

清华大学出版社

北　　京

内 容 简 介

本书系统论述了在 Linux 环境下开发嵌入式系统的设计思想、设计方法及开发流程，通过实例与设计项目，帮助读者尽快掌握嵌入式系统的基本概念，提高嵌入式设计技能。本书共 12 章，内容包括嵌入式基础知识、Linux 概述、ARM 体系架构、嵌入式编程、交叉工具链、Bootloader、定制内核、文件系统、驱动程序开发基础、嵌入式图形设计等。本书的最后给出了一个综合实例，帮助读者理解嵌入式 Linux 的开发方法和技巧。

本书可作为高校计算机、通信、电子专业相关课程的教材，也可供广大嵌入式开发人员参考。

图书在版编目(CIP)数据

嵌入式 Linux 系统开发教程 / 贺丹丹 编著. —2 版。 —北京：清华大学出版社，2014(2024.2重印)
(高等学校计算机应用规划教材)

ISBN 978-7-302-36504-4

Ⅰ. ①嵌… Ⅱ. ①贺… Ⅲ. ①Linux 操作系统－程序设计－高等学校－教材 Ⅳ. ①TP316.89

中国版本图书馆 CIP 数据核字(2014)第 102883 号

责任编辑：刘金喜
装帧设计：孔祥峰
责任校对：成凤进
责任印制：丛怀宇

出版发行：清华大学出版社
        网　　　址：https://www.tup.com.cn, https://www.wqxuetang.com
        地　　　址：北京清华大学学研大厦 A 座　　　　　邮　　编：100084
        社 总 机：010-83470000　　　　　　　　　　邮　　购：010-62786544
        投稿与读者服务：010-62776969, c-service@tup.tsinghua.edu.cn
        质 量 反 馈：010-62772015, zhiliang@tup.tsinghua.edu.cn
        课 件 下 载：https://www.tup.com.cn, 010-62794504
印 装 者：三河市铭诚印务有限公司
经　　销：全国新华书店
开　　本：185mm×260mm　　印　张：22.5　　字　数：562 千字
版　　次：2010 年 5 月第 1 版　　2014 年 7 月第 2 版　　印　次：2024 年 2 月第 8 次印刷
定　　价：79.00 元

产品编号：056524–04

前　　言

嵌入式 Linux 系统由于具有开源、网络功能强大、内核稳定、高效等特性，在产品开发周期、产品的功能可扩充性、开发时的人力投入等方面都具有显著的优势，因此广泛应用于高、中、低端智能电子设备中。而它与 ARM 的结合，更是一种主流的解决方案。嵌入式 Linux+ARM 已经广泛应用于机顶盒、智能手机、平板电脑、MPC(多媒体个人计算机)、网络设备、工业控制等领域，并且具有良好的市场前景。

嵌入式系统是以应用为中心，以计算机技术为基础，采用可裁剪软硬件，适用于对功能、可靠性、成本、体积、功耗等要求严格的专用计算机系统。

在新兴的嵌入式系统产品中，常见的有 MP3、智能手机、平板电脑、数字播放器、GPS、机顶盒、嵌入式服务器、家庭游戏网关、VoIP、PDA、数字视讯录像机及瘦客户机等。嵌入式系统是未来生活的一个基础平台，将会大大影响人们的生活方式。

本书将系统地讲解嵌入式 Linux 开发流程中的各个步骤，详细解析各个流程中的疑点、难点。本书分 3 个部分，共 12 章。各部分内容如下：

第一部分为基础知识篇，主要讲解嵌入式系统与 Linux 相关的基础知识，其中第 1 章为嵌入式系统基础，主要讲解嵌入式相关的概念、历史、应用及前景；第 2 章为 Linux 概论，主要是与 Linux 基础相关的知识，如 Linux 桌面系统、Linux 常用软件的使用及 Linux 常见命令等；第 3 章为 ARM 体系架构，主要介绍 ARM 架构的相关知识，如 ARM 指令集、ARM 处理器基本原理等；第 4 章为嵌入式编程，将简要介绍嵌入式汇编语言及 C 语言的编程基础。

第二部分为开发入门篇，主要介绍嵌入式开发的基本方法，这部分是本书的重点，也是嵌入式 Linux 学习的难点，读者要认真学习。这部分共 5 章，其中第 5 章介绍了嵌入式开发的软硬件环境，如工具的驱动程序安装、Ubuntu 的安装、DNW 的使用、NFS 的配置和使用，以及 Telnet、ftp 等的配置使用；第 6 章主要讲解交叉编译环境的概念以及工具链的编译、获取；第 7 章介绍了 Bootloader 及典型引导程序的制作，如 Vivi；第 8 章讲解内核的定制；第 9 章介绍了嵌入式 Linux 文件系统，这部分内容较多，希望读者重点掌握。

第三部分是提高篇，主要包括第 10 章驱动程序的开发；第 11 章嵌入式 Linux 的图形设计；第 12 章将给出一个开发实例，使读者能系统地了解嵌入式 Linux 的开发过程。

本课程总学时为 54 学时，各章学时分配见下表(供参考)：

学时分配建议表

课 程 内 容	学 时 数			
	合　　计	讲　　授	实　　验	机　　动
第1章　嵌入式系统基础	1	1		
第2章　Linux 基础	3	2	1	
第3章　ARM 体系架构	2	2		
第4章　嵌入式编程	4	3	1	
第5章　软硬件开发环境	4	3	1	
第6章　交叉编译工具	3	2	1	
第7章　Bootloader 详解及移植	5	3	2	
第8章　定制内核移植	3	2	1	
第9章　嵌入式 Linux 文件系统	7	4	3	
第10章　嵌入式 Linux 驱动程序开发基础	9	6	3	
第11章　嵌入式 Linux 图形设计	8	5	3	
第12章　嵌入式视频监视系统开发实例	6	4	2	
合　　计	54	37	18	

　　本书内容丰富，实例典型，有很强的针对性。书中各章不仅详细介绍了实例的具体操作步骤，而且还配有一定数量的练习题供读者学习使用。读者只需按照书中介绍的步骤一步步地实际操作，就能完全掌握本书的内容。

　　尽管本书只讨论如何在嵌入式系统中使用Linux，但是对想要在嵌入式系统中使用BSD(伯克利软件发行中心)的开发者来说也会有一些帮助，但本书所作的许多说明都必须依据BSD与Linux间的差异重新诠释。

　　本书可作为高等学校计算机、通信、电子等专业嵌入式设计课程的教材，也可供嵌入式开发技术人员参考。

　　本书PPT 教学课件可以通过 http://www.tupwk.com.cn/downpage 下载。

　　本书由贺丹丹编著，此外，马建红、许小荣、张泽、刘荣、张璐、王统、王东、周艳丽、刘波、苏静等也参与了本书的编写，在此，同样致以诚挚的谢意！

　　由于时间仓促及作者水平所限，本书难免有纰漏和不妥之处，敬请广大读者批评指正。

编　者

2013 年 12 月

目　　录

第1章　嵌入式系统基础·················1

1.1　嵌入式系统·················1

　　1.1.1　嵌入式系统的概念·········1

　　1.1.2　嵌入式系统的组成·········3

　　1.1.3　嵌入式系统的发展·········5

　　1.1.4　嵌入式系统的应用前景·····8

1.2　嵌入式处理器···············11

　　1.2.1　嵌入式微控制器(EMCU)···11

　　1.2.2　嵌入式微处理器(EMPU)·····12

　　1.2.3　嵌入式数字信号

　　　　　处理器(EDSP)···········13

　　1.2.4　嵌入式片上系统(ESOC)·····13

1.3　嵌入式操作系统·············13

　　1.3.1　Linux ················15

　　1.3.2　VxWorks ···············15

　　1.3.3　WinCE ················16

　　1.3.4　μC/OS-II ···············16

　　1.3.5　eCOS ·················17

　　1.3.6　Android ···············17

　　1.3.7　iOS ··················18

　　1.3.8　WP 和 Windows RT ·······18

1.4　嵌入式系统设计·············18

　　1.4.1　嵌入式系统开发流程·······18

　　1.4.2　嵌入式系统开发方法·······19

思考与练习·······················20

第2章　Linux 基础·················22

2.1　Linux 简介··················22

　　2.1.1　Linux 的历史············23

　　2.1.2　Linux 特点·············23

　　2.1.3　Linux 与 Windows ·······25

　　2.1.4　Linux 的主要组成部分·····27

　　2.1.5　Linux 的种类和特性·······30

2.2　图形操作界面···············33

　　2.2.1　Linux 与图形界面········34

　　2.2.2　KDE ··················35

　　2.2.3　GNOME ···············37

　　2.2.4　GNOME与KDE发展趋势····38

2.3　Linux 的基本命令行操作······39

　　2.3.1　目录操作··············40

　　2.3.2　文件操作··············46

　　2.3.3　压缩、解压与打包·······50

　　2.3.4　磁盘管理··············51

　　2.3.5　用户系统··············53

　　2.3.6　网络管理··············55

2.4　Linux 内核·················58

思考与练习······················59

第3章　ARM 体系架构·············60

3.1　ARM 微处理器简介··········60

　　3.1.1　ARM 微处理器的发展·····60

　　3.1.2　ARM 微处理器的

　　　　　特点和应用············61

3.2　ARM 微处理器系列··········62

　　3.2.1　Classic(传统)系列······62

　　3.2.2　Cortex-M 系列·········63

　　3.2.3　Cortex-R 系列·········63

　　3.2.4　Cortex-A 系列·········64

　　3.2.5　Cortex-A50 系列·······65

3.3　ARM 编程模型··············65

　　3.3.1　ARM 硬件架构··········65

　　3.3.2　ARM 微处理器模式······66

　　3.3.3　ARM 寄存器···········67

　　3.3.4　异常处理·············68

3.3.5　ARM 的存储器组织………72

3.4　ARM 指令系统…………………74

　3.4.1　ARM 指令格式…………74

　3.4.2　ARM 指令的寻址方式………75

　3.4.3　ARM 最常用指令和

　　　　　条件后缀……………77

3.5　ARM 微处理器的应用选型………79

思考与练习………………………80

第 4 章　嵌入式编程…………………82

4.1　ARM 汇编语言程序设计………82

　4.1.1　ARM 汇编语言中的

　　　　　程序结构……………82

　4.1.2　ARM汇编语言的语句

　　　　　格式………………83

　4.1.3　基于 Linux 下 GCC 的

　　　　　汇编语言程序结构…………84

　4.1.4　基于 Windows 下 ADS 的

　　　　　汇编语言程序结构………85

　4.1.5　ARM 汇编器所支持的

　　　　　伪指令………………86

4.2　ARM 汇编与 C 语言编程………90

　4.2.1　基本的 ATPCS 规则………91

　4.2.2　C 语言中内嵌汇编代码………93

　4.2.3　从汇编程序中访问 C

　　　　　程序变量……………94

　4.2.4　在汇编代码中调用C函数………95

　4.2.5　在 C 语言代码中调用

　　　　　汇编函数……………98

4.3　基于 Linux 的 C 语言编程………99

　4.3.1　C 语言编程概述………99

　4.3.2　Linux 下的 C 开发工具………99

　4.3.3　vim 编辑器……………100

　4.3.4　gedit 编辑器……………106

　4.3.5　编译器 gcc………………107

　4.3.6　调试器 gdb………………111

　4.3.7　项目管理器 make………114

思考与练习………………………117

第 5 章　软硬件开发环境…………119

5.1　硬件环境…………………119

　5.1.1　主机硬件环境…………119

　5.1.2　目标板硬件环境………120

5.2　Windows 软件环境………………122

　5.2.1　超级终端的设置………122

　5.2.2　DNW 的设置……………123

　5.2.3　设置 GIVEIO 驱动………126

5.3　Linux 软件环境…………………128

　5.3.1　Linux 系统的 VMware

　　　　　安装………………129

　5.3.2　Windows 与 Ubuntu 双

　　　　　系统安装……………135

　5.3.3　Linux 网络服务配置………137

　5.3.4　配置 NFS 服务…………138

　5.3.5　配置 FTP 服务…………140

5.4　刻录镜像文件……………………141

　5.4.1　刻录工具………………142

　5.4.2　使用方法………………142

思考与练习………………………143

第 6 章　交叉编译工具……………145

6.1　工具链软件………………………145

　6.1.1　工具链组成……………145

　6.1.2　构建工具链……………146

6.2　分步构建交叉编译链……………147

　6.2.1　准备工具………………147

　6.2.2　基本过程………………147

　6.2.3　详细步骤………………148

6.3　用 Crosstool 工具构建交叉

　　　工具链…………………155

　6.3.1　准备工具………………155

　6.3.2　基本过程………………155

　6.3.3　详细步骤………………156

6.4　使用现成的交叉工具…………159

思考与练习⋯⋯⋯⋯⋯⋯160

第7章　Bootloader 详解及移植⋯⋯162
7.1　嵌入式 Bootloader 简介⋯⋯⋯162
　　7.1.1　Bootloader 功能⋯⋯⋯⋯162
　　7.1.2　基于 Bootloader 软件架构⋯163
　　7.1.3　Bootloader 的操作模式⋯⋯164
　　7.1.4　Bootloader 的依赖性⋯⋯164
　　7.1.5　Bootloader 的启动方式⋯⋯164
　　7.1.6　Bootloader 启动流程⋯⋯167
　　7.1.7　各种 Bootloader⋯⋯⋯⋯168
7.2　Vivi⋯⋯⋯⋯⋯⋯⋯⋯⋯⋯169
　　7.2.1　Vivi 简介⋯⋯⋯⋯⋯⋯169
　　7.2.2　Vivi 体系架构⋯⋯⋯⋯169
　　7.2.3　Vivi 的运行过程分析⋯⋯170
　　7.2.4　Vivi 的配置与编译⋯⋯⋯183
　　7.2.5　Vivi 命令⋯⋯⋯⋯⋯⋯185
7.3　Bootloader 程序的调试和
　　　刻录⋯⋯⋯⋯⋯⋯⋯⋯⋯⋯187
思考与练习⋯⋯⋯⋯⋯⋯⋯⋯⋯188

第8章　定制内核移植⋯⋯⋯⋯⋯189
8.1　Linux 内核源码组织⋯⋯⋯⋯189
8.2　内核基本配置⋯⋯⋯⋯⋯⋯191
　　8.2.1　内核配置系统⋯⋯⋯⋯191
　　8.2.2　Makefile⋯⋯⋯⋯⋯⋯192
　　8.2.3　具体的配置操作⋯⋯⋯197
　　8.2.4　添加自己的代码⋯⋯⋯201
8.3　内核定制⋯⋯⋯⋯⋯⋯⋯204
　　8.3.1　获取源码⋯⋯⋯⋯⋯204
　　8.3.2　移植过程⋯⋯⋯⋯⋯205
8.4　内核裁剪⋯⋯⋯⋯⋯⋯⋯212
　　8.4.1　取消虚拟内存的支持⋯⋯212
　　8.4.2　取消多余的调度器⋯⋯212
　　8.4.3　取消对旧版本二进制
　　　　　执行文件的支持⋯⋯⋯213
　　8.4.4　取消不必要的设备的支持⋯213

　　8.4.5　取消不需要的文件系统的
　　　　　支持⋯⋯⋯⋯⋯⋯⋯214
思考与练习⋯⋯⋯⋯⋯⋯⋯⋯214

第9章　嵌入式 Linux 文件系统⋯⋯216
9.1　嵌入式 Linux 的文件系统⋯⋯216
　　9.1.1　文件系统结构⋯⋯⋯⋯216
　　9.1.2　文件系统特性⋯⋯⋯⋯217
　　9.1.3　系统存储设备及其
　　　　　管理机制⋯⋯⋯⋯⋯218
　　9.1.4　基于 Flash 闪存的
　　　　　文件系统⋯⋯⋯⋯⋯219
　　9.1.5　基于 RAM 的文件系统⋯221
　　9.1.6　网络文件系统⋯⋯⋯⋯222
9.2　根文件系统及其定制⋯⋯⋯223
　　9.2.1　根文件系统架构⋯⋯⋯223
　　9.2.2　定制工具 Busybox⋯⋯225
　　9.2.3　库文件构建⋯⋯⋯⋯233
　　9.2.4　设备文件的构建⋯⋯⋯235
　　9.2.5　根文件系统初始化⋯⋯236
9.3　文件系统的制作⋯⋯⋯⋯239
　　9.3.1　根文件系统的制作⋯⋯239
　　9.3.2　NFS 文件系统的制作⋯⋯245
　　9.3.3　Cramfs 文件系统的制作⋯247
　　9.3.4　Yaffs 文件系统的制作⋯249
　　9.3.5　Ramdisk 文件系统的制作⋯250
思考与练习⋯⋯⋯⋯⋯⋯⋯⋯253

**第10章　嵌入式 Linux 驱动程序
　　　　开发基础**⋯⋯⋯⋯⋯⋯255
10.1　嵌入式 Linux 驱动程序
　　　概述⋯⋯⋯⋯⋯⋯⋯⋯255
　　10.1.1　Linux 驱动程序
　　　　　　工作原理⋯⋯⋯⋯255
　　10.1.2　Linux 驱动程序功能⋯257
10.2　设备驱动程序的基础知识⋯257
　　10.2.1　Linux 的设备管理机制⋯257
　　10.2.2　驱动层次结构⋯⋯⋯261

10.2.3 设备驱动程序与
外界的接口 ·············· 262
10.2.4 设备驱动程序的特点····· 262
10.2.5 驱动程序开发流程······· 263
10.3 模块编程·············· 263
10.3.1 模块与内核············· 263
10.3.2 建立模块文件··········· 264
10.3.3 编写 makefile ··········· 265
10.3.4 模块加载 ··············· 266
10.3.5 模块的其他信息········· 267
10.3.6 模块参数··············· 267
10.4 字符设备驱动程序·········· 268
10.4.1 相关的数据结构········· 268
10.4.2 字符设备驱动程序
开发流程 ·············· 274
10.4.3 字符设备驱动程序
扩展操作 ·············· 283
10.5 网络设备驱动程序·········· 285
10.5.1 基本概念··············· 285
10.5.2 网络数据包处理流程····· 290
思考与练习············· 292

第 11 章 嵌入式 Linux 图形设计··· 294
11.1 嵌入式 GUI············· 294
11.1.1 嵌入式 GUI 简介········ 294
11.1.2 嵌入式 GUI 需求········ 295
11.1.3 嵌入式 GUI 组成········ 296
11.1.4 Qt/Embedded ··········· 297
11.1.5 MiniGUI ··············· 298
11.1.6 MicroWindows·········· 300
11.1.7 OpenGUI··············· 302
11.1.8 Tiny-X··················· 302
11.1.9 各种 GUI 比较·········· 303
11.2 Qt/Embedded 开发入门····· 303
11.2.1 Qt/Embedded 简介······· 303
11.2.2 Qt/Embedded 架构······· 304
11.2.3 Qt 的开发环境·········· 306

11.2.4 Qt 的支撑工具及组件···· 307
11.2.5 Qt/Embedded 对象
模型 ·················· 307
11.2.6 信号与插槽机制········· 309
11.2.7 Qt/Embedded常用的类··· 312
11.3 安装 Qt/Embedded········· 314
11.3.1 配置 ·················· 314
11.3.2 编译 ·················· 315
11.3.3 测试 ·················· 315
11.4 Qt 设计实例——密码
验证程序 ·············· 315
11.4.1 快速安装 QDevelop 和
Qt Designer ··········· 316
11.4.2 界面设计··············· 317
11.4.3 信号与槽··············· 319
11.4.4 添加代码··············· 320
11.4.5 编译 ·················· 323
11.4.6 程序测试··············· 324
11.4.7 移植 ·················· 324
思考与练习············· 325

第 12 章 嵌入式视频监视系统
开发实例·············· 327
12.1 系统设计背景·············· 327
12.2 系统总体设计·············· 328
12.2.1 系统总体设计思路······· 328
12.2.2 系统的设计要求及
特点 ·················· 328
12.2.3 系统总体架构设计······· 328
12.3 系统详细设计·············· 330
12.3.1 系统的硬件设计与
调试 ·················· 330
12.3.2 系统的软件设计与
调试 ·················· 333
12.3.3 USB 数据输入驱动
程序移植 ·············· 341

12.3.4　USB 摄像头数据输入
　　　　　驱动程序测试…………342

12.3.5　嵌入式网络视频
　　　　　服务器的设计…………343

12.3.6　Video4Linux 程序设计…344

12.4　系统测试……………………345

12.4.1　准备工作………………345

12.4.2　测试方法………………346

12.4.3　测试结果………………346

第1章　嵌入式系统基础

嵌入式系统是近年来随着电子芯片技术的发展而迅速普及的，现已广泛应用到工业、军事、通信、运输、金融、农业、医疗、气象等众多领域。在我们日常生活中，嵌入式系统的应用也是随处可见：汽车里的控制器、电梯、MP3/MP4、智能手机、平板电脑等。当前，嵌入式系统开发领域聚集着无数IT领域的精英，正是他们在嵌入式领域开展的大量艰辛工作，嵌入式系统才会不断向前发展。作为本书的开篇，本章将主要介绍有关嵌入式系统的基础知识。本章从嵌入式系统的基本概念开始，介绍其组成、发展以及应用前景。接着介绍嵌入式处理器，它涵盖了嵌入式微控制器、嵌入式微处理器、嵌入式DSP处理器以及嵌入式片上系统(System On Chip)。之后简要介绍常见的嵌入式操作系统Linux、VxWorks、Windows CE、RT-Linux、Android(安卓)、iOS(iPhone/iPad Operating System)、WP(Windows Phone)、Windows RT等。最后介绍嵌入式系统开发流程、嵌入式系统开发方法等知识。

本章重点：

- 嵌入式系统的概念及发展
- 嵌入式处理器
- 嵌入式操作系统
- 嵌入式系统的应用

1.1　嵌入式系统

嵌入式系统主要融合了计算机软硬件技术、通信技术和微电子技术，它将计算机直接嵌入到应用系统中，利用计算机的高速处理能力以实现某些特定的功能。随着半导体技术和微电子技术的发展，超大规模集成电路制造工艺已经十分成熟，使得系统芯片的集成度大大提高，从而可以实现高性能的系统芯片，最终推动嵌入式系统向更高级的方向发展，进而促使嵌入式系统得到更广泛、更深入的应用。近几年来，嵌入式系统的快速发展，一方面使其成为计算机技术和微电子技术的一个重要研究方向，另一方面也使计算机类别的划分从以前的巨型机、大型机、小型机、微型机变为通用计算机(General Computer)和嵌入式计算机(Embedded Computer)。

1.1.1　嵌入式系统的概念

首先介绍通用计算机，通用计算机就是日常所说的PC机，它由CPU、硬盘、显卡、内存、键盘、鼠标、显示器等组成。它的作用就是为人们提供一台可编程、会计算、能处理数据的机器。人们可以用它作为科学计算的工具，也可以用它作为企业管理的工具。所以，人们把这样的计算机系统称为"通用"计算机系统。

有些系统并不是这样的。例如，医用的CT扫描仪也是一个系统，里面有计算机，但是这种计算机(或处理器)是某个专用系统中的一个部件。像这样"嵌入"到更大的、专用的系统中的计算机系统，就被称为"嵌入式计算机"、"嵌入式计算机系统"或"嵌入式系统"。在不致引起混淆的情况下，一般把这三者用作同义词，并且一般总是指系统中的核心部分，即嵌入在系统中的计算机。从字面上讲，后者似乎比前者更为广义，因为系统中常常还包括一些机电、光电、热电或者电化的执行部件；有时前者也包含后者，例如一台通用计算机的外部设备中就包含5～10个嵌入式微处理器，键盘、鼠标、软驱、硬盘、显示卡、显示器、Modem、网卡、声卡、打印机、扫描仪、数码相机和USB集线器等均是由嵌入式处理器进行控制的，但是实际上却往往不作严格的区分。

目前嵌入式系统已经渗透到我们生活的每一个角落：工业控制、服务行业、消费电子、教育等，正是由于嵌入式系统的应用范围如此之大，"嵌入式系统"的概念才更加难以定义。举个简单的例子来说：一个消费级的数码相机是否可以叫做嵌入式系统呢？答案是肯定的，它本质上就是一个复杂的嵌入式系统，其实不光是数码相机，我们日常生活中经常用的智能手机、MP3/MP4、PSP、平板电脑也都是嵌入式系统，如图1-1所示。除了这些日常消费品之外，你认为一个PC104的微型工业控制计算机是嵌入式系统吗？当然也是，工业控制是嵌入式系统技术的一个典型应用领域。然而对两者进行比较，你也许会发现两者几乎完全不同，但其中都嵌入有微处理器，由此可以看出所有的嵌入式系统都具有一些共同的特性。

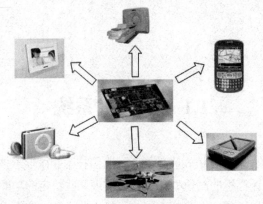

图1-1　嵌入式系统的应用

根据国际电机工程师协会(IEEE)的定义，嵌入式系统是"控制、监视或者辅助装置、机器和运行的装置"，这主要是从应用层次上来定义的，从中可以看出嵌入式系统包括硬件和软件两个载体，另外还可以涵盖机械等附属装置。为了充分体现嵌入式系统的精髓，目前国内普遍认同的一个定义是：以应用为中心，以计算机技术为基础，软硬件可裁剪，适应应用系统对功能、可靠性、成本、体积、功耗严格要求的专用计算机系统。关于这个定义，可以从以下几个方面来理解。

- 嵌入式系统是面向产品、面向用户、面向应用的。它必须结合实际的应用场合才能发挥其优势。对于三个面向的理解，可以认为嵌入式系统具有很强的专业性，必须结合实际系统需求在软硬件方面进行合理的裁剪。

- 嵌入式系统是一个技术密集、集成度高、需要不断创新的集成系统。嵌入式系统结合了计算机技术、半导体技术、微电子技术以及各个行业的具体专业应用知识，所以，嵌入式系统在设计之前必须有一个正确的定位。例如iOS和Android就是因为其立足于个人电子消费品市场，而在平板电脑领域占有绝对优势的市场份额；而VxWorks之所以在火星探测器上得到应用，则是因为其高实时性和高可靠性。
- 嵌入式系统必须根据应用场合对软硬件进行必要的裁剪来实现需要的功能。对于不同的应用场合，系统的硬件和软件需求一般都是不同的。设计开发需要的软硬件，去除不需要的资源也是使系统满足功能、可靠性、体积、成本所要求的。所以，在相对通用的软硬件基础上，对其开发出适用于不同应用场合的系统，是嵌入式系统的一般发展模式。

1.1.2　嵌入式系统的组成

嵌入式系统一般由嵌入式计算机和执行部件组成，如图1-2所示。其中嵌入式计算机是整个嵌入式系统的核心，主要包括硬件层、中间层、系统软件层以及应用软件层；执行部件则接收嵌入式计算机系统发出的控制指令，执行规定的操作，也被称做被控对象。比较简单的执行部件比如电机、显示屏、扬声器等，比较复杂的如SONY智能机器狗，上面集成多个微型控制电机和传感器，从而可以执行不同的操作和感知各种状态信息。下面主要对嵌入式计算机部分的组成做主要介绍。

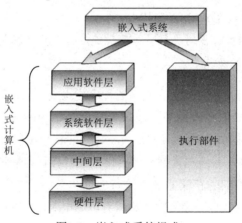

图1-2　嵌入式系统组成

1. 硬件层

硬件层主要包含了嵌入式系统中必要的硬件设备：嵌入式微处理器和协处理器、存储器(SDRAM、ROM等)、设备IO接口等。

- 嵌入式微处理器是嵌入式系统硬件层的核心，主要负责对信息的运算处理，相当于通用计算机中的中央处理器，在后面会有更详细的介绍。
- 存储器则用来存储数据和代码。嵌入式系统的存储器一般包括微处理器、Cache、主存储器和辅助处理器，存储器结构如图1-3所示。

♦　　Cache是一种容量小、速度快的存储器阵列，它位于主存储器和微处理器内核之间，存放的是最近一段时间微处理器使用最多的程序代码和数据。在需要进行数据读取操作时，微处理器尽可能地从Cache中读取数据，而不是从主存储器中读取，这样就大大改善了系统的性能，提高了微处理器和主存储器之间的数据传输速率。

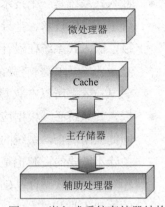

图1-3　嵌入式系统存储器结构

在嵌入式系统中，Cache全部集成在嵌入式微处理器内，可分为数据Cache、指令Cache和混合Cache，Cache的大小依不同处理器而定。

♦　　主存储器是嵌入式微处理器能直接访问的寄存器，用来存放系统和用户的程序及数据。它可以位于微处理器的内部或外部，其容量为256KB～4GB，根据具体的应用而定。一般片内存储器容量小，速度快，片外存储器容量大。

注意：

常用作主存的存储器有如下几类。

● ROM类：NOR Flash、EPROM和PROM等。

● RAM类：SRAM、DRAM和SDRAM等。

其中NOR Flash凭借其可擦写次数多、存储速度快、存储容量大、价格便宜等优点，在嵌入式领域内得到了广泛应用。

♦　　辅助处理器用来存放大数据量的程序代码或信息，它的容量大，但读取速度与主存储器相比却慢很多，用来长期保存用户的信息。

嵌入式系统中常用的外存有：硬盘、NAND Flash、CF卡、MMC和SD卡等。

● 设备IO接口提供了系统与内部或者外部的硬件接口，如通过IO实现内部A/D转换，或者通过IO与外部的存储器连接进行存储扩展。

除此之外，有的嵌入式控制模块中还集成有电源电路、时钟电路、定时器等以实现更高级的功能。

2. 中间层

中间层为硬件层与系统软件层之间的部分，有时也称为硬件抽象层(Hardware Abstract Layer，HAL)或者板级支持包(Board Support Package，BSP)。对于上层的软件(比如操作系统)，中间层提供了操作和控制硬件的方法和规则。而对于底层的硬件，中间层主要负责相关硬件设备的驱动等。中间层将系统上层软件与底层硬件分离开来，使系统的底层驱动程序与硬件无关，上层软件开发人员无需关心底层硬件的具体情况，根据中间层提供的接口即可进行开发。

中间层主要包含以下操作：底层硬件初始化、硬件设备配置以及相关的设备驱动。

● 底层硬件初始化操作按照自底而上、从硬件到软件的次序分为三个环节，依次是：

片级初始化、板级初始化和系统级初始化。

- 硬件设备配置对相关系统的硬件参数进行合理的控制以达到正常工作。另一个主要功能是硬件相关的设备驱动。
- 硬件相关的设备驱动程序的初始化通常是一个从高到低的过程。尽管中间层中包含硬件相关的设备驱动程序，但是这些设备驱动程序通常不直接由中间层使用，而是在系统初始化过程中由中间层将它们与操作系统中通用的设备驱动程序关联起来，并在随后的应用中由通用的设备驱动程序调用，实现对硬件设备的操作。

3．系统软件层

系统软件层由实时多任务操作系统(Real-time Operation System，RTOS)、文件系统、图形用户界面接口(Graphic User Interface，GUI)、网络系统及通用组件模块组成。其中实时多任务操作系统(RTOS)是整个嵌入式系统开发的软件基础和平台。

4．应用软件层

应用软件层则是开发设计人员在系统软件层的基础之上，根据需要实现的功能，结合系统的硬件环境所开发的软件。它是嵌入式系统开发过程中最重要的环节之一。

1.1.3　嵌入式系统的发展

虽然嵌入式系统是最近几年才流行起来的，但是嵌入式系统这个概念却早在20世纪70年代就开始出现。嵌入式系统的硬件雏形可以归结为单片机。从当时第一个单片机的问世到今天成百上千种嵌入式处理器的出现，嵌入式系统已经有了超过40年的发展历史。一个刚问世的处理系统，一般要在基于硬件与软件双螺旋的支撑下才能逐渐趋于稳定和成熟，嵌入式系统也不例外。

1．20世纪70年代

1976年，计算机硬件厂商Intel公司发布8048处理器，它是最早的单片机处理芯片。随后Motorola公司推出了68HC05，Zilog公司推出了Z80等一系列的单片机，这些早期单片机系统的出现，使得汽车、家电、工业机器、通信装置以及成千上万种产品可以通过内嵌电子装置来获得更佳的使用性能、更容易使用、处理速度更快、价格更便宜。正是由于电子装置是"内嵌式的"，使得"嵌入式系统"这个初级概念深入人心。今天看来，当时这些装置已经初步具备了嵌入式的应用特点，但是这时的应用只是使用8位的芯片，硬件技术相对落后，比如说只能执行一些单线程的程序，还谈不上"多核"的概念。但是它却标志着"嵌入式系统"出现了硬件雏形。在开创嵌入式系统独立发展的道路上，Intel公司功不可没。在寻求最佳形态嵌入式系统的体系结构中，奠定了单片微型计算机(Sing Chip Microcomputer，SCM)与通用计算机完全不同的发展道路。

不过，人们当时还没有"嵌入式操作系统"这个概念。他们当时做的只是基于8048或者Z80结合实际应用的需要，在DOS或者其他的"操作系统"下进行开发设计工作。不像今天硬件系统的多平台开发，当时针对硬件芯片，可能只有一种系统可以开发，而且系统的稳定性、兼容性也十分差。

2. 20世纪80年代

在20世纪80年代初，通过几年的设计实践，Intel进一步完善了8048，推出了在它的基础上研制成功的8051。这在单片机的历史上是重要的一款，具有划时代的意义。另一方面，硬件技术的逐步发展也推动了整个嵌入式系统的进步。如图1-4和图1-5所示，在各种嵌入式产品中有被广泛使用的Motorola Z80和Intel 51芯片。

图1-4　Z80系列单片机

图1-5　51系列单片机

在此基础上，各大电子厂商不断扩展满足嵌入式应用，如对系统要求的各种外围电路和接口电路，以突显其智能化控制能力。因此，发展微控制器(Micro Control Unit，MCU)的重任不可避免地落在电气、电子技术厂家，比如知名的Philips公司。

在软件方面，从20世纪80年代早期开始，嵌入式系统的程序员开始用商业级的"操作系统"编写嵌入式应用软件，这使得可以获得更短的开发周期、更低的开发资金和更高的开发效率，"嵌入式系统"真正出现了。确切地说，这个时候的操作系统是一个实时核，这个实时核包含了许多传统操作系统的特征，包括任务管理、任务间通信、同步与相互排斥、中断支持、内存管理等功能。其中比较著名的有Integrated System Incorporation(ISI)的PSOS、Ready System公司的VRTX、IMG的VxWorks和QNX公司的QNX等。这些嵌入式操作系统都具有嵌入式的典型特征。

- 它们的系统内核很小，具有可裁剪、可扩充和可移植性，可以移植到各种各样的处理器芯片上。
- 它们均采用占先式的调度，响应的时间很短，任务执行的时间可以确定。
- 较强的实时和可靠性，适合嵌入式应用。
- 这些嵌入式实时多任务操作系统的出现，使得应用开发人员得以从小范围的开发解放出来，同时也促使嵌入式有了更为广阔的应用空间。

3. 20世纪90年代

Philips公司以其在嵌入式应用方面的巨大优势，将51系列单片微型计算机迅速发展到微控制器。总的来说，单片机是嵌入式系统的独立发展之路，也是向MCU(微控制器)阶段发展的重要因素。嵌入式系统微控制器的设计过程主要是寻求应用系统在芯片上的最大化解决。

因此，专用单片机的发展自然形成了片上系统(System-on-Chip，SoC)化趋势。随着微电子技术、IC设计、EDA工具的发展，基于SoC的单片机应用系统设计会有较大的发展，如图

1-6所示。据不完全统计，全世界嵌入式处理器的品种总量已经达到1000多种，主流的有ARM、MCU、DSP、FPGA等。嵌入式开发设计过程也细分为多个具体的技术：电源技术、传感技术、信号处理与转换、控制技术、显示驱动、无线网络、音视频技术和接口等。

图1-6　32位嵌入式微处理器SoC芯片系列

嵌入式操作系统的发展已进入成熟时期，此时出现了众多嵌入式操作系统，它们大多具有跨平台的移植技术，并且在同一个系统之下也可以通过选择开发工具使用Java、C或者汇编语言等开发者熟悉的语言来开发，该阶段比较常用的有WinCE、WM、Linux、VxWorks、μC/OS-II、Symbian等。

4. 21世纪到现在

进入21世纪之后，随着相关电子工业技术的发展，嵌入式处理器的相关技术得到了突飞猛进的发展，出现了64位的嵌入式处理器(例如Cortex-A50系列)，其处理器内核也已经实现了8核(目前正计划实现16核)。

到目前为止，嵌入式处理器可以分为三个大类：以MTK、高通、三星为代表支持的ARM架构处理器、以Intel为代表支持的x86架构处理器以及其他以FPGA为代表的特殊/专用处理器，如图1-7所示。

图1-7　进入21世纪之后的嵌入式处理器

随着嵌入式处理器的发展，嵌入式系统的硬件性能得到了极大的提升，此时嵌入式操作系统也开始出现一些新的面孔，Android和iOS则是其中的典型代表，它们从2007年开始(Android于2007年11月正式发布，iOS则是在2007年1月正式发布)就风卷残云般地占领了绝大多数嵌入式消费电子产品(主要是平板电脑、手机和数字播放器)的市场；而微软公司不甘落后，从2010年开始连续发布了WP(Windows Phone)和Windows RT(Run Time)操作系统用于抢占消费电子产品市场。而在工业控制等领域中,嵌入式操作系统本着稳定可靠的原则,则依然是WinCE、VxWorks和Linux当道。

1.1.4　嵌入式系统的应用前景

嵌入式系统技术有着非常广泛的应用前景,其领域包括如下几项。

1. 工业控制

相对于其他领域,机电产品可以说是嵌入式系统应用最典型最广泛的领域之一。从最初的单片机到现在的工控机,SoC在各种机电产品中均有着巨大的市场。

工业设备是机电产品中最大的一类,在目前的工业控制设备中,工控机的使用非常广泛,这些工控机一般采用的是工业级的处理器和各种设备,其中以x86的微处理器最多。工控的要求往往较高,需要各种各样的设备接口,除了进行实时控制,还需将设备状态、传感器的信息等在显示屏上实时显示。8位的单片机是无法满足这些要求的,以前多数使用16位的处理器。随着处理器的快速发展,目前32位、64位的处理器逐渐替代了16位处理器,进一步提升了系统性能。采用PC104总线的系统,体积小,稳定可靠,受到了很多用户的青睐。不过这些工控机采用的往往是DOS或者Windows系统,虽然具有嵌入式的特点,却不能称作纯粹的嵌入式系统。另外,在工业控制器和设备控制器方面,则是各种嵌入式处理器的天下。这些控制器往往采用16位以上的处理器,各种MCU、ARM、MIPS、68K系列的处理器在控制器中占据核心地位。这些处理器提供丰富的接口总线资源,可以通过它们实现数据采集、数据处理、通信以及显示(一般是连接LED或者LCD来显示),现代化的工业控制网络如图1-8所示。

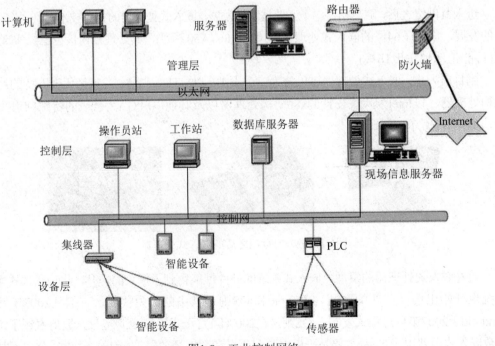

图1-8　工业控制网络

飞利浦公司和ARM公司曾经共同推出了32位RISC嵌入式控制器,适用于工业控制,其采用最先进的0.18微米CMOS嵌入式闪存处理技术,操作电压可以低至1.2伏,还能降低25%到30%的制造成本,在工业领域中对最终用户而言是一套极具成本效益的解决方案。美国TERN工业控制器基于Am188/186ES、i386EX、NEC V25.Am586(Elan SC520),采用了SUPERTASK实时多任务内核,可应用于便携设备、无线控制设备、数据采集设备、工业控制与工业自动化设备以及其他需要控制处理的设备。

2. 信息家电

家电行业是嵌入式应用的另一大行业,电视、电冰箱中也嵌有处理器,但是这些处理器只是在控制方面应用。而现在只有按钮、开关的电器显然已经不能满足人们的日常需求。具有用户界面,能远程控制,智能管理的电器是未来的发展趋势,如图1-9所示。

美国国际数据集团(International Data Group,IDG)发布的统计数据表明,未来信息家电将会五至十倍地增长。中国的传统家电厂商向信息家电过渡时,首先面临的挑战是核心操作系统软件开发工作。硬件方面,进行智能信息控制并不是很高的要求,目前绝大多数嵌入式处理器都可以满足硬件要求,真正的难点是如何使软件操作系统容量小、稳定性高且易于开发。在这一方面,Linux核心可以起到很好的桥梁作用,作为一个跨平台的操作系统,它可以支持二三十种CPU,而目前已有众多家电业的芯片都开始做Linux的平台移植工作。

图1-9 智能化家电

20世纪90年代,在各大厂商努力推出适用于新一代家电应用的芯片时,英特尔公司已专门为信息家电业研发了名为StrongARM的ARM CPU系列,这一系列CPU本身不像x86 CPU需要整合不同的芯片组,它在一块芯片中可以包括人们所需要的各项功能,即硬件系统实现了SoC的概念。美商网虎公司已将全球最小的嵌入式操作系统QUARK成功移植到StrongARM系列芯片上,这是第一次把Linux、图形界面和一些程序进行完整移植(QUARK的内核只有143KB),它将为信息家电提供功能强大的核心操作系统。相信在不久的将来,数字智能家庭必将来到我们身边。

进入21世纪以后,随着ARM体系架构的处理器的推陈出新,及Android和iOS操作系统的出现,以智能电视为代表的信息家电逐步走向了成熟化,内置了流媒体播放等应用的小米电视、乐视电视以及各种多媒体播放器(例如Apple TV)现在已经占据了客厅。

3. 机器人

嵌入式芯片的发展将使机器人在微型化、高智能方面的优势体现得更加明显，同时会大幅度降低机器人的价格，使其在工业领域和服务领域获得更广泛的应用。

机器人技术的发展从来就是与嵌入式系统的发展紧密联系在一起的。最早的机器人技术是20世纪50年代MIT提出的数控技术，当时使用的还远未达到芯片水平，只是简单的与非门逻辑电路。之后由于处理器和智能控制理论的发展缓慢，从20世纪50年代到70年代初期，机器人技术一直未能获得充分的发展。70年代中期之后，由于智能理论的发展和MCU出现，机器人逐渐成为研究热点，并且获得了长足的发展。

近来由于嵌入式处理器的高度发展，机器人从硬件到软件也呈现了新的发展趋势，如图1-10所示。火星车就是一个典型例子，这个价值10亿美元的技术高密集移动机器人，采用的是美国风河公司的VxWorks嵌入式操作系统，可以在不与地球联系的情况下自主工作。如图1-11所示，1997年美国发射的"索杰纳"火星车带有机械手，可以采集火星上的各种地况，并且通过摄像头把火星上的图像发回地面指挥中心。这台火星车在火星上自主工作了3个月，充分体现了VxWorks系统的高可靠性。以索尼的机器狗为代表的智能机器宠物，可以仅仅使用8位的AVR、51单片机或者16位的DSP来控制舵机，进行图像处理，即可制造出那些人见人爱的玩具，这让我们不能不惊叹嵌入式处理器功能的强大。

图1-10　美国宇航局太空机器人DEXTRE　　　　图1-11　火星车

近来，32位处理器、Windows CE等32位嵌入式操作系统的盛行，使得操控一个机器人只需要在手持PDA上获取远程机器人的信息，并且通过无线通信控制机器人的运行。与传统的采用工控机相比，要轻巧便捷得多。随着嵌入式控制器越来越微型化、功能化，微型机器人、特种机器人等也将获得更大的发展机遇。

4. POS网络及电子商务

许多公共设施，例如公共交通无接触智能卡(Contactless Smart card，CSC)发行系统、公共电话卡发行系统、自动售货机，各种智能ATM终端将全面走入人们的生活，到时手持一卡就可以走遍天下。

5. 家庭智能管理系统

水、电、煤气表的远程自动抄表、安全防火、防盗系统，其中嵌有的专用控制芯片将代替传统的人工检查，并实现更高、更准确和更安全的性能。目前在服务领域，远程点菜器等已经体现了嵌入式系统的优势。

6. 交通管理

嵌入式系统技术已经广泛应用于车辆导航、流量控制、信息监测与汽车服务等方面。通过内嵌GPS模块，GSM模块的移动定位终端已经在各种运输行业获得了成功的使用。目前GPS设备已经从尖端产品进入了普通百姓的家庭，人们可以随时随地找到自己所处的位置。

7. 环境工程与自然

在很多环境恶劣，地况复杂的地区，嵌入式系统将实现无人监测。如水文资料实时监测，防洪体系及水土质量监测、堤坝安全，地震监测网，实时气象信息网，水源和空气污染监测。

在所有这些应用中，实现网络化控制还需要一个统一的协议体系。就远程家电控制而言，除了开发出支持TCP/IP的嵌入式系统之外，家电产品控制协议也需要制订和统一，这需要家电生产厂家来做。同样的道理，所有基于网络的远程控制器件都需要通过相关的控制协议与嵌入式系统之间实现接口，然后再由嵌入式系统来控制并通过网络实现控制。所以，开发和探讨嵌入式系统的控制协议有着十分重要的意义。

8. 消费电子产品

消费电子产品包括智能手机、平板电脑、手持媒体播放器、家庭/手持游戏机、数码相机等，嵌入式系统是它们的核心技术，这些产品目前已经占据了我们生活的方方面面，成为密不可分的生活必需品。

1.2　嵌入式处理器

嵌入式系统的核心模块就是各种类型的嵌入式处理器。目前几乎每个半导体制造商都生产嵌入式处理器，越来越多的公司拥有自己的处理器设计部门。嵌入式微处理器的体系结构经历了从CISC到RISC和Compact RISC的转变；位数由4位、8位、16位、32位到64位；寻址空间一般为64KB～16MB，处理速度为0.1MIPS～2000MIPS；常用的封装为8～144个引脚。根据其现状，嵌入式处理器可以分为嵌入式微控制器(Embedded Micro Controller Unit，EMCU)、嵌入式微处理器(Embedded Micro Processor Unit，EMPU)、嵌入式数字信号处理器(Embedded Digital Signal Processor，EDSP)和嵌入式片上系统(Embedded System On Chip，ESOC)四类。

1.2.1　嵌入式微控制器(EMCU)

嵌入式微控制器又称单片机，也就是在一块芯片中集成了整个计算机系统。嵌入式微控制器一般以某种微处理器内核作为核心，芯片内部集成ROM/EPROM、EEPROM、Flash、RAM、总线、总线逻辑、定时/计数器、WatchDog、I/O口、脉宽调制输出、A/D和D/A等各种必要功能和外设。微控制器由于比微处理器体积小，功耗和成本低，可靠性高，因而是目前嵌入式工业的主流，品种和数量都很多。其中，比较具有代表性的通用系列有8051.P51XA、

MCS-251、MCS-96/196/296、MC68HC05/11/12/16和C166/167等。另外还有许多半通用系列，如支持USB接口的MCU 8XC930/931、C540和C541；支持CAN-Bus、LCD的众多专用MCU和兼容系列。

1.2.2　嵌入式微处理器(EMPU)

嵌入式微处理器的基础是通用计算机中的CPU，它一般装配在专门设计的电路板上，只保留与嵌入式应用有关的母板功能，但是电路板上必须包括ROM、RAM、总线接口、各种外设等器件。嵌入式处理器目前主要有ARM、MIPS、Power PC、68K等，如图1-12所示，下面具体介绍。

图1-12　各式各样的EMPU

1. ARM

ARM(Advanced RISC Machines)公司是全球领先的16/32位RISC(精简指令集计算机)微处理器知识产权设计供应商。ARM公司通过转让高性能、低成本、低功耗的RISC微处理器、外围和系统芯片设计技术给合作伙伴，使他们能用这些技术来生产各具特色的芯片。ARM已成为移动通信、手持设备和多媒体数字设备嵌入式解决方案的RISC标准。ARM处理器有三大特点：体积小、低功耗、低成本和高性能，16/32位双指令集，全球的合作伙伴众多。

2. MIPS

MIPS(Microprocessor without Interlocked Pipeline Stages)是一种处理器内核标准，它是由MIPS技术公司开发的。MIPS技术公司是一家设计制造高性能、高档次的嵌入式32位和64位处理器的厂商，在RISC处理器方面占有重要地位。2000年，MIPS公司发布了针对MIPS 32 4Kc处理器的新版本以及未来64位MIPS 64 20Kc处理器内核。

MIPS技术公司既开发MIPS处理器结构，又自己生产基于MIPS的32位/64位芯片。为了使用户更加方便地应用MIPS处理器，MIPS公司推出了一套集成的开发工具，称为MIPS IDF(Integrated Development Framework)，特别适用于嵌入式系统的开发。

3. Power PC

Power PC架构的特点是可伸缩性好，方便灵活。Power PC处理器品种很多，既有通用的处理器，又有嵌入式控制器和内核，应用范围从高端的工作站、服务器到桌面计算机系统，从消费类电子产品到大型通信设备等各个方面，非常广泛。

目前Power PC独立微处理器与嵌入式微处理器的主频从25MHz到700MHz不等，它们的能量消耗、大小、整合程度和价格差异悬殊，主要产品模块有主频350～700MHz的Power PC 750CX和750CXe以及主频400MHz的Power PC 440GP等。嵌入式的Power PC 405(主频最高为266MHz)和Power PC 440(主频最高为550MHz)处理器内核可以用于各种集成的系统芯片(SoC)设备上，在电信、金融和其他许多行业具有广泛的应用。

4. Intel ATOM

Intel公司出品的ATOM(凌动处理器)是英特尔历史上体积最小和功耗最小的处理器，其基于新的微处理架构，专门为小型和嵌入式系统设计，和其他嵌入式处理器相比其最大的优势是采用了x86体系结构可以运行Windows操作系统(也可以运行Android操作系统)，能提供更好的通用性，所以在平板电脑等消费电子产品中得到了广泛的应用。

1.2.3　嵌入式数字信号处理器(EDSP)

数字信号处理器对系统结构和指令进行了特殊设计，使其适合于执行DSP算法，编译效率较高，指令执行速度也快。DSP应用正从在通用单片机中以普通指令实现DSP功能，发展到采用嵌入式数字信号处理器。嵌入式数字信号处理器的长处在于能够进行向量运算、指针线性寻址等运算量较大的数据处理。比较有代表性的产品是Motorola的DSP56000系列、Texas Instruments的TMS320系列，以及Philips公司基于可重置嵌入式DSP结构制造的低成本、低功耗的REAL DSP处理器。

1.2.4　嵌入式片上系统(ESOC)

所谓的片上系统SOC是指在一个硅片上实现一个更为复杂的系统。各种处理器内核将作为SOC设计公司的标准库，成为VLSI设计中的一种标准器件，用标准的VHDL语言描述，存储在器件库中。SOC可以分为通用和专用两类。通用系列包括Infineon(Siemens)的TriCore、Motorola的M-Core、某些ARM系列器件等。而专用的SOC专用于某个或者某类系统中，不为一般用户所知。比如Philips的Smart XA，它将XA单片机内核和支持超过2048位复杂RSA算法的CCU单元制作在一块硅片上，形成一个可以加载Java或C语言的专用的片上系统。

1.3　嵌入式操作系统

早期的嵌入式系统很多都不用操作系统，它们只是为了实现某些特定功能，使用一个简单的循环控制对外界的控制请求进行处理，不具备现代操作系统的基本特征(如进程管理、存储管理、设备管理、网络通信等)。不可否认，这对一些简单的系统而言是足够的。但是当系统越来越复杂，利用的范围越来越广泛时，缺少操作系统就成了最大的一个缺点，因为每添加一项新功能都可能需要从头开始设计，否则只能增加开发成本和系统复杂度。

C语言的出现使操作系统的开发变得越来越简单，利用C语言可以很快地写出一个小型的、稳定的操作系统。众所周知，《The C Programming Language》(C程序设计语言)的作者Dennis M. Ritchie 和Brian W. Kernighan利用C语言写出了著名的UNIX操作系统，直接影响了这30年计算机业的发展。同时，C语言的出现对开发嵌入式系统来说，在效率和速度上都提高了很多。

从20世纪80年代开始，出现了各种各样的商用嵌入式操作系统。这些操作系统大部分都是为专有系统而开发，从而形成了目前多种形式的商用嵌入式操作系统百家争鸣的局面，如VxWorks、Windows CE、Linux和Android等。

现在，网络在人们生活中的应用越来越广泛，在嵌入式系统中使用网络系统也自然成为一项基本的要求。在嵌入式系统中实现网络协议栈，对日常生活中的需要有着广泛的意义。利用嵌入式系统中的网络功能，可以实现下面将要介绍的信息电器这一即将取代PC、从而在后PC时代占据市场主体的商品。我们知道，如果在上面所说的那种采用循环控制的嵌入式系统中加入网络协议栈，其程序复杂度会呈指数级增长。相反，在嵌入式操作系统中增加网络协议模块要方便得多，并且还能方便各种网络应用程序在不同平台之间移植。

嵌入式系统的应用领域日益扩大，提供的应用功能也越来越复杂，当初的控制程序被逐步加入了许多功能，而实际上这些功能大多数是可以由操作系统来提供的。这很自然地会让人联想到应该为嵌入式系统开发一个嵌入式操作系统。由此可见，嵌入式操作系统是由于工程实践的需要而诞生的。而嵌入式操作系统所使用的技术，基本上是从台式计算机操作系统下推而来的。由于应用的需要和硬件条件的限制，嵌入式操作系统一般更加注重占用空间小和效率高等特点。

尽管嵌入式操作系统有功能丰富和稳定性好等优点，但大部分的嵌入式系统仍然继续采用控制程序而没有采用操作系统。除了功能需求和硬件方面的限制因素以外，还主要有以下两条原因：首先，有不少嵌入式系统的控制程序是逐步发展起来的，每一步改动都比较小。这种在原有系统上打补丁的代价，要小于改用操作系统所付出的代价，从而使工程人员很难下决心换用嵌入式操作系统。其次，虽然控制程序在开发成本和可靠性等方面都有缺点，但它最大的好处之一就是没有那些商业化嵌入式操作系统中许多用不着的功能。虽然到目前为止，几乎每一个嵌入式操作系统都号称可以根据应用的需要进行配置，可是大多都是静态配置，也就是用不同的模块编译链接成不同的系统。这种配置使嵌入式操作系统的稳定性大打折扣，因为每一种配置的结果都可以看成是一个全新的系统，其可靠性还需要实践的检验。

虽然上述因素导致许多嵌入式系统仍然沿用控制程序，但控制程序近来在有些应用领域表现得越来越力不从心，需要嵌入式操作系统予以取代。例如，高性能的手持设备、移动设备和复杂的工业控制装置(例如数控机床和机器人等)如果继续采用自己的控制程序，就意味着需要用户自己来做一个专用操作系统，因为设备管理、内存管理和进程管理等都是必不可少的。而精通控制程序的人很难同时又是一个操作系统的专家。

随着嵌入式系统的功能越来越复杂，硬件所提供的条件越来越好，选择嵌入式操作系统也就势在必行。首先，应用开发者的精力通常都集中在自己的应用领域，而没有时间和精力去全面掌握操作系统，所以需要嵌入式操作系统提供服务。其次，嵌入式系统的最大特点就是个性突出，每个具体的嵌入式系统都会有自己独特的地方，当其有某种特殊需要时如果操作系统能给予支持，则往往会有事半功倍的效果。

而且，将嵌入式操作系统引入到嵌入式系统中，能够对嵌入式系统的开发产生极大的推动作用。在没有操作系统的嵌入式系统下，每当要进行进一步的开发和功能的扩展时，都会带来巨大的劳动力的无谓消耗。而嵌入式操作系统则可以通过提供给用户的各种API，来对嵌入式系统进行有效的管理。

从20世纪80年代起，国际上就开始进行一些商用嵌入式系统和专有操作系统的开发。这些商家开发嵌入式系统已经有20多年的经验，其产品系统目前的应用范围也比较广泛。下面先简要介绍一些嵌入式操作系统。

1.3.1　Linux

随着Linux的迅速发展，嵌入式Linux现在已经有许多的版本，包括强实时的嵌入式Linux(如新墨西哥工学院的RT-Linux和堪萨斯大学的KURT-Linux等)和一般的嵌入式Linux版本(如μCLinux和PocketLinux等)。其中，RT-Linux通过把通常的Linux任务优先级设为最低，而所有的实时任务的优先级都高于它，以达到既兼容通常的Linux任务又保证强实时性能的目的。另一种常用的嵌入式Linux是μCLinux，它是针对没有MMU(内存管理单元)的处理器而设计的。它不能使用处理器的虚拟内存管理技术，对内存的访问是直接的，所有程序中访问的地址都是实际的物理地址。它专为嵌入式系统做了许多小型化的工作。

1.3.2　VxWorks

VxWorks操作系统是美国风河(WindRiver)公司于1983年设计开发的一种实时操作系统。VxWorks拥有良好的持续发展能力、高性能的内核以及友好的用户开发环境，在实时操作系统领域内占据了一席之地。它以其良好的可靠性和卓越的实时性被广泛应用在通信、军事、航空、航天等高精尖技术及实时性要求极高的领域中，如卫星通信、军事演习、导弹制导、飞机导航等。在美国的F-16、FA-18战斗机、B-2隐形轰炸机和爱国者导弹上，甚至连在火星表面登陆的火星探测器上也使用了VxWorks。VxWorks的很多概念和技术都和Linux很类似，主要是用C语言开发。但VxWorks因价格很高，所以一般应用中很少采用这种操作系统。

VxWorks的主要特点如下。

1. 高性能实时微内核

VxWorks的微内核Wind是一个具有较高性能的、标准的嵌入式实时操作系统内核。它支持抢占式的基于优先级的任务调度，支持任务间同步和通信，还支持中断处理、看门狗(WatchDog)定时器和内存管理。其任务切换时间短、中断延迟小、网络流量大的特点使得VxWorks的性能得到很大提高，与其他嵌入式系统相比具有很大优势。

2. POSIX兼容

POSIX(Portable Operating System Interface)是工作在ISO/IEEE标准下的一系列有关操作系统的软件标准。制定这个标准的目的就是为了在源代码层次上支持应用程序的可移植性。这个标准产生了一系列适用于实时操作系统服务的标准集合1003.1b(过去是1003.4)。

3. 自由配置能力

VxWorks提供良好的可配置能力，可配置的组件超过80个，用户可以根据自己系统的功能需求通过交叉开发环境方便地进行配置。

4. 友好的开发调试环境

VxWorks提供的开发调试环境便于进行操作和配置,开发系统Tornado更是得到了广大嵌入式系统开发人员的欢迎。

5. 广泛的运行环境支持

VxWorks支持多种CPU:如x86、i960、Sun Sparc、Motorola MC68000、MIPS RX000、Power PC、StrongARM、XScale等。大多数的VxWorks API是专用的。VxWorks提供的板级支持包(Board Support Package,BSP)支持多种硬件板,包括硬件初始化、中断设置、定时器和内存映射等例程。

1.3.3　WinCE

WinCE推出只有几年时间,但目前已占据了很大的市场份额。由于WinCE开发的都是大家熟悉的VC++环境,所以对于一般的开发人员都不会有多大难度,这也是WinCE容易被人们接受的原因。

WinCE具有优先级的多任务操作系统,它允许多重功能、进程在相同时间及系统中运行,WinCE支持最大的32位同步进程。一个进程包括一个或多个线程,每个线程代表进程的一个独立部分,一个线程被指定为进程的基本线程,进程也能创造一个未定数目的额外线程,额外线程的实际数目仅由可利用的系统资源限定。它的模块化设计允许它对从掌上电脑到专用的工业控制器的用户电子设备进行定制。Win CE操作系统的基本内核至少需要200KB的内存。

1.3.4　μC/OS-II

μC/OS是"MicroController Operating System"的缩写,它是源码公开的实时嵌入式操作系统,μC/OS-II的主要特点如下。

- 公开源代码,系统透明,很容易就能把操作系统移植到各个不同的硬件平台上。
- 可移植性强。μC/OS-II绝大部分源码是用ANSI C写的,可移植性(Portable)较强。而与微处理器硬件相关的那部分是用汇编语言写的,已经压缩到最低限度,使μC/OS-II便于移植到其他微处理器上。
- 可固化。μC/OS-II是为嵌入式应用而设计的,这就意味着,只要开发者有固化(ROMable)手段(C编译、连接、下载和固化),μC/OS-II即可嵌入到开发者的产品中成为产品的一部分。
- 可裁剪。通过条件编译可以只使用μC/OS-II中应用程序需要的那些系统服务程序,以减少产品中的μC/OS-II所需的存储器空间(RAM和ROM)。
- 占先式。μC/OS-II完全是占先式(Preemptive)的实时内核,这意味着μC/OS-II总是运行就绪条件下优先级最高的任务。大多数商业内核也是占先式的,μC/OS-II在性能上和它们类似。

- 实时多任务。μC/OS-II不支持时间片轮转调度法(Round-roblin Scheduling)。该调度法适用于调度优先级平等的任务。
- 可确定性。全部μC/OS-II的函数调用与服务的执行时间具有可确定性。

由于μC/OS-II仅是一个实时内核，这就意味着它不像其他实时操作系统那样，它提供给用户的只是一些API函数接口，有很多工作往往需要用户自己去完成。把μC/OS-II移植到目标硬件平台上也只是系统设计工作的开始，后面还需要针对实际的应用需求对μC/OS-II进行功能扩展，包括底层的硬件驱动、文件系统和用户图形接口(GUI)等，从而建立一个实用的RTOS。

1.3.5　eCOS

eCOS(Embedded Configuration Operating System)是由Redhat推出的小型即时操作系统(Real-Time Operating System)，适合用做Bootloader增强和微小型系统。其特点如下：

- 将操作系统做成静态链接(Static Linker)的方式，让应用程序透过链接(Linker)产生出具有操作系统特性的应用程序。这是与嵌入式Linux系统最大的差异。
- 模块化，内核可配置。eCOS具有相当丰富的特性和一个配置工具，后者能够让用户选取自己需要的特性。
- 编译核心小。Linux兼容的嵌入式系统在内核裁减后编译出来的二进制代码大小在500KB以上，这还只包含最简单的内核模块，几乎没有加载任何其他的驱动与协议栈。但是eCOS最小版本只有几百KB，一般一个完整的网路应用，其二进制的代码也就100KB左右。
- 提供了Linux兼容的API，它能使开发人员轻松地将Linux应用移植。
- 具有可组态配置的特性，可针对精确性应用的需求而进行定制化，加上数百种的选项功效，使其能用最少的硬件资源获得最大可能的执行效能。
- 可以在各种硬件平台上执行，包括SUNPLUS、SPCE、ARM、CalmRISC、FR-V、Hitachi H8、IA-32、Motorola 68000、Matsushita AM3x、MIPS、NEC V8xx、PowerPC、SPARC、SuperH以及NiOS II等。

1.3.6　Android

Android(安卓)是一种基于Linux的自由及开放源代码的操作系统，主要使用于移动设备，如智能手机和平板电脑，由Google公司和开放手机联盟领导及开发。该操作系统于2007年11月正式发布，2008年10月第一部采用其功能的智能手机(G1)上市，截止到2013年年末，Android的版本号已经发展到了4.4，采用该操作系统的智能设备数量已经超过了10亿台。

Android可以在ARM和x86体系结构的处理器上运行，其采用了分层的架构，可以从高层到低层分为应用程序层、应用程序框架层、系统运行库层和Linux内核层。

Android具有开放性、不受束缚、丰富的硬件、方便开发等优势，当然，其最大的优势还是有Google公司和众多的硬件服务商支持，其缺点是采用了虚拟机制导致效率略低，且碎片化严重。

1.3.7　iOS

iOS是苹果公司于2007年发布的系统，是以Darwin(一种类UNIX操作系统)为基础的操作系统，最开始命名为iPhone OS，后来更名为iOS，是iPod touch、iPad以及Apple TV等产品的操作系统，其版本号目前已经更新到了iOS 7.0.4。

iOS拥有在嵌入式操作系统中最多的应用程序以及最好的App(Application)库，支持ARM体系架构的处理器，具有高安全、支持多语言、流畅、美观等特点，其缺点是封闭性较强。

1.3.8　WP和Windows RT

WP是Windows Phone的简称，是微软在2010年发布的一款智能手机操作系统，将微软旗下的Skype、必应、Xbox Live游戏、Xbox Music音乐与独特的视频体验整合至手机；到2013年年底其已经更新到了8.1版本，其支持ARM体系架构的处理器。

Windows RT(RunTime)则是微软为实时嵌入式系统发布的Windows版本，它采用了Metro风格的用户界面，支持ARM体系架构处理器，但是无法兼容普通x86处理器结构上Windows的软件。"RT"代表"Runtime"，也就是Windows Runtime Library。它是一项非常重要的技术，因为它允许开发人员写一个App，但是却可以同时在利用英特尔处理器的Windows 8上运行，还可以在利用ARM处理器的Windows RT上运行。

1.4　嵌入式系统设计

本节主要介绍嵌入式系统设计的一般开发流程和嵌入式系统开发模式。本节将采用自顶向下的方法，从对系统最抽象的描述开始，一步一步地推进到细节内容。

1.4.1　嵌入式系统开发流程

当前，嵌入式开发已经逐步规范化，在遵循一般工程开发流程的基础上，嵌入式开发有其自身的一些特点，如图1-13所示为嵌入式系统开发的一般流程。主要包括系统需求分析(要求有严格规范的技术要求)、体系结构设计、软硬件及机械系统设计、系统集成、系统测试，最后得到最终产品。

图1-13　嵌入式系统开发流程

1. 系统需求分析

系统需求分析是指确定设计任务和设计目标，并提炼出设计规格说明书，作为正式设计指导和验收的标准。系统的需求一般分为功能性需求和非功能性需求两方面。功能性需求是系统的基本功能，如输入输出信号、操作方式等；非功能需求包括系统性能、成本、功耗、体积、重量等因素。

2. 体系结构设计

体系结构设计描述了系统如何实现所述的功能需求和非功能需求，包括对硬件、软件和执行装置的功能划分，以及系统的软件、硬件选型等。一个好的体系结构是设计成功与否的关键。

3. 硬件/软件协同设计

硬件/软件协同设计是基于体系结构，对系统的软件、硬件进行详细设计。为了缩短产品开发周期，设计往往是并行的。嵌入式系统设计的工作大部分都集中在软件设计上，采用面向对象技术、软件组件技术、模块化设计是现代软件工程经常采用的方法。

4. 系统集成

系统集成是把系统的软件、硬件和执行装置集成在一起，进行调试，发现并改进单元设计过程中的错误。

5. 系统测试

系统测试是指对设计好的系统进行测试，看其是否满足规格说明书中给定的功能要求。

图1-13所示只是嵌入式系统设计过程的一个大概流程，在实际的系统开发过程中，有一些重要因素是必须要考虑的，包括：功耗、性能(速度与精度达到要求)、成本、用户界面。

另外还必须考虑在系统设计的每一步骤中所要完成的任务，在设计过程的每一步骤中再添加以下细节。

- 必须在设计的每一个阶段对设计进行分析，以决定如何才能满足规格说明要求。
- 必须不断地细化设计，添加细节。
- 必须不断地核实设计，保证它依然满足所有的系统目标，如成本、速度、精度等。

1.4.2 嵌入式系统开发方法

嵌入式系统中的嵌入式处理器，由于其功能复杂、引脚繁多和运行高速，很难用常规目标机处理器的在线仿真(ICE)方式来开发。目前，嵌入式系统的开发有模拟开发调试、嵌入式在线仿真和远程调试等几种方法。

1. 模拟开发调试

有许多调试工具都配有模拟器，它是完全基于主机的软件，在主机上模拟了目标机中处理器的功能和指令。它虽然简单可行，但是缺乏在线调试功能和实时仿真功能。而且，它也仅能模拟目标处理器，无法模拟处理器有关I/O的功能。因此，模拟器常作为初步基本调试工具。

ARM公司的开发工具有ARMulator模拟器，可以模拟开发各种嵌入式ARM处理器。它具有指令、周期和定时等3级模拟功能。

- 指令级：可以给出系统状态的精确行为(但没有考虑处理器的真正定时特性)。
- 周期级：可以给出每个周期的处理器精确行为(而实际上每一周期需若干时钟执行周期)。
- 定时级：可以在一周期内的准确时间出现信号(但允许逻辑延迟)。

ARMulator模拟器还可以与C语言和汇编语言配合使用，也可以作为VHDL硬件描述语言的ARM核的行为模型。

2. 嵌入式在线仿真

ARM架构处理器内含嵌入式在线仿真器宏单元，可为JTAG调试提供相应的接口。

JTAG是联合调试行为组织的缩写。由于集成电路的集成度不断提高，芯片的引脚不断增加；此外，为了缩小体积，常常采用表面贴装技术。因此，无法使用常规的在线仿真的方式。JTAG为此制定了边界扫描标准，只需5根引脚就可以实现在线仿真的功能。该标准已被批准为IEEE-1149.1标准。它不但能测试各种集成芯片，也能测试芯片内各类宏单元，还能测试相应的印刷电路板。

同时，为了能达到实时跟踪调试功能，ARM架构处理器还内含嵌入式跟踪宏单元，通过逻辑分析仪来实现实时跟踪调试的功能。所以，ARM架构的Embedded ICE-RT就是指嵌入式在线仿真及实时跟踪调试。

3. 远程调试

高档处理器的调试常常采用这种方式，通过设计一个驻留程序与主机通过串口、Ethernet或USB接口进行连接，然后在驻留程序中编写各个功能模块的测试程序，主机通过发收指令获得目标机的相应信息。

在嵌入式系统中比较流行的驻留程序有Angel、Blob、Red Boot等。

思考与练习

一、填空题

1. 嵌入式系统主要是融合了_____、_____和_____，它将计算机直接嵌入到应用系统中，利用计算机的高速处理能力以实现某些特定的功能。
2. 目前国内对嵌入式系统普遍认同的一个定义是：以_____为中心、以_____为基础、可裁剪、适应应用系统对功能、可靠性、成本、体积、功耗严格要求的专用计算机系统。
3. 嵌入式系统一般由嵌入式计算机和执行部件组成，其中嵌入式计算机主要由四个部分组成，它们分别是_____、_____、_____和_____。
4. 嵌入式处理器目前主要有_____、_____、_____、68K等，其中_____处理器有三大特点：体积小、低功耗、低成本和高性能，16/32位双指令集，全球的合作伙伴众多。
5. 常见的嵌入式操作系统有_____、_____、_____和Android。

6. 嵌入式系统开发的一般流程主要包括系统需求分析、_____、_____、系统集成、_____，最后得到最终产品。

二、选择题

1. 嵌入式系统中硬件层主要包含了嵌入式系统中必要的硬件设备：( )、存储器(SDRAM、ROM等)、设备IO接口等。

    A. 嵌入式微处理器   B. 嵌入式控制器

    C. 单片机   D. 集成芯片

2. 20世纪90年代以后，随着系统应用对实时性要求的提高，系统软件规模不断上升，实时核逐渐发展为( )，并作为一种软件平台逐步成为目前国际嵌入式系统的主流。

    A. 分时多任务操作系统   B. 多任务操作系统

    C. 实时操作系统   D. 实时多任务操作系统

3. 由于其高可靠性，在美国的火星表面登陆的火星探测器上使用的嵌入式操作系统也是( )。

    A. Android   B. VxWorks

    C. Linux   D. WinCE

4. 嵌入式系统设计过程中一般需要考虑的因素不包括( )。

    A. 性能   B. 功耗

    C. 价格   D. 大小

5. 在嵌入式系统中比较流行的驻留程序有( )。

    A. Angel   B. Blob

    C. Red Boot   D. U-Boot

三、简答题

1. 举例说明身边常用的嵌入式系统。

2. 如何理解嵌入式系统，谈谈自己的理解。

3. 简述嵌入式系统的开发方法有哪几种。

4. 结合当前嵌入式系统的发展，想象一下嵌入式系统的应用前景。

第2章 Linux 基础

要学习嵌入式Linux，首先得知道什么是Linux，本章将以较大的篇幅介绍Linux的发展历史，并对目前主流的几个常用的Linux操作系统，以及这些系统的两个主要发行版本(GNOME和KDE)进行介绍，因为以后我们接触最多的可能就是这些系统的操作。谈到操作，就不能不讲Linux下的命令行，我们将在本章第三节详细介绍Linux下的主要操作命令，它既是Linux的精华所在，也是Linux的难点，因此掌握好这一章的内容后，学习后面的章节将会很轻松。

本章重点：
- Linux简介
- Linux主流版本介绍
- GNOME与KDE
- Linux基本操作
- Linux内核分析

2.1 Linux 简 介

简单地说，Linux是一套免费使用和自由传播的类UNIX操作系统，它主要用在基于Intel x86系列CPU的计算机上。这个系统是由世界各地成千上万的程序员设计和实现的。其目的是建立不受任何商品化软件版权制约的、全世界都能自由使用的UNIX兼容产品。

Linux的出现，最早开始于一位名叫Linus Torvalds的计算机业余爱好者，当时他是芬兰赫尔辛基大学的学生。他的目的是设计一个代替Minix(由一位名叫Andrew Tanenbaum的计算机教授编写的一个操作系统示教程序)的操作系统，这个操作系统可用于386、486或奔腾处理器的个人计算机上，并且具有UNIX操作系统的全部功能，因而开始了Linux雏形的设计。

绝大多数基于Linux内核的操作系统使用了大量的GNU软件，包括Shell程序、工具、程序库、编译器及工具，还有许多其他程序，例如Emacs。正因为如此，GNU计划的开创者理查德·马修·斯托曼博士提议将Linux操作系统改名为GNU/Linux。但有些人只把操作系统叫做"Linux"。

Linux的基本思想有两点：第一，一切都是文件；第二，每个软件都有确定的用途，同时它们都被编写得尽可能更好。其中详细来讲第一条，就是系统中的所有都归结为一个文件，包括命令、硬件和软件设备、操作系统、进程等对于操作系统内核而言，都被视为拥有各自特性或类型的文件。至于说Linux是基于UNIX的，很大程度上也是因为这两者的基本思想十分相近。

2.1.1　Linux的历史

Linux的历史是和GNU紧密联系在一起的。

1983年，理查德·马修·斯托曼(Richard Stallman)创立了GNU计划(GNU Project)。这个计划有一个目标是发展一个完全免费自由的UNIX-like操作系统。自1990年发起这个计划以来，GNU 开始大量地产生或收集各种系统所必备的元件，像函数库(Libraries)、编译器(Compilers)、侦错工具(Debuggers)、文字编辑器(Text Editors)、网页服务器(Web Server)，以及一个UNIX的使用者接口(UNIX Shell)。1990年，GNU计划开始在马赫微核(Mach Microkernel)的架构之上开发系统核心，也就是所谓的GNU Hurd，但是这个基于Mach的设计异常复杂，发展进度则相对缓慢。

最初的设想中，Linux是类似Minix这样的一种操作系统。1991年4月，芬兰赫尔辛基大学学生Linus Torvalds(当今世界最著名的计算机程序员、黑客)不满意Minix这个教学用的操作系统。出于爱好，他根据可在低档机上使用的Minix设计了一个系统核心Linux 0.01，但没有使用任何Minix或UNIX的源代码。他通过USENET(就是新闻组)宣布这是一个免费的系统，主要在x86计算机上使用，希望大家一起来完善，并将源代码放到了芬兰的FTP站点上供人免费下载。本来他想把这个系统称为Freax(自由(free)和奇异(freak)的结合字)，并且附上"X"这个常用的字母，以配合所谓的UNIX-like的系统。可是FTP的工作人员认为这是Linus的Minix，嫌原来的命名"Freax"的名称不好听，就用Linux这个子目录来存放，于是它就成了"Linux"。这时的Linux只有核心程序，仅有10 000行代码，仍必须执行于Minix操作系统之上，并且必须使用硬盘开机，还不能称作是完整的系统；随后在同年10月份第二个版本(0.02版)发布。

由于许多专业用户(主要是程序员)自愿地开发它的应用程序，并借助Internet让大家一起修改，所以它的周边程序越来越多，Linux本身也逐渐发展壮大起来。

从1983年开始的GNU计划致力于开发一个自由并且完整的类UNIX操作系统，包括软件开发工具和各种应用程序，到1991年Linux内核的发布，GNU已经几乎完成了除系统内核之外的各种必备软件的开发。在Linus Torvalds和其他开发人员的努力下，GNU组件可以运行于Linux内核之上。整个内核是基于GNU通用公共许可，也就是GPL(GNU General Public License，GNU通用公共许可证)的，但是Linux内核并不是GNU计划的一部分。1994年3月，Linux 1.0版正式发布，Marc Ewing成立了Red Hat软件公司，成为最著名的Linux分销商之一。

早期Linux的开机管理程序(Boot Loader)使用LILO(Linux Loader)，存在着一些难以容忍的缺陷，例如无法识别8GB以上的硬盘，后来新增GRUB(Grand Unified Bootloader)克服了这些缺点，具有"动态搜寻核心档案"的功能，可以在开机的时候，自行编辑用户的开机设定系统档案，通过ext2或ext3档案系统载入Linux Kernel。

2.1.2　Linux特点

Linux操作系统在短时间内得到迅猛的发展，这与该操作系统良好的特性是分不开的。Linux包含了UNIX操作系统的全部功能和特性。简单地说，Linux具有UNIX的所有特性，并且具有自己独特的魅力，主要表现在以下几个方面。

1. 开放性

开放性是指系统遵循世界标准规范，特别是遵循开放系统互联(OSI)国际标准。凡遵循国际标准所开发的硬件和软件，都能彼此兼容，可方便地实现互联。

2. 多用户

多用户是指系统资源可以被不同的用户各自拥有并使用，即使每个用户对自己的资源(如文件、设备)有特定权限，也互不影响，Linux和UNIX都具有多用户特性。

3. 多任务

多任务是现代计算机的一个最主要特点，它是指计算机同时执行多个程序，而且各个程序的运行相互独立。Linux操作系统调试每一个进程平等地访问CPU。由于CPU的处理速度非常快，其结果是启动的应用程序看起来好像是在并行运行。事实上，从CPU执行的一个应用程序中的一组指令到Linux调试CPU，与再次运行这个程序之间只有很短的时间延迟，用户是感觉不出来的。

4. 友好的用户界面

Linux向用户提供了两种界面：用户界面和系统调用界面。Linux的传统用户界面基于文本的命令行界面，即Shell。它既可以联机使用，又可以存储在文件上脱机使用。Shell有很强的程序设计能力，用户可方便地用它编写程序，从而为用户扩充系统功能提供了更高级的手段。Linux还提供了图形用户界面，它利用鼠标、菜单和窗口等设施，给用户呈现一个直观、易操作、交互性强的友好图形化界面。

5. 设备独立性

设备独立性是指操作系统把所有外部设备统一当作文件来看，只要安装它们的驱动程序，任何用户都可以像使用文件那样操作并使用这些设备，而不必知道它们的具体存在形式。设备独立性的关键在于内核的适应能力，其他的操作系统只允许一定数量或一定种类的外部设备连接，因为每一个设备都是通过其与内核的专用连接独立地进行访问的。Linux是具有设备独立的操作系统，它的内核具有高度的适应能力，随着更多程序员加入Linux编程，相信以后会有更多硬件设备加入到各种Linux内核和发行版本中。

6. 丰富的网络功能

完善的内置网络是Linux的一大特点，Linux在通信和网络功能方面优于其他操作系统。其他操作系统不包含如此紧密的内核结合在一起的连接网络的能力，也没有内置这些联网特性的灵活性。而Linux为用户提供了完善的、强大的网络功能。

Linux免费提供了大量支持Internet的软件，Internet是在UNIX领域中建立并发展起来的，在这方面使用Linux相当方便，用户能用Linux通过Internet与世界上其他人进行通信。

7. 文件传输

用户能通过一些Linux命令完成内部信息或文件的传输。

8. 远程访问

Linux为系统管理员和技术人员提供了访问其他系统的窗口。通过这种远程访问的功能，一位技术人员能够有效地为多个系统服务，即使那些系统位于很远的地方。

9. 可靠的安全性

Linux操作系统采取了许多安全措施，包括对读、写操作进行权限控制，带保护的子系统，审计跟踪和内核授权，这为用户提供了必要的安全保障。

10. 良好的可移植性

可移植性是指将操作系统从一个平台转移到另一个平台，使它仍然能按其自身的方式运行的能力。Linux是一款具有良好可移植性的操作系统，能够在微型计算机到大型计算机的任何环境中和平台上运行。该特性为Linux操作系统的不同计算机平台与其他任何机器进行准确而有效的通信提供了保障，不需要另外增加特殊的通信接口。

11. X-Windows系统

X-Windows系统是用于UNIX机器的一个图形系统，该系统拥有强大的界面系统，并支持许多应用程序，是业界标准界面。

12. 内存保护模式

Linux使用处理器的内存保护模式来避免进程访问分配给系统内核或者其他进程的内存。对于系统安全来说，这是一个主要的贡献，一个不正确的程序因此不能够再使用系统而崩溃(在理论上)。

13. 共享程序库

共享程序库是一个程序工作所需要的例程的集合，有许多同时被多于一个进程使用的标准库，因此使用户觉得需要将这些库的程序载入内存一次，而不是一个进程一次，通过共享程序库使这些成为可能，因为这些程序库只有当进程运行的时候才被载入，所以它们被称为动态链接库。

2.1.3　Linux与Windows

Windows操作系统是在个人计算机上发展起来的，在许多方面受到个人计算机硬件条件的限制，这些操作系统必须不断地升级才能跟上个人计算机硬件的进步；而Linux操作系统却是以另外一种形式发展起来的，Linux是UNIX操作系统用于个人计算机上的一个版本，UNIX操作系统已经在大型机和小型机上使用了几十年，直到现在仍然是工作站操作系统的首选平台。

Linux给个人计算机带来了能够与UNIX系统相比的速度、效率和灵活性，使个人计算机所具有的潜力得到了充分发挥。Linux与Windows工作方式存在一些根本的区别，这些区别只有在用户对两者都很熟悉之后才能体会到，但它们却是Linux思想的核心。

1. Linux的应用目标是网络

Linux设计定位于网络操作系统,它的设计灵感来自于UNIX操作系统,因此它的命令设计比较简单。虽然现在已经实现了Linux操作系统的图形界面,但仍然没有舍弃文本命令行。由于纯文本可以非常好地跨越网络进行工作,所以Linux配置文件和数据都以文本为基础。

对于熟悉图形环境的用户来说,使用文本命令行的方式看起来比较原始,但是Linux开发更多地关注它的内在功能而不是表面文章。即使在纯文本环境中,Linux同样拥有非常先进的网络、脚本和安全性能。

Linux执行一些任务所需要的步骤表面看来令人费解,除非能够真正认识到Linux是期望在网络上与其他Linux系统协同执行这些任务。该操作系统的自动执行能力很强大,只需要设计批处理文件就可以让系统自动完成非常繁琐的工作任务,Linux的这种能力来源于其文本的本质。

2. 可选的GUI

目前,许多版本的Linux操作系统具有非常精美的图形界面。Linux支持高端的图形适配器和显示器,完全胜任与图形相关的工作。但是,图形环境并没有集成到Linux中,而是运行于系统之上的单独一层。这意味着用户可以只运行GUI,或者在需要时使用图形窗口运行GUI。

Linux有图形化的管理工具以及日常办公的工具,比如电子邮件、网络浏览器和文档处理工具等。不过在Linux中,图形化的管理工具通常是控制台(命令行)工具的扩展,也就是说,用图形化工具能够完成的所有工作,用控制台命令行同样能够完成。而使用图形化的工具并不妨碍用户对配置文件进行手工修改,其实际意义可能并不显而易见,但是如果在图形化管理工具中所做的任何工作都可以以命令行的方式完成,这就表示这些工作同样可以使用一个脚本来实现。脚本化的命令可以成为自动执行的任务。

Linux中的配置文件是可读的文本文件,这与过去的Windows中的INI文件类似,但这与Windows操作系统的注册思路有本质的区别。每一个应用程序都有自己的配置文件,而通常不与其他配置文件放在一起。不过大部分配置文件都存放于一个目录树(/ect)下的单独位置,所以在逻辑上看起来是一起的。文本文件的配置方式可以不通过特殊的系统工具就可以完成配置文件的备份、检查和编辑工作。

3. 文件名扩展

Linux不使用文件名扩展来识别文件的类型,这与Windows操作系统不同。Linux操作系统根据文件的头内容来识别其类型。为了提高用户的可读性,Linux仍可以使用文件名扩展,这对Linux系统来说没有任何影响。不过有一些应用程序,比如Web服务器,可能使用命名约定来识别文件类型,但这只是特定应用程序的需要而不是Linux系统本身的要求。

Linux通过文件访问权限来判断文件是否为可执行文件,任何一个文件都可以被赋予可执行权限,程序和脚本的创建者或管理员可以将它们识别为可执行文件,这样做有利于安全,使得保存到系统上的可执行文件不能自动执行,这样就可以防止许多脚本病毒。

4. 重新引导

在使用Windows系统时，许多用户习惯重新引导系统(即重新启动)，但在Linux系统中这一习惯需要改变。一旦开始运行，它将保持运行状态，直到受到外来因素的影响，比如硬件故障。实际上，Linux系统的设计使得应用程序不会导致内核的崩溃，因此不必经常重新引导，所以除了Linux内核之外，其他软件的安装、启动、停止和重新配置都不用重新引导系统。如果用户确实重新引导了Linux系统，问题很可能得不到解决，甚至还会使问题更加恶化，因此在学习Linux操作系统时，要克服重新引导系统的习惯。

另外，用户可以远程完成Linux中的很多工作，只要有一些基本的网络服务在运行，就可以进入到那个系统。而且，如果系统中一个特定的服务出现了问题，用户还可以在进行故障诊断的同时让其他服务继续运行。当用户在一个系统上同时运行多个服务的时候，这种管理方式更为重要。

5. 命令区分大小写

所有的Linux命令和选项都区分大小写，如"-R"和"-r"不同。控制台命令几乎都使用小写，在后面的章节中会对Linux操作系统中的命令进行详细讲解。

2.1.4　Linux的主要组成部分

Linux一般包括四个主要部分：内核(Kernel)、命令解释层(Shell或其他操作环境)、文件结构(File Structure)和实用工具。其中内核是整个操作系统的内核部分；Shell是用户与计算机交流的接口；文件结构是存放在存储设备上文件的组织方法；实用工具是Linux系统中运行的一些常用软件。

1. 内核

内核是Linux系统的心脏，是运行程序和管理硬件设备的内核程序，决定着系统的性能和稳定性。内核以独占的方式执行最底层任务，保证系统正常运行，协调多个并发进程，管理进程使用的内存，使它们相互之间不产生冲突，满足进程访问磁盘的请求等。它从用户那里接受命令并把命令送给内核去执行。Linux核心源程序通常都安装在/usr/src/linux下。

Linux内核包括几个重要部分：进程管理、内存管理、硬件设备驱动、文件系统驱动、网络管理。进程管理产生进程，以切换运行时的活动进程来实现多任务；内存管理负责分配进程的存储区域和对换空间区域、内核的部件及Buffer Cache；在最底层，内核对它支持的每种硬件包含一个硬件设备驱动。因为现实世界中存在大量不同的硬件，因此硬件设备的驱动数量很大；每个类的每个成员都有相同的与内核其他部分的接口，但具体实现是不同的，例如所有的硬盘驱动与内核其他部分接口相同，即都有初始化驱动器、读N扇区和写N扇区。内核自己提供的有些软件服务有类似的抽象属性，因此可以抽象分类。例如不同的网络协议已经被抽象为一个编程接口：BSD Socket库。另一个例子是虚拟文件系统(Virtual File System, VFS)层，它从文件系统操作实现中抽象出来文件系统。每个文件系统类型提供了每个文件系统操作的实现。当一些实体企图使用一个文件系统时，请求通过VFS送出，它将请求发送到适当的文件系统驱动。网络管理提供了对网络标准存取和各种网络硬件的支持，它又可分为网络协议和网络驱动程序。其中网络协议部分负责实现每一种可能的网络传输协议，而网络驱动程序负责与硬件通信。

　　传统的UNIX内核是全封闭的，即如果要往内核中加一个设备，早期的做法是编写这个设备的驱动程序，并变动内核源程序中的某些数据结构，再重新编译整个内核并重新引导系统。而在Linux里面，它允许把设备驱动程序在编译时静态地连接在内核中，如传统的驱动程序那样；也允许动态地在运行时安装，成为"模块"；还允许在运行状态下当需要用到某一模块时由系统自动安装。这样的模块仍然在内核中运行，而不是像在微内核中那样作为单独的进程运行，所以其运行效率较高。

2. Shell

　　Shell是系统的用户界面，提供了用户与内核进行交互操作的一种接口。它接收用户输入的命令并把它送入内核去执行。实际上Shell是一个命令解释器，它解释由用户输入的命令并且把它们送到内核。不仅如此，Shell有自己的编程语言用于对命令的编辑，它允许用户编写由Shell命令组成的程序。Shell编程语言具有普通编程语言的很多特点，比如它也有循环结构和分支控制结构等，用这种编程语言编写的Shell程序与其他应用程序具有同样的效果。Linux提供了像Microsoft Windows那样的可视的命令输入界面——X-Window的图形用户界面(GUI)。在图形用户界面中使用窗口管理器WM(Window Manager)来完成对窗口的外表、位置进行控制，并且给用户提供了操作这些窗口程序的方法，常见的WM有IceWM、KWin等。桌面环境则在WM基础上为Linux提供了一个较完整的图形操作界面，并且提供了一定范围和用途的实用工具和应用程序，其操作就像Windows一样，有窗口、图标和菜单，所有的管理都通过鼠标控制。现在比较流行的桌面环境是KDE和GNOME。每个Linux系统的用户都可以拥有他自己的用户界面或Shell，用以满足自己专门的Shell需要。同Linux本身一样，Shell也有多种不同的版本，目前主要有以下几种。

- Bourne Shell：由贝尔实验室开发。
- BASH：GNU的Bourne Again Shell，是GNU操作系统上默认的Shell。
- Korn Shell：对Bourne Shell的发展，大部分内容与Bourne Shell兼容。
- C Shell：是Sun公司Shell的BSD版本。

3. 文件结构

　　文件结构是文件存放在磁盘等存储设备上的组织方法，主要体现在对文件和目录的组织上。目录提供了管理文件的一个方便而有效的途径，我们能够从一个目录切换到另一个目录，而且可以设置目录和文件的权限，以便允许或拒绝其他人对其进行访问。Linux目录采用多级树形结构，用户可以浏览整个系统，进入任何一个已授权进入的目录，并访问那里的文件。文件结构的相互关联性使共享数据变得容易，几个用户可以访问同一个文件。Linux是一个多用户系统，操作系统本身的驻留程序存放在以根目录开始的专用目录中，有时被指定为系统目录。

Linux文件系统包含三类文件。

- 普通文件：存放的是数据和程序，也就是二进制流。文件中不包含任何特定的结构。
- 目录文件：目录是一种结构，它允许不同的文件和目录放在一起，类似于Windows系统中的文件夹。其中包含的下级目录叫子目录。
- 特殊文件：包含多种类型，一般来说，它和不同进程间通信、计算机和外部设备通信有关系。

所有这些文件都放在一个大的树形结构中。树的根是一个单独的目录，称为根(Root)目录，用斜杠“/”表示。在根目录下有一些标准(所谓标准，是一种传统)的子目录和文件。在这些子目录下又包含下级子目录和文件，依此类推。图2-1给出了Linux的目录结构。

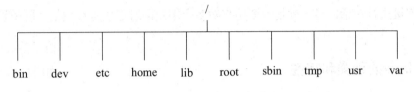

图2-1　Linux的目录结构

任何文件，只要不在相同的子目录下，即使文件名相同，也不会混淆。

一个文件可以用相对路径和绝对路径两种方法表示。绝对路径表示这个文件在整个目录结构中的位置。例如，/home/abc/edf表示根目录下的子目录home包含子目录abc下面的文件edf。/usr/local/sbin/df表示的意义大家可以自己分析。相对路径表示文件相对于当前你所在的目录树的位置的相对位置。例如，dir1/abc表示当前目录下有一个dir1子目录包含的文件abc。如果想表示上级目录怎么办？Linux中规定，上级目录用“..”表示，当前目录用“.”表示。上面的例子也可表示为：./dir1/abc。又例如，../dir2/abc表示上级子目录下的dir2子目录包含文件abc。这与DOS系统是一致的。

值得一提的是，根目录“/”没有上层目录，也保留名称“..”，它仍然代表根目录。

4. 实用工具

内核、Shell和文件结构一起形成了基本的操作系统结构，它们使得用户可以运行程序、管理文件以及使用系统。此外，Linux操作系统还有许多被称为实用工具的程序，辅助用户完成一些特定的任务。

标准的Linux系统都有一套叫做实用工具的程序，它们是专门的程序，例如编辑器、执行标准的计算操作等，用户也可以产生自己的工具。Linux中的实用工具可分为以下三类。

- 编辑器：用于编辑文件。
- 过滤器：用于接收数据并过滤数据。
- 交互程序：允许用户发送信息或接收来自其他用户的信息。

具体来说，Linux的编辑器主要有：Ed、Ex、gedit、Vi和Emacs。Ed和Ex是行编辑器，Vi和Emacs是全屏幕编辑器。gedit有点类似于Windows下的记事本(Notepad)，但是却比后者有更多高级的功能。

　　Linux的过滤器(Filter)读取从用户文件或其他地方的输入、检查和处理数据，然后输出结果。从这个意义上说，过滤器过滤了经过它们的数据。Linux有不同类型的过滤器，一些过滤器用行编辑命令输出一个被编辑的文件，另外一些过滤器按模式寻找文件并以这种模式输出部分数据。还有一些执行字处理操作，它们检测一个文件中的格式，输出一个格式化的文件。过滤器的输入可以是一个文件，也可以是用户从键盘输入的数据，还可以是另一个过滤器的输出。过滤器还可以相互连接，因此，一个过滤器的输出可能是另一个过滤器的输入。在有些情况下，用户可以编写自己的过滤器程序。

　　交互程序是用户与机器的信息接口。Linux是一个多用户系统，它必须和所有用户保持联系。信息可以由系统上的不同用户发送或接收，信息的发送有两种方式，一种是与其他用户一对一地连接进行对话，另一种是一个用户对多个用户同时连接进行通信，即所谓的广播式通信。

2.1.5　Linux的种类和特性

　　Linux在发展过程中出现了不同的版本，它们有各自的特性和优点。但是Linux操作系统始终坚持免费发放的原则，正是在开放性原则的带动下，Linux得到了迅速的发展和普及。

1. Fedora Linux

(1) Fedora Linux简介

　　2003年，Red Hat公司宣布不再推出个人使用的发行版本并转向商业版本的开发，同时Red Hat公司也将原来的Red Hat Linux开发计划和Fedora计划重新整合成一个新的Fedora项目，它是在Red Hat Linux 9的基础上加以改进而成的。Fedora项目预计每年将会发行2~3次版本。

　　2003年11月首个发行版本Fedora Core 1正式推出，它更新了部分套件，但是并没有完善Red Hat的部分相关功能。

　　2004年5月，Fedora Core 2正式发布，其版本代码为Tettnang。这一版本除采用Xorg X11取代XFree86外，还加入了IIIMF、SELinux等许多新技术，并且在开放性原始代码社区的支持下修正了许多套件的错误。同年11月，Fedora Core 3正式发布，其版本代码为Heidelberg。这一版本采用了Xorg 6.8.1、GNOME 2.8和KDE 3.3.0。

　　2005年6月，Fedora Core 4正式发布，版本代码为Stentz。这一版本采用了GNOME 2.10、KDE 3.4.0、GCC 4.0和PHP5.0。此外还添加了对PowerPC的支持。

　　2006年3月，Fedora Core 5正式发布，版本代码为Bordeaux。GNOME桌面基于2.14发布，KDE桌面是3.5的一般版本。它首次包含对 Mono的支持，以及众多Mono应用程序，以SCIM语言输入框架取代了过去使用的IIIMF系统。同年10月，Fedora Core 6正式发布。

　　2007年的6月和11月，分别推出Fedora Core 7和新版本的Fedora 8。

　　2013年12月17日发布了Fedora 20，其运行界面如图2-2所示，提供了32位和64位的包括GNOME、KDE、LXDE、Xfce在内的多个桌面环境的版本，同时也提供了支持ARM处理器的Fedora 20 ARM架构专用版(只支持32位)。用于ARM处理器的Fedora提供了两种版本：一种用于需要VFAT分区的平台(BeagleBone Black)，另一种用于从EXT分区引导的设备(Trim Slice)；每一种又都可在 MATE、KDE、Xfce等桌面环境中进行选择，同时还有不带桌面环境的最小化版本。

图2-2　Fedora 20的运行界面

(2) Fedora Linux的特性

Fedora是基于Linux环境的、对外开放的、创新的和具有前瞻性的操作系统平台。Fedora允许任何用户自由地使用、修改并重新发布，拥有熟练庞大的用户群并具有强大的社群开发，社群成员提供并维护自由开放的源代码和开放的标准。Fedora项目由Fedora基金会管理和控制，得到了Red Hat公司的支持。其可运行的体系结构包括x86、x86-64、PowerPC Fedora Core、ARM等，它是众多Linux发行套件之一。

最新版本的Fedora 20具有以下特性：

● 100%的自由开源。

● 成千的免费应用。

● 没有病毒和间谍软件。

● 有一个由来自全球的社区贡献者创建并且有合适个人的本地化站点的全球社区。

"Fedora 20还内置了一些与协作性、娱乐及媒体、创新、办公/生产力相关的应用，例如其提供了Evolution邮件及日历套件、Empathy视频及文字聊天工具；其还提供了Totem电影播放机和Rhythmbox音乐和博客播放器；同时还提供了包括Gimp图像编辑器和Inkscape矢量图编辑器、Scribus多页排版工具、PiTiVi视频编辑器和Audacity音频编辑器等一整套专业的工具；在办公和生产力相关方面则集成了LibreOffice、仓鼠时间管理、Gnote便签等办公和时间管理工具。

2. Ubuntu

Ubuntu(乌班图)是基于Debian GNU/Linux，支持x86、AMD64(即x64)和ARM架构，由全

球化的专业开发团队(Canonical)打造的开源GNU/Linux操作系统。

Ubuntu每6个月发布一个新版本，而每个版本都有代号和版本号，其中的LTS是长期支持版。版本号基于发布日期，例如最新的版本13.10代表是在2013年10月发行的。

在Ubuntu的发展史上有两个很重要的版本：

● 8.04 LTS版，该版本提供了WUBI(Windows Ubuntu-Based Installer)安装方式，支持用户在Windows中以安装普通应用软件的方法安装和卸载Ubuntu，它不需要改变分区设置，不需要修改启动文件，不会给Windows带来任何改变，提供了完整的硬件接入。

● 11.04版，该版本采用Unity作为默认的桌面环境，Unity是一个由Canonical公司开发的基于GNOME的桌面环境，其目的是更有效地利用显示器的屏幕尺寸并且消耗更少的系统资源，例如将一些快捷方式放在左侧，如图2-3所示是Unity的运行界面。

图2-3　Unity桌面环境

作为Linux发行版，Ubuntu的最大特点是比其他发行版本的界面更加友好，同时有更好更加稳定的技术支持和较快的更新速度，方便对计算机不熟悉的用户使用。

Ubuntu具有以下一些特点：

● 桌面环境集成了一些常用社交网站、音乐站点，并且支持大量的邮件和新闻服务。

● 支持从远程主机登录(需要设置远程登录账号)。

● Unity Dash可以提供Amazon网络搜索结果。

● 附加驱动整合到了软件源。

● 提供了普通桌面、手机、平板电脑、电视、服务器等不同应用的多种版本。

3. SUSE Linux

SUSE是最早的Linux商业发行版，但SUSE Linux的使用仍然是免费的。其第一个发行版在1994年推出。目前SUSE系列主要有个人版和企业版，它们各有自己的优点，其主要特性如下。

(1) 标准化兼容

所有的SUSE系列版本都遵守Linux的基本标准集(LSB)，并得到了认证。在基本标准集里包含了可移植操作系统接口(POSIX)兼容性的测试，使得在兼容系统之间的代码移植更方便。SUSE Linux的桌面效果如图2-4所示。

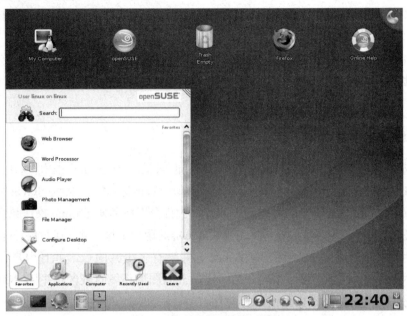

图2-4　SUSE Linux的桌面效果

(2) EAL认证

EAL是一个根据国际协约而建立的认证组织，其认证方案与认证方法由通用标准组织提供。2004年SLES 8成功通过了EAL3+认证，次年SLES 9通过了CAPP/EAL4+的认证。自此以后SUSE Linux得到了广泛的接收和认同，更加快了其普及的程度。

4．其他版本

由于Linux操作系统完全开放，并可自由修改和发布，因此，在Linux的发展过程中出现了许多类型的版本，它们有各自的特点，用户可根据不同的需要进行自由选择。除了前面列举的版本外，目前比较流行的版本有：

- Gentoo
- Debian
- Slackware
- Rays
- Tourbo Linux

Linux各发行版均可在网络上自由下载，并且可以在相应网站及BBS上寻求帮助。

2.2　图形操作界面

目前，几乎所有的Linux发行版本中都包含了GNOME和KDE两种图形操作环境，许多Linux操作系统默认的图形操作界面为GNOME，它除了具有出色的图形环境功能外，还提供了编程接口，允许开发人员按照自己的爱好和需要来设置窗口管理器。

KDE桌面环境是一个具有强大网络功能的桌面环境，它的功能强大，除了窗口管理器和文件管理器外，基本覆盖了大部分Linux任务的应用程序组，同时还结合了UNIX操作系统的灵活性。

很多Linux的初学者分不清除X Window和KDE、GNOME等之间的关系，常常混淆概念，本节将以比较易于理解的方式说明KDE、GNOME和X Window等之间的关系，其中包括GNOME、KDE以及X Window等相关知识。

2.2.1　Linux与图形界面

Linux本身没有图形界面，Linux现在的图形界面只是Linux下的应用程序实现的，也就是说KDE和GNOME只是一个应用软件，并不是类似于Windows操作系统的GUI(图形用户界面)，图形界面并不是Linux操作系统的一部分。大部分发行版本的Linux操作系统中集成了KDE和GNOME两种图形环境，对一个习惯Windows的用户来说，要正确理解Linux的图形环境可能颇为困难，因为它与纯图形化Windows并没有多少共同点，并且用户在使用时与Windows并没有多少区别，接下来先介绍UNIX/Linux图形环境的概念，并从UNIX操作系统说起，将它们与Windows操作系统进行对比。

Linux继承了UNIX内核设计精简、高度健壮的特点，无论是系统结构还是操作方式都与UNIX无异，可以说，Linux是UNIX类系统中的一个特殊版本。Windows在早期是一个基于DOS的应用程序，用户必须首先进入DOS后再启动Windows进程，而从Windows 95开始，Microsoft将图形界面作为默认，命令行界面只有在需要的情况下才开启，后来的Windows 98/Me实际上也都属于该体系。但在Windows 2000之后，DOS被彻底清除，Windows成为一个完全图形化的操作系统。

UNIX/Linux与Windows操作系统不同，强大的命令行界面始终是它们的基础，在20世纪80年代中期，图形界面风潮席卷操作系统业界，麻省理工学院(MIT)也在1984年与当时的DEC公司合作，致力于在UNIX系统上开发一个分散式的视窗环境，这便是大名鼎鼎的"X Window System"，MIT和DEC的目的只在于为UNIX系统设计一套简单的图形框架，以使UNIX工作站的屏幕上可显示更多的命令，而并不在意GUI的精美程度和易用程度。X Window并不是一个直接的图形操作环境，而是作为图形环境与UNIX系统内核沟通的中间桥梁，任何厂商都可以在X Window基础上开发出不同的GUI图形环境。

1986年，MIT正式发行X Window，此后它便成为UNIX的标准视窗环境。紧接着，全力负责发展该项目的X协会成立，X Window进入了新阶段。与此同时，许多UNIX厂商也在X-Window原型上开发适合自己的UNIX GUI视窗环境，其中比较著名的有SUN与AT&T联手开发的"Open Look"、IBM主导下的OSF(Open Software Foundation，开放软件基金会)开发出的"Motif"。而一些爱好者则成立了非营利的XFree86组织，致力于在x86系统上开发X Window，这套免费且功能完整的X Window很快就进入了商用UNIX系统中，且被移植到多种硬件平台上，后来的Linux也采用了该项目。

早期的X Window环境设计得很简单，许多GUI元素模仿于微软的Windows，但X Window

拥有一个小小的创新：当鼠标指针移到某个窗口时，该窗口会被自动激活，用户无需单击便能够直接输入，简化了用户操作。这个特性在后来的KDE和GNOME中也都得到完整地继承，如今几乎所有的UNIX/Linux操作系统都能支持与使用X Window，GNOME和KDE图形环境也都是以X Window系统为基础构建的。

在X的世界里，事物是分成很多组件的，而不像其他的操作系统那样，任何东西都是操作系统的一个部分。GUI是一个主要由图形组成的用户界面，像Mac OS和Windows都是GUI的，构件图形界面的功能都整合在操作系统里面。这种方法很简单，但是却不灵活，UNIX和Linux的操作系统没有内建这个功能。

由于必须以UNIX系统作为基础，X Window注定只能成为UNIX上的一个应用，而不可能与操作系统内核高度整合，这就使得基于X Window的图形环境不可能有很高的运行效率，但它的优点在于拥有很强的设计灵活性和可移植性。X Window从逻辑上分为三层：最底层的X Server(X服务器)，主要处理输入/输出信息并维护相关资源，它接受来自键盘、鼠标的操作并将它交给X Client(X客户端)作出反馈，而由X Client传来的输出信息也由它来负责输出；最外层的X Client，提供一个完整的GUI界面，负责与用户的直接交互(KDE、GNOME都是一个X Client)；而衔接X Server与X Client的就是"X Protocol(X通信协议)"，它的任务是充当这两者的沟通管道。尽管UNIX厂商采用相同的X Window，但由于终端的X Client并不相同，这就导致不同UNIX产品搭配的GUI界面看起来非常不一样。图2-5给出了X Windows系统架构示意图。

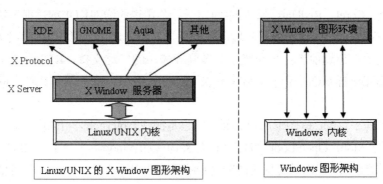

图2-5　X Window系统架构示意图

2.2.2　KDE

MIT的X Window推出之后就成为UNIX图形界面的标准，但在商业应用上分为两大流派：一派是Sun公司领导的Open Look阵营，一派是IBM/HP领导的OSF(Open Software Foundation)的Motif，双方经过多年竞争之后，Motif最终获得领先地位。不过，Motif只是一个带有窗口管理器(Window Manager)的图形界面库(Widget Library)，而非一个真正意义上的GUI界面。经过协商IBM/HP与SUN决定将Motif与Open Look整合，并在此基础上开发出一个名为CDE(Common Desktop Environment，即通用桌面环境)的GUI作为UNIX的标准图形界面。遗憾的是，Motif/CDE和UNIX系统的价格都非常昂贵，而当时微软的Windows发展速度惊人并率先在桌面市场占据垄断地位，CDE则一直停留在UNIX领域，提供给root系统管理员使用，直到今天情况依然如此。

　　20世纪90年代中期，以开源模式推进的Linux在开发者中已经拥有广泛的影响力。尽管X Window已经非常成熟，也有不少基于X Window的图形界面程序，但它们不是未具备完整的图形操作功能就是价格高昂(如CDE)，根本无法用于Linux系统。如果Linux要获得真正意义上的突破，一套完全免费、功能完善的GUI就非常必要。1996年10月，图形排版工具Lyx的开发者、一位名为Matthias Ettrich的德国人发起了KDE(Kool Desktop Environment)项目，与之前各种基于X Window的图形程序不同，KDE并非针对系统管理员，它的用户群被锁定为普通的终端用户，Matthias Ettrich希望KDE能够包含用户日常应用所需要的所有应用程序组件，例如Web浏览器、电子邮件客户端、办公套件、图形图像处理软件等，将UNIX/Linux彻底带到桌面。当然，KDE符合GPL规范，以免费和开放源代码的方式运行。

　　KDE项目发起后，迅速吸引了一大批高水平的自由软件开发者，这些开发者都希望KDE能够将Linux系统的强大能力与舒适直观的图形界面联结起来，创建最优秀的桌面操作系统。经过艰苦卓绝的共同努力，KDE 1.0终于在1998年的7月12日正式推出。以当时的水平来说，KDE 1.0在技术上可圈可点，它较好地实现了预期的目标，各项功能初步具备，开发人员已经可以很好地使用它了。当然，对用户来说，KDE 1.0远远比不上同时期的Windows 98平易近人，KDE 1.0中大量的Bug更是让人头疼。但对开发人员来说，KDE 1.0的推出鼓舞人心，它证明了KDE项目开源协作的开发方式完全可行，开发者对未来充满信心。有必要提到的是，在KDE 1.0版的开发过程中，SUSE、Caldera等Linux商业公司对该项目提供资金上的支持，在1999年，IBM、Corel、RedHat、富士通-西门子等公司也纷纷对KDE项目提供资金和技术支持，自此KDE项目走上了快速发展阶段并长期保持着领先地位。但在2004年之后，GNOME不仅开始在技术上超越前者，也获得了更多商业公司的广泛支持，KDE丧失主导地位，其原因就在于KDE选择在Qt平台的基础上开发，而Qt在版权方面的限制让许多商业公司望而却步。

　　Qt是一个跨平台的C++图形用户界面库，它是挪威TrollTech公司的产品。基本上，Qt同X Window上的 Motif、Open Look、GTK等图形界面库和Windows平台上的MFC、OWL、VCL、ATL是同类型的东西，但Qt具有优良的跨平台特性(支持Windows、Linux、各种UNIX、OS390和QNX等)、面向对象机制以及丰富的API，同时也可支持2D/3D渲染和OpenGL API。在当时的同类图形用户界面库产品中，Qt的功能最为强大，Matthias Ettrich在发起KDE项目时很自然地选择了Qt作为开发基础，也正是得益于Qt的完善性，KDE的开发进展颇为顺利，例如，Netscape 5.0在从Motif移植到Qt平台上仅仅花费了5天时间。这样，当KDE 1.0正式发布时，外界看到的便是一个各项功能基本具备的GUI操作环境，而且在后来的发展中，Qt/KDE一直都保持领先优势。有必要提到的是，TrollTech公司实质性地参与了KDE项目，如前面提到Netscape 5.0 的移植工作就是由TrollTech的程序员完成的，而KDE工程的发起者Matthias Ettrich本人也在1998年离开学术界加入TrollTech，并一直担任该公司的软件开发部主管，因此TrollTech公司对于KDE项目拥有非常强的影响力(当然不能说绝对掌握，毕竟KDE开发工作仍然是由自由程序员协作完成的)。尽管KDE采用GPL规范进行发行，但底层的基础Qt却是一个不遵循GPL的商业软件，这就给KDE上了一道无形的枷锁并带来可能的法律风险。一大批自由程序员对KDE项目的决定深为不满，它们认为利用非自由软件开发违背了GPL的精神，于是这些GNU的狂热信徒兵分两路：其中一部分人去制作Harmony，试图重写出一套兼容Qt的替代品，这个项目虽然技术上相对简单，但却没有获得KDE项目的支持；另一部分人则决定重新开发一套名为"GNOME(GNU Network Object Environment)"的图形环境来替代KDE，一场因为思想分歧引发的GUI之战开始了。

2013年2月6日，KDE SC 4.10.0发布。

2.2.3　GNOME

GNOME项目于1997年8月发起，创始人是当时年仅26岁的墨西哥程序员Miguel De Icaza。关于GNOME的名称有一个非常有趣的典故：Miguel到微软公司应聘时对它的ActiveX/COM Model颇有兴趣，GNOME(Network Object Model)的名称便从此而来。GNOME选择完全遵循以GPL的GTK图形界面库为基础，因此我们一般也将GNOME和KDE两大阵营称为GNOME/GTK和KDE/Qt。与Qt基于C++语言不同，GTK采用较传统的C语言，虽然C语言不支持面向对象设计，看起来比较落后，但当时熟悉C语言的开发者远远多于熟悉C++的开发者。加之GNOME/GTK完全遵循GPL版权公约，吸引了更多的自由程序员参与，但由于KDE先行一步，且基础占优势，一直都保持领先地位。1999年3月，GNOME 1.0在匆忙中推出，稳定性奇差无比，以至于许多人笑称GNOME 1.0还没有KDE 1.0 Alpha稳定，而同期的KDE 1.1.2无论在稳定性还是功能上都远胜于GNOME，直到10月份推出的GNOME 1.0.55版才较好地解决了稳定性问题，给GNOME重新赢回声誉。由于思想分歧，当时GNOME的开发者与KDE的开发者在网络上吵得天翻地覆，几乎达到相互仇视的地步。但不管怎么说，GNOME都跌跌撞撞地迈出了第一步，尽管那时KDE几乎是所有Linux发行版默认的桌面环境。

GNOME的转机来自于商业公司的支持。当时Linux业界的老大RedHat很不喜欢KDE/Qt的版权，在GNOME项目发起后RedHat立刻对其提供支持。为了促进GNOME的成熟，RedHat甚至专门派出几位全职程序员参与GNOME的开发工作，并在1998年1月与GNOME项目成员携手成立了RedHat高级开发实验室。1999年4月，Miguel与另一名GNOME项目的核心成员共同成立Helix Code公司，为GNOME提供商业支持，这家公司后来更名为Ximian，它事实上就成为GNOME项目的母公司，GNOME平台上的Evolution邮件套件便出自该公司之手。

进入2000年之后，一系列重大事件接连发生，首先，一批从苹果公司出来的工程师成立Eazel公司，为GNOME设计用户界面和Nautilus(鹦鹉螺)文件管理器。同年8月，GNOME基金会在Sun、RedHat、Eazel、Helix Code(Ximian)的共同努力下正式成立，该基金会负责GNOME项目的开发管理以及资金提供，Miguel本人则担任基金会的总裁。此时，GNOME获得许多重量级商业公司的支持，如惠普公司采用GNOME作为HP-UX系统的用户环境，SUN则宣布将StarOffice套件与GNOME环境相整合，而GNOME也选择OpenOffice.org作为办公套件，IBM公司则为GNOME共享了SashXB极速开发环境。同时，GNOME基金会也决定采用Mozilla作为网页浏览器。KDE阵营也毫不示弱，在当年10月份推出万众瞩目的KDE 2.0。KDE 2.0堪称当时最庞大的自由软件，除了KDE平台自身外，还包括Koffice办公套件、Kdevelop集成开发环境以及Konqueror网页浏览器。尽管这些软件都还比较粗糙，但KDE 2.0已经很好地实现了Matthias Ettrich成立KDE项目的目标。也是在这个月，TrollTech公司决定采用GPL公约来发行

Qt的免费版本，希望能够以此赢得开发者的支持。这样，Qt实际上就拥有双重授权：如果对应的Linux发行版采用免费非商业性的方式发放，那么使用KDE无需向TrollTech交纳授权费用；但如果Linux发行版为盈利性的商业软件，那么使用KDE时必须获得授权。由于TrollTech是商业公司且一直主导着KDE的方向，双许可方式不失为解决开源与盈利矛盾的好办法。TrollTech宣称，双许可制度彻底解决了KDE在GPL公约方面的问题，但RedHat并不喜欢，RedHat不断对GNOME项目提供支持，希望它能够尽快走向成熟，除RedHat之外的其他Linux厂商暂时都站在KDE这一边，但他们同时也在发行版中捆绑了GNOME桌面。

2011年9月，GNOME 3.2正式发布，GNOME 3.2是GNOME 3的第一个主要更新版本，它建立在3.0基础上并针对3.0进行了很多修改，提供更完整的体验。GNOME 3.2中的具体改进包括新的在线账户、登录界面、文档管理，以及支持颜色管理等，另外，对GNOME开发平台也进行了一系列改进。根据发行中的描述，GNOME 3.2是当时最漂亮、最可用的桌面。

2013年9月，GNOME 3.10发布，该版本带来了包括Wayland(新一代显示技术)、经过重新设计的全新的系统状态区、标头列、新的应用程序等一系列新的特性和功能。

2.2.4　GNOME与KDE发展趋势

虽然在商业方面存在竞争，GNOME与KDE两大阵营的开发者的关系并没有变得更糟，相反他们都意识到支持对方的重要性。如果KDE和GNOME无法实现应用程序的共享，那不仅是巨大的资源浪费，而且将导致Linux出现根本上的分裂。事实上，无论是GNOME的开发者还是KDE的开发者，他们都有着共同的目标，就是为Linux开发最好的图形环境，只是因为理念之差而分属不同的阵营。KDE与GNOME的商业竞争对开发者其实没有任何利益影响(只有TrollTech会受影响)，基于共同的目的，KDE与GNOME阵营大约从2003年开始逐渐相互支持对方的程序，只要在KDE环境中安装GTK库，便可以运行GNOME的程序，反之亦然。经过两年多的努力，KDE和GNOME都已经实现高度的互操作性，两大平台的程序都是完全共享的，例如我们可以在GNOME中运行Konqueror浏览器、Koffice套件，也可以在KDE中运行Evolution和OpenOffice.org，只不过执行本地程序的速度和视觉效果会好一些。在未来一两年内，KDE和GNOME将进行更高等级的融合，但两者大概永远都不会合为一体，也就是说，GNOME还是GNOME，KDE也还是KDE。或许你觉得这是浪费开发资源而且很可能让用户无从选择，但我们告诉你这就是Linux，它与Windows和Mac OS X有着截然不同的文化。更何况全球有越来越多的自由软件开发者(所以不必担心浪费开发资源)，Linux用户的使用偏好也不可能总是相同，保持两个并行发展的图形环境项目没有什么不妥。至于GNOME项目和KDE项目的开发者们，曾经因为理念不同而吵得天翻地覆，但他们现在尽释前嫌，因为所有人都意识到，其实他们要彼此团结在一起可以让他们在硬件厂商面前有更大的发言权，从而促使厂商在推出Windows驱动的同时也提供相应的Linux版本，而且彼此可以相互借鉴优秀的设计，确保Linux拥有一个最出色的图形桌面环境。

2.3　Linux的基本命令行操作

在Linux操作系统中，命令行处于核心的地位。命令行是一种对操作系统进行输入和输出的界面，与图形界面相对。目前，在计算机操作系统中图形界面成为主流。然而，作为字符界面的命令行由于具有占用系统资源少、性能稳定并且安全性高等特点，因而仍发挥着重要的作用，Linux命令行在服务器中一直有着广泛应用。利用命令行可以对系统进行各种操作，这些操作虽然没有图形化界面那样直观明了，但是却显得快捷而顺畅。

当用户在命令行下工作时，其实不是直接同操作系统内核交互信息，而是由命令解释器接受命令，分析后再传给相关的程序。Shell是Linux中的一种命令行解释程序(如同command.com是 DOS 下的命令解释程序一样)为用户提供使用操作系统的接口。它们之间的关系如图2-6所示。用户在提示符下输入的命令都由Shell先解释然后传给Linux内核。

Linux中运行Shell的环境是"系统工具"下的"终端"，读者可以单击"终端"以启动Shell环境。这时屏幕上显示类似"[arm@www home]\$"的信息，其中，arm是指系统用户，而home指当前所在的目录。

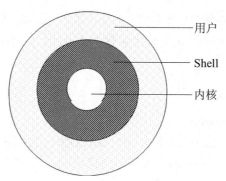

图2-6　用户、Shell、内核的关系图

在Linux中，命令行有大小写的区分，且所有的Linux命令行和选项都区分大小写，例如-V和-v是两个不同的命令，这与Windows操作系统有所区别。在Windows操作系统环境下，所有的命令都没有大小写的区别。初学者应遵循所有控制台命令的输入均为小写这一原则。例如查看当前日期，在命令行下输入：

```
date ✓
```

注意：
✓ 代表"Enter键"。

即可看到当前的日期及时间，如图2-7所示。

```
[tom@localhost ~]$ date
Wed May  7 11:36:55 CST 2013
[tom@localhost ~]$ _
```

图2-7　命令行简介

若在命令行下输入：

Date ✓

系统将给出命令错误的信息："命令未找到"，如图2-8所示。

```
[tom@localhost ~]$ date
Wed May  7 11:42:45 CST 2013
[tom@localhost ~]$ Date
-bash: Date: command not found
[tom@localhost ~]$ _
```

图2-8　Linux命令行区分大小写

Linux中的命令非常多，而本书并不是一本专门介绍Linux命令的图书。因此，本书按照命令的用途进行分类讲解，并且仅详细讲解每一类中最常用的命令。

注意：
格式中带[]的为可选项，其他为必选项。选项可以多个连带写入。

2.3.1　目录操作

由于Linux中有关目录的操作非常重要，也非常常用，因此，本节首先介绍与目录相关的操作。这一类操作的命令很多，我们重点讲解其中几个，如mkdir、cd、ls等。

1. mkdir

功能：创建一个新目录。
语法：mkdir [选项] dirname
说明：该命令创建由dirname命名的目录。要求创建目录的用户在当前目录中(dirname的父目录中)具有写权限，并且dirname不能是当前目录中已有的目录或文件名称。
命令中各选项的含义如表2-1所示。

表2-1　mkdir参数表

参　　数	含　　义
-m	对新建目录设置存取权限，也可以用chmod命令设置
-p	可以是一个路径名称。此时若路径中的某些目录尚不存在，加上此选项后，系统将自动建立那些尚不存在的目录，即一次可以建立多个目录

如想在当前目录中建立mylinux和mylinux下的"/mylinux2"目录，也就是连续建立两个目录，可输入以下命令：

$ mkdir -p -m 700 ./　mylinux/mylinux

该命令的含义为在当前目录中创建嵌套的目录层次"mylinux/mylinux"，权限设置为只有文件所有者有读、写和执行权限。

2. rmdir

功能：删除空目录。

语法：rmdir [选项] dirname

说明：dirname表示目录名。该命令从一个目录中删除一个或多个子目录项。需要特别注意的是，一个目录被删除之前必须是空的(注意，rm -r dir命令可代替rmdir，但是有很大的危险性)。删除某目录时也必须具有对父目录的写权限。

命令中各选项的含义如表2-2所示。

表2-2　rmdir参数表

参　数	含　义
-p	递归删除目录dirname，当删除子目录后其父目录为空时，也一同被删除。如果整个路径被删除或者由于某种原因保留部分路径，则系统在标准输出上显示相应的信息

将"/usr/mylinux/mylinux"目录删除，如果上级目录为空则删除，否则显示目录内容，使用命令：

```
$ sudo rmdir -p /usr/mylinux/mylinux
```

这里用到的sudo命令可以提升用户权限，但要有sudo的权限才能使用(需要由系统管理员设置sudo权限，如果当前用户是root，则不需要)。当然在删除有删除权限的目录时就不需要用到sudo。

3. cd

功能：改变工作目录。

语法：cd [目录路径]

说明：该命令将当前目录改变至指定的新工作目录。若没有指定新的工作目录路径，则回到用户的主目录。为了跳转到指定目录，用户必须具有对指定目录的读权限。

该命令可以使用通配符。假设用户的当前目录是"/home/arm/"，现在要更换到"/home/arm/mylinux/"目录中，则可以使用如下命令：

```
$ cd mylinux
```

4. pwd

功能：显示当前目录的绝对路径。

语法：pwd

说明：此命令显示当前工作目录的绝对路径。

假设当前工作目录在"/home/arm/mylinux/"，则使用命令：

```
$ pwd
```

输出信息如下：

```
/home/arm/mylinux
```

5. ls

功能：ls是英文单词list的简写，其功能为列出指定目录的内容。

语法：ls [选项] [目录或是文件]

说明：对于每个目录，该命令将列出其中的所有子目录与文件。对于每个文件，ls将输出其文件名以及所要求的其他信息。默认情况下，输出条目按字母排序。当未给出目录名或者文件名时，就显示当前目录的信息。

命令中常用选项的含义如表2-3所示。

表2-3　ls参数表

参　　数	含　　义
-a	显示指定目录下的所有子目录与文件，包括隐藏文件
-A	显示指定目录下的所有子目录与文件，包括隐藏文件，但不列出 "." 和 ".." 开头的文件夹
-b	对文件名中的不可显示字符用八进制字符显示
-c	按文件的修改时间排序
-F	用不同的后缀字符表示不同的文件类型，以示区别，如在目录名后面标记 "/"，可执行文件后面标记 "*"，符号链接后面标记 "@"，管道(或FIFO)后面标记 "|"，socket文件后面标记 "="
-i	在输出的第一列显示文件的i节点号
-l	以长格式显示文件的详细信息。这个选项最常用，每行列出的信息依次是：文件类型与权限→链接数→文件属主→文件属组→文件大小→建立或最近修改的时间名字
-L	若指定的名称为一个符号链接文件，则显示链接所指向的文件
-o	与l选项相同，只是不显示拥有者信息
-r	按字母逆序或最早优先的顺序显示输出结果
-R	递归式地显示指定目录的各个子目录中的文件
-t	显示时按修改时间(最近优先)而不是按名字排序
u	显示时按文件上次存取的时间(最近优先)而不是按名字排序

用 "ls -l" 命令显示的信息中，开头是由10个字符构成的字符串，其中第一个字符表示文件类型，它可以是下述类型之一。

● -：普通文件

● d：目录

● l：符号链接

● b：块设备文件

● c：字符设备文件

后面的9个字符表示文件的访问权限，分为3组，每组3位。第一组表示文件属主的权限，第二组表示同组用户的权限，第三组表示其他用户的权限。每一组的三个字符分别表示对文件的读、写和执行权限。各权限有如下：

● r：读

● w：写

● x：执行(目录表示进入权限)

例如，我们想列出当前目录的内容，则可以输入以下命令：

```
$ ls -F
```

之后将输出以下信息：

```
test.html*        test.doc*        mylinux2/
test.txt          test.txt~
```

6. chown和chgrp

功能：这两个命令的功能分别如下。

- chown：修改文件所有者和组别。
- chgrp：改变文件的组所有权。

语法：这两个命令的语法格式分别如下。

- chown：chown [选项]……文件所有者[所有者组名]　文件

其中的文件所有者为修改后的文件所有者。

- chgrp：chgrp [选项]……文件所有组　文件

其中的文件所有组为改变后的文件组拥有者。

说明：chown和chgrp的常见参数意义相同，其主要选项参数如表2-4所示。

表2-4　chown和chgrp的参数表

参　　数	含　　义
-c，-changes	详尽地描述每个文件实际改变了哪些所有权
-f，--silent，--quiet	关闭显示，无法修改文件拥有者而出现的报错信息

使用示例：

如果想更改文件linux.tar所有者为root，可使用命令：

```
# chown root linux.tar
```

而如果想将文件用户组变为root，则可以使用命令：

```
# chgrp root linux.tar
```

注意：

使用chown和chgrp必须拥有root权限。

7. chmod

功能：改变文件的访问权限。

语法：chmod可使用符号标记更改和八进制数指定更改两种方式，因此它的格式也有两种不同的形式。

- 符号标记：chmod [选项]……符号权限[符号权限]……文件

其中的符号权限可以指定为多个，也就是说，可以指定多个用户级别的权限，但它们中间要用逗号分开表示，若没有显示指出则表示不做更改。

● 八进制数：chmod [选项]……八进制权限　文件……

其中的八进制权限是指更改后的文件权限。

说明：文件的访问权限可表示成：-rwx rwx rwx。在此设有三种不同的访问权限：读(r)、写(w)和运行(x)。三个不同的用户级别为：文件拥有者(u)、所属的用户组(g)和系统里的其他用户(o)。在此，可增加一个用户级别a(all)来表示这三个不同的用户级别。

chmod主要选项参数如表2-5所示。

表2-5　chmod参数表

参　数	含　义
-c	若该文件权限确实已被更改，则显示其更改动作
-f	若该文件权限无法被更改，也不显示错误信息
-v	显示权限变更的详细资料

使用示例：

对于第一种符号连接方式的chmod命令，用加号"+"代表增加权限，用减号"–"代表删除权限，等于号"="代表设置权限。

例如，使文件linux.tgz拥有者除拥有所有用户都有的可读和执行的权限外，还有可写的权限。例如，可使用以下命令：

```
# chmod a+rx，u+w linux.tgz
```

对于第二种八进制数指定的方式，将文件权限字符代表的有效位设为"1"，即"rw-"、"rw-"和"r--"的八进制表示为"110"、"110"、"100"，把这个二进制串转换成对应的八进制数就是6.6.4，也就是说该文件的权限为664(三位八进制数)。这样转化后八进制数、二进制及对应权限的关系如表2-6所示。

表2-6　转化后八进制数、二进制及对应权限的关系

转换后八进制数	二进制	对应权限	转换后八进制数	二进制	对应权限
0	000	没有任何权限	1	001	只能执行
2	010	只写	3	011	只写和执行
4	100	只读	5	101	只读和执行
6	110	读和写	7	111	读、写、执行

例如，为使该文件的拥有者、文件组和其他用户拥有相应的权限，可执行命令：

```
# chmod 765 linux.tar.gz
```

另外，使用chmod也必须具有root权限。

8. grep

功能：在指定文件中搜索特定的内容，并将含有这些内容的行标准输出。

语法：grep [选项]　格式 [文件及路径]

其中的格式是指要搜索的内容格式，若默认"文件及路径"，则默认表示在当前目录下搜索。

说明：在默认情况下，grep只搜索当前目录。如果此目录下有许多子目录，grep会以如下形式列出：grep:sound:Is a directory，这会使"grep"的输出难于阅读，但有如下两种解决方法。

● 明确要求搜索子目录：grep-r
● 忽略子目录：grep -d skip

当预料到有许多输出时，可以通过管道将其转到"less"(分页器)上阅读：如"grep "h" ./ -r | less"分页阅读。

grep主要选项的参数如表2-7所示。

表2-7　grep参数表

参　　数	含　　义
-c	只输出匹配行的计数
-I	不区分大小写(只适用于单字符)
-h	查询多文件时不显示文件名
-l	查询多文件时只输出包含匹配字符的文件名
-n	显示匹配行及行号
-s	不显示不存在或无匹配文本的错误信息
-v	显示不包含匹配文本的所有行

使用示例：

例如，如果想在根目录下搜索"hello"，可使用命令：

```
# grep "hello" / -r
```

其中，"hello"是要搜索的内容，"/ -r"是指定文件，表示搜索根目录下的所有文件。

9. find

功能：在指定目录中搜索文件，它的使用权限是所有用户。

语法：find [路径][选项][描述]

其中的路径为文件搜索路径，系统开始沿着此目录树向下查找文件。它是一个路径列表，相互用空格分离。若默认路径，那么默认为当前目录。其中的描述是匹配表达式，是find命令接受的表达式。

说明：若使用目录路径为"/"，通常需要查找较多的时间，可以指定更为确切的路径以减少查找时间。

find命令可以使用混合查找的方法，例如，想在/etc目录中查找大于500000的字节，并且在24小时内修改的某个文件，则可以使用-and(与)把两个查找参数链接起来组合成一个混合的查找方式，如"find /etc -size +500000c -and -mtime +1"。

find主要[选项]参数如表2-8所示。

表2-8　grep[选项]参数表

参　　数	含　　义
-depth	使用深度级别的查找过程方式，在某层指定目录中优先查找文件内容
-mount	不在其他文件系统(如Msdos、Vfat等)的目录和文件中查找

find主要[描述]参数如表2-9所示。

表2-9　grep [描述]参数表

参　　数	含　　义
-name	支持通配符*和?
-user	用户名：搜索文件属主为用户名(ID或名称)的文件
-print	输出搜索结果，并且打印

例如使用查找命令，可在终端输入命令：

```
# find ./ -name qiong*.c
```

本例中就使用了-name的选项支持通配符。

2.3.2　文件操作

文件操作主要是指复制、删除文件，读取文件属性，创建文件链接等。命令包括cp、rm、cat、ln等。下面详细介绍这些命令的用法及其相关选项的含义。

1. cp

功能：将给出的文件或目录复制到另一文件或目录中。
语法：cp [选项] 源文件或目录　目标文件或目录
说明：该命令把指定的源文件复制到目标文件或把多个源文件复制到目标目录中。
该命令的各选项含义如表2-10所示。

表2-10　cp参数表

参　　数	含　　义
-a	该选项通常在复制目录时使用。它保留链接、文件属性，并递归地复制目录，其作用等于dpr选项的组合
-d	复制时保留链接
-f	删除已经存在的目标文件而不提示
-i	与f选项相反，在覆盖目标文件之前将给出提示，要求用户确认，回答"y"时目标文件将被覆盖，是交互式复制
-p	此时cp除复制源文件的内容外，还将把其修改时间和访问权限也复制到新文件中
-r	若给出的源文件是一个目录文件，cp将递归复制该目录下的所有子目录和文件。此时目标文件必须是一个目录名
-l	不做复制，只是链接文件

例：在终端中输入以下命令：

```
$ cp -i test.txt /home/arm/mylinux.txt
```

该命令将文件test.txt复制到"/home/arm"这个目录下，并改名为mylinux.txt。

2. mv

功能：用户可以使用mv命令来为文件或目录改名，或将文件由一个目录移入另一个目录中。该命令如同DOS下的ren和move的组合。

语法：mv [选项] 源文件或目录　目标文件或目录

mv命令中各选项的含义如表2-11所示。

表2-11　mv参数表

参　　数	含　　义
-i	交互方式操作。如果mv操作将导致对已存在的目标文件的覆盖时，系统会询问是否重写，要求用户回答y或n，这样可以避免覆盖文件
-f	禁止交互操作。如果mv操作要覆盖某已有的目标文件，不给出任何指示，指定此选项后，i选项将不再起作用

说明：如果所给目标文件(不是目录)已存在，此时该文件的内容将被新文件覆盖。为防止用户在不经意的情况下用mv命令破坏另一个文件，建议用户在使用mv命令移动文件时，使用i选项。

将/home/arm/mylinux/目录中的所有文件移动到当前目录中("."表示当前目录)。可使用如下命令：

```
$ mv /home/arm/mylinux/ ./
```

3. rm

功能：在Linux中创建文件很容易，系统中随时会有文件变得过时且毫无用处。用户可以用rm命令将其删除。该命令的功能为删除一个或多个文件或目录，它也可以修改某个目录的名称但是保持目录下的所有文件及子目录名称不变。

语法：rm[选项]文件

如果没有使用"-r"选项，则rm不会删除目录。

该命令的各选项含义如表2-12所示。

表2-12　rm参数表

参　　数	含　　义
-f	忽略不存在的文件，从不给出提示
-r	指示rm将参数中列出的全部目录和子目录均递归地删除
-i	进行交互式删除

说明：使用rm命令要格外小心。因为一旦一个文件被删除，它就不能被恢复。

可以使用rm命令中的i选项来确认要删除的每个文件。如果用户输入y，文件将被删除。

如果输入其他任意字符，文件将被保留。

例如输入以下命令：

```
$ rm -i test1.txt test2.txt
```

则将显示输出：

```
rm: remove write-protected regular file 'test1.txt'? n
rm: remove regular file 'test2.txt' ? y
```

以上是删除test1.txt和test2.txt两个文件的命令，要求删除每个文件前进行确认。操作最终保留test1.txt文件，删除test2.txt文件。

4. cat

功能1：在标准输出上显示文件内容。

语法：cat [选项]　文件

该命令的功能之一是显示文件。它依次读取其后所指文件的内容，并将其输出到标准输出。

cat命令中各个选项的含义如表2-13所示。

表2-13　cat参数表

参　　数	含　　义
-v	用一种特殊形式显示控制字符，LFD与TAB除外。加入"-v"选项后，"-T"及"-E"选项将起作用
-T	将 TAB 显示为"^I"，该选项需要与"-v"选项一起使用。即如果没有使用 -v 选项，则这个选项将被忽略
-E	在每行的末尾显示一个"$"符，该选项需要与"-v"选项一起使用
-u	输出不经过缓冲区
-A	等于"-vET"
-t	等于"-vT"
-e	等于"-vE"

例如，在终端中输入命令：

```
$ cat test.out
```

则在屏幕上显示出test.out文件的内容。

又例如，输入命令：

```
$ cat test.out test2.out
```

则在屏幕上依次显示test.out和test2.out的内容。

功能2：连接两个或多个文件。

说明：将两个或多个文件连接起来。

例如，使用如下命令：

```
$ cat file1 file2 > file3
```

就把文件file1和文件file2的内容合并起来，放入文件file3中。

5. more

功能：在终端屏幕按屏显示文本文件。

语法：more [选项]文件

说明：该命令一次显示一屏文本内容，显示满之后就停下来，若要显示接下来的内容按Enter键或空格键即可。多屏显示时会在终端底部显示"--More--"，同时显示已经显示部分的文本占全文本的百分比，more的各个选项含义如表2-14所示。

表2-14　more参数表

参　数	含　义
-p	显示下一屏之前清屏
-c	作用与"-p"基本相同
-d	在每屏底部显示更友好的提示信息，而且若用户输入了一个错误命令，则显示出错信息，而不是简单地鸣响终端
-l	不处理 <Ctrl+l> (换页符)。如果没有给出这个选项，more命令则在显示一个包含有<Ctrl+l>字符的行后暂停显示，并等待接收命令
-s	将文件中连续的空白行压缩成一个空白行显示

在more命令的执行过程中，用户可以使用more显示自己的一系列命令，动态地根据需要来选择显示的部分。more在显示完一屏内容之后，将停下来等待用户输入某个命令。

例如，用户如果想用分页的方式显示一个文件的内容，可输入以下命令：

```
$ more test.txt
```

又例如，如果想显示一个文件的内容，显示之前先清屏，并在显示器的下方显示完整的百分比，则可输入以下命令：

```
$ more -dc text.txt
```

而如果想显示一个文件的内容，要求每二十行显示一次，且显示之前先清屏，则应该使用命令：

```
$ more -c -20 test.txt
```

6. ln

功能：在文件之间创建链接，给系统中已有的某个文件指定另外一个可用于访问它的名称。对于这个新的文件名，我们可以为之指定不同的访问权限，以控制对信息的共享和安全性。

语法：

- ● ln [选项] 目标 [链接名]
- ● ln [选项] 目标 目录

链接有两种，一种被称为硬链接(Hard Link)，另一种被称为符号链接(Symbolic Link)。建立硬链接时，链接文件和被链接文件必须位于同一个文件系统中，并且不能建立指向目录的硬链接。而对于符号链接，则不存在这个问题。

如果给ln命令加上"-s"选项，则建立符号链接。如果[链接名]已经存在但不是目录，则将不做链接。[链接名]可以是任何一个文件名(可包含路径)，也可以是一个目录，并且允许它与"目标"不在同一个文件系统中。

例如，使用如下命令：

```
$ ln -s test.txt /home/arm/test
```

用户将为当前目录下的文件test.txt创建一个符号链接/home/arm/test。

2.3.3　压缩、解压与打包

文件的压缩、解压与打包在嵌入式Linux中经常使用，特别是解压。因为通常Linux下的源码都是以gz、bz2等打包的形式提供的，读者首先应将源码解压，然后才能使用。常用的压缩、解压命令都是基于tar命令的。下面我们详细介绍。

1. tar

功能：将用户所指定的文件或目录打包成一个文件，不过它并不做压缩。一般UNIX上常用的压缩方式是先用tar命令将许多文件打包成一个文件，再用gzip等压缩命令压缩文件。

语法：tar [选项]　压缩后的文件名　要被压缩的文件

说明：tar命令参数繁多，表2-15为常用参数的说明。

表2-15　tar参数表

参　　　数	含　　　义
-c	创建一个新的tar文件
-v	显示运作过程信息
-f	指定文件名称
-z	调用gzip压缩命令执行压缩
-j	调用bzip2压缩命令执行压缩
-t	参看压缩文件内容
-x	解开tar文件

例如，要将目录下所有文件打包成data.tar，使用以下命令：

```
$ tar cvf data.tar
```

而如果想将目录下的所有文件打包成data.tar再用gzip命令压缩，命令应该是：

```
$ tar cvf data.tar.gz
```

如果想查看data.tar文件中包括了哪些文件，可使用如下命令：

```
$ tar tvf data.tar
```

另外，将data.tar解压的命令为：

```
$ tar xvf data.tar
```

2. 压缩与解压缩

功能：tar命令本身没有压缩能力，但是可以在产生tar文件后，立即使用其他压缩命令来压缩，省去输入两次命令的麻烦。

语法：使用-z参数解开最常见的.tar.gz文件，如将文件解开至当前目录下的命令为：

```
$ tar -zxvf foo.tar.gz
```

使用-j参数解开tar.bz2压缩文件，如将文件解开至当前目录下，则可使用命令：

```
$ tar –jxvf linux-2.6.25.tar.bz2
```

使用-Z(大写Z)参数指定以compress命令压缩，例如，要将当前用户所在的目录下所有后缀名为.tif的文件打包，并压缩成.tar.Z文件，压缩后的文件名为"picture.tar.Z"，应该使用如下命令：

```
$ tar –cZvf picture.tar.Z *.tif
```

2.3.4　磁盘管理

使用操作系统，对磁盘的操作就在所难免了。查看硬盘分区、挂载磁盘、卸载磁盘等基本操作也是我们必须掌握的内容。因此，接下来将介绍fdisk、mount等命令的使用。

1. fdisk

功能：fdisk可以查看硬盘分区情况，并可对硬盘进行分区管理，这里主要向读者介绍如何查看硬盘分区情况。另外，fdisk也是一个非常好的硬盘分区工具，感兴趣的读者可以另外查找资料学习使用fdisk进行硬盘分区。

语法：fdisk [-l]

说明：使用fdisk必须拥有root权限。

IDE硬盘对应的设备名称分别为hda、hdb、hdc和hdd，SCSI硬盘对应的设备名称则为sda、sdb等。此外，hda1代表hda的第一个硬盘分区，hda2代表hda的第二个分区，依此类推。

通过查看/var/log/messages文件，可以找到Linux系统已辨认出来的设备代号。

例如，使用fdisk命令：

```
# fdisk -l
```

则将在屏幕上显示输出：

```
Disk /dev/hda: 40.0 GB, 40007761920 bytes
240 heads, 63 sectors/track, 5168 cylinders
Units = cylinders of 15120 * 512 = 7741440 bytes
   Device Boot      Start        End       Blocks   Id   System
/dev/hda1    *          1       1084      8195008+   c   W95 FAT32(LBA)
/dev/hda2              1085       5167     30867480   f   W95 Ext'd(LBA)
/dev/hda5              1085       2439     10243768+  b   W95 FAT32
/dev/hda6              2440       4064     12284968+  b   W95 FAT32
/dev/hda7              4065       5096      7799526   83  Linux
/dev/hda8              5096       5165       522081   82  Linux swap
```

也就是说，使用"fdisk -l"列出了文件系统的分区情况。

2. mount

功能：挂载文件系统，它的使用权限是超级用户或/etc/fstab中允许的使用者。挂载是指把分区和目录对应的过程，而挂载点是指挂载在文件树中的位置。mount命令可以把文件系统挂载到相应的目录下，并且由于Linux中把设备都当作文件一样使用，因此，mount命令也可以挂载不同的设备。

通常，在Linux下"/mnt"目录是专门用于挂载不同的文件系统的，它可以在该目录下新建不同的子目录来挂载不同的设备文件系统。

语法：mount [选项] [类型]　设备文件名　挂载点目录

其中的类型是指设备文件的类型。

说明：mount的各个参数的含义如表2-16所示。

表2-16　mount参数表

参　　数	含　　义
-a	依照/etc/fstab的内容装载所有相关的硬盘
-l	列出当前已挂载的设备、文件系统名称和挂载点
-t	将后面的设备以指定类型的文件格式装载到挂载点上。常见的类型有vfat、ext3. ext2. iso9660、nfs等
-f	通常用于除错。它会使mount不执行实际挂上的动作，而是模拟整个挂上的过程，通常会和-v一起使用

使用mount命令时的主要步骤如下。

(1) 确认是否为Linux可以识别的文件系统，Linux可识别的文件系统只有以下几种。

- Windows 95/98常用的FAT32文件系统：vfat。
- Windows NT/2000常用的文件系统：ntfs。
- OS/2常用的文件系统：hpfs。
- Linux常用的文件系统：ext2、ext3、nfs。
- CD-ROM光盘常用的文件系统：iso9660。

(2) 确定设备的名称，确定设备名称可通过使用命令"fdisk -l"查看。

(3) 查找挂载点。

首先，必须确定挂载点已经存在，也就是"/mnt"下的相应子目录已经存在，一般建议在"/mnt"下新建几个如"/mnt/windows"、"/mnt/usb"的子目录，现在有些新版本的Linux(如Ubuntu、红旗Linux、中软Linux、Mandrake Linux)都可自动挂载文件系统，Red Hat仅可自动挂载光驱。

(4) 挂载文件系统，使用如下命令：

```
# mount -t vfat /dev/hda1 /mnt/c
```

(5) 在使用完该设备文件后可使用命令umount将其卸载，如在终端输入：

```
# umount /mnt/c
```

即可完成磁盘的挂载。

2.3.5 用户系统

Linux是一个多用户的操作系统，每个用户又可以属于不同的用户组，下面首先来熟悉一下Linux中的用户切换和用户管理的相关命令。

1. su

功能：这个命令非常重要。它可以让一个普通用户拥有超级用户或其他用户的权限，也可以让超级用户以普通用户的身份做一些事情。普通用户使用这个命令时必须有超级用户或其他用户的口令。如要离开当前用户的身份，可以用exit命令。

语法：su [选项] [使用者账号]

说明：若没有指定使用者账号，则系统预设值为超级用户root。该命令中各选项的含义如表2-17所示。

表2-17 su参数表

参 数	含 义
-、-l、--login	为该使用者重新登录，大部分环境变量(如HOME、Shell和USER等)和工作目录都是以该使用者(USER)为主。若没有指定USER，默认情况是root
-m、-p	执行su时不改变环境变量
-c、--command	变更账号为USER的使用者，并执行指令(command)后再变回原来的使用者

例如，使用su指令，切换到超级用户root，输入命令：

```
$ su - root
```

系统接下来会提示输入密码：

```
password:
#
```

注意：

输入su -root之后，会显示password:，此时输入密码，值得注意的是，屏幕上并不会像Windows那样，显示输入密码或者星号。

细心的读者可能会注意到，输入密码之后，命令行开头的符号变成了"#"，也就是说，用户就切换到了root账户。

2. ps、kill

功能：这两个命令的功能分别如下。

● ps：显示当前系统中由该用户运行的进程列表。

● kill：输出特定的信号给指定PID(进程号)的进程，并根据该信号完成指定的行为。其中可能的信号有进程挂起、进程等待、进程终止等。

语法：这两个命令的语法分别如下。

● ps：ps [选项]

● kill：kill [选项]　进程号(PID)

kill命令中的进程号为信号输出的指定进程的进程号，当选项默认时为输出终止信号给该进程。

说明：ps主要选项参数如表2-18所示。

表2-18　ps参数表

参　　数	含　　义
-ef	查看所有进程及其PID(进程号)、系统时间、命令的详细目录、执行者等
-aux	除可显示-ef所有内容外，还可显示CPU及内存占用率、进程状态
-w	以加宽方式显示，这样可以显示较多的信息

kill主要选项参数如表2-19所示。

表2-19　kill参数表

参　　数	含　　义
-s	将指定信号发送给进程
-p	打印出进程号(PID)，但并不送出信号
-l	列出所有可用的信号名称

例如，在命令行中，输入以下命令：

```
# ps -ef
```

系统将会显示所有的进程，如下所示：

```
UID        PID      PPID    C    STIME     TTY     TIME       CMD
root          1        0    0    2005      ?       00:00:05   init
root          2        1    0    2005      ?       00:00:00   [keventd]
root          3        0    0    2005      ?       00:00:00   [ksoftirqd_CPU0]
root          4        0    0    2005      ?       00:00:00   [ksoftirqd_CPU1]
root       7421        1    0    2005      ?       00:00:00   /usr/local/bin/ntpd -c /etc/ntp
root      21787    21739    0    17:16     pts/1   00:00:00   grep ntp
```

该例中，先查看所有进程，接下来要终止进程号为7421的ntp进程。输入如下命令：

```
# kill 7421
```

之后再次查看，使用命令如下：

```
# ps -ef | grep ntp
```

系统输出：

```
root    21789 21739   0 17:16 pts/1      00:00:00 grep ntp
```

可以看出，已经没有该进程号的进程，说明该进程已经被删除。

注意：

ps在使用中通常可以与其他一些命令结合起来使用，主要作用是提高效率。ps选项中的参数w可以写多次，通常最多写3次，它的含义表示加宽3次，这足以显示很长的命令行了。例如：ps -auxwww。

2.3.6　网络管理

网络管理相关的命令很多，常用的是ifconfig、ftp。一般用来设置网络、使用网络服务等。

1. ifconfig

功能：用于查看和配置网络接口的地址和参数，包括IP地址、网络掩码、广播地址，它的使用权限是超级用户。

语法：ifconfig有两种使用格式，分别用于查看和更改网络接口。

- ifconfig [选项] [网络接口]：用来查看当前系统的网络配置情况。
- ifconfig网络接口[选项]地址：用来配置指定接口(如eth0、eth1)的IP地址、网络掩码、广播地址等。

说明：ifconfig第二种格式的常见选项参数如表2-20所示。

表2-20　ifconfig参数表

参　　数	含　　义
-interface	指定的网络接口名，如eth0和eth1
up	激活指定的网络接口卡
down	关闭指定的网络接口卡
broadcast address	设置接口的广播地址
poin to point	启用点对点方式
address	设置指定接口设备的IP地址
netmask address	设置接口的子网掩码地址

例如，使用ifconfig的第一种格式来查看网口配置情况。输入的命令为：

```
# ifconfig
```

显示输出网络配置：

```
eth0        Link encap:Ethernet    HWaddr 00:08:02:E0:C1:8A
            inet addr:59.64.205.70   Bcast:59.64.207.255   Mask:255.255.252
            inet6 addr: fe80::208:2ff:fee0:c18a/64 Scope:Link
            UP BROADCAST RUNNING MULTICAST    MTU:1500    Metric:1
            RX packets:26931 errors:0 dropped:0 overruns:0 frame:0
            TX packets:3209 errors:0 dropped:0 overruns:0 carrier:0
            collisions:0 txqueuelen:1000
            RX bytes:6669382 (6.3 MiB)    TX bytes:321302 (313.7 KiB)
            Interrupt:11

lo          Link encap:Local Loopback
            inet addr:127.0.0.1    Mask:255.0.0.0
            inet6 addr: ::1/128 Scope:Host
            UP LOOPBACK RUNNING    MTU:16436    Metric:1
            RX packets:2537 errors:0 dropped:0 overruns:0 frame:0
            TX packets:2537 errors:0 dropped:0 overruns:0 carrier:0
            collisions:0 txqueuelen:0
            RX bytes:2093403 (1.9 MiB)    TX bytes:2093403 (1.9 MiB)
```

可以看出，ifconfig的显示结果中详细列出了所有活跃接口的IP地址、硬件地址、广播地址、子网掩码、回环地址等。

另外，用ifconfig命令配置的网络设备参数不需重启就可生效，但在机器重新启动以后将会失效。

2. ftp

功能：该命令允许用户利用ftp协议上传和下载文件。

语法：ftp [选项] [主机名/IP]

ftp的相关命令包括使用命令和内部命令，其中使用命令的格式如上所列，主要用于登录到ftp服务器的过程中。内部命令是指成功登录后进行的一系列操作，下面会详细列出。若用户默认"主机名/IP"，则可在转入到ftp内部命令后继续选择登录。

说明：ftp常见选项参数如表2-21所示。

表2-21　ftp参数表

参　　数	含　　义
-v	显示远程服务器的所有响应信息
-n	限制ftp的自动登录
-d	使用调试方式
-g	取消全局文件名

ftp常见内部命令如表2-22所示。

表2-22　ftp常见内部命令

命　　令	含　　义
account[password]	提供成功登录远程系统后访问系统资源所需的补充口令
ascii	使用ASCII类型传输方式，为默认传输模式
bin/ type binary	使用二进制文件传输方式(嵌入式开发中的常见方式)
bye	退出ftp会话过程
cd remote-dir	进入远程主机目录
cdup	进入远程主机目录的父目录
chmod mode file-name	将远程主机文件file-name的存取方式设置为mode
close	中断与远程服务器的ftp会话(与open对应)
delete remote-file	删除远程主机文件
debug[debug-value]	设置调试方式，显示发送至远程主机的每条命令
dir/ls[remote-dir][local-file]	显示远程主机目录，并将结果存入本地文件local-file
disconnection	同close
get remote-file[local-file]	将远程主机的文件remote-file传至本地硬盘的local-file
lcd[dir]	将本地工作目录切换至dir
mdelete[remote-file]	删除远程主机文件
mget remote-files	传输多个远程文件
mkdir dir-name	在远程主机中建一目录
mput local-file	将多个文件传输至远程主机
open host[port]	建立指定ftp服务器连接，可指定连接端口
passive	进入被动传输方式(在这种模式下，数据连接是由客户端程序发起的)
put local-file[remote-file]	将本地文件local-file传送至远程主机
reget remote-file[local-file]	类似于get，但若local-file存在，则从上次传输中断处续传
size file-name	显示远程主机文件的大小
system	显示远程主机的操作系统类型

例如，使用ftp命令访问"ftp://ftp.kernel.org"站点，可以使用命令：

```
# ftp ftp.kernel.org
```

注意：

若需要匿名登录，则在"Name (**.**.**.**):"处键入anonymous，在"Password:"处键入自己的E-mail地址。若要传送二进制文件，务必要把模式改为bin。

2.4 Linux 内 核

Linux内核主要由五个子系统组成：进程调度、内存管理、虚拟文件系统、网络接口、进程间通信，如图2-9所示。

- 进程调度(SCHED)控制进程对CPU的访问。当需要选择下一个进程运行时，由调度程序选择最值得运行的进程。可运行进程实际上是仅等待CPU资源的进程，如果某个进程在等待其他资源，则该进程是不可运行进程。Linux使用了比较简单的基于优先级的进程调度算法选择新的进程。

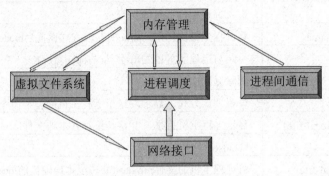

图2-9 Linux内核结构

- 内存管理(MM)允许多个进程安全地共享主内存区域。Linux的内存管理支持虚拟内存，即在计算机中运行的程序，其代码、数据、堆栈的总量可以超过实际内存的大小，操作系统只是把当前使用的程序块保留在内存中，其余的程序块则保留在磁盘中。必要时，操作系统负责在磁盘和内存间交换程序块。内存管理从逻辑上分为硬件无关部分和硬件有关部分。硬件无关部分提供了进程的映射和逻辑内存的对换；硬件相关部分为内存管理硬件提供了虚拟接口。
- 虚拟文件系统(Virtual File System，VFS)隐藏了各种硬件的具体细节，为所有的设备提供了统一的接口，VFS提供了多达数十种不同的文件系统。虚拟文件系统可以分为逻辑文件系统和设备驱动程序。逻辑文件系统指Linux所支持的文件系统，如ext2、Fat等，设备驱动程序指为每一种硬件控制器所编写的设备驱动程序模块。
- 网络接口(NET)提供了对各种网络标准的存取和各种网络硬件的支持。网络接口可分为网络协议和网络驱动程序。网络协议部分负责实现每一种可能的网络传输协议。网络设备驱动程序负责与硬件设备通信，每一种可能的硬件设备都有相应的设备驱动程序。
- 进程间通信(IPC)支持进程间的各种通信机制。处于中心位置的进程调度，所有其他的子系统都依赖它，因为每个子系统都需要挂起或恢复进程。一般情况下，当一个进程等待硬件操作完成时，它被挂起；当操作真正完成时，进程被恢复执行。例如，当一个进程通过网络发送一条消息时，网络接口需要挂起发送进程，直到硬件成功地完成消息的发送，当消息被成功发送出去以后，网络接口给进程返回一个代码，表示操作的成功或失败。其他子系统以相似的理由依赖于进程调度。

思考与练习

一、填空题

1. Linux具有UNIX的所有特性并且具有自己独特的魅力，主要表现在：开放性、多用户、_____、_____、_____丰富的网络功能、_____、_____、_____、_____、共享程序库。

2. Linux一般包括四个主要部分：_____、_____、_____、_____。

3. 目前，几乎所有的Linux发行版本中都包含了_____和_____两种图形操作环境。

4. 在当前目录下建立目录linux，应使用命令_____；查看当前路径应使用命令_____；chmod 765 linux.tar.gz的作用是_____。

5. Linux内核主要由_____、_____、_____、_____、_____五个子系统组成。

二、选择题

1. 下列( )系列处理器是Ubuntu不支持的。
   A. ARM
   B. AMD
   C. X86
   D. 51单片机

2. 启动Shell环境时，屏幕上显示"[arm@www home]$"，其中的arm的意义是( )。
   A. arm架构
   B. 用户名
   C. 文件夹
   D. 路径

3. 使用ls命令时，如果想对文件名中的不可显示字符用八进制逃逸字符显示，则应该选用的参数是( )。
   A. -b
   B. -a
   C. -l
   D. -R

4. 解压文件linux.tar.gz可使用命令( )。
   A. tar jxvf linux.tar.gz
   B. tar jcvf linux.tar.gz
   C. tar zxvf linux.tar.gz
   D. tar czvf linux.tar.gz

5. 下列不属于Linux常用的文件系统的是( )。
   A. ext2
   B. ext3
   C. nfs
   D. ntfs

三、简答题

1. 简述Linux与Windows的主要异同。
2. 目前主流的图形界面环境有哪些？它们各有什么优缺点？
3. 在Linux中如何使用mount命令挂载U盘？
4. 如何设置Linux操作系统的网络参数？
5. 简要分析Linux内核的各个组成部分。

第3章 ARM体系架构

ARM微处理器是目前嵌入式处理器中最常见、市场占有率最高的一种。它具有性能优良、功耗较低、使用方便、性价比高等优点，特别适用于工业控制、消费电子、通信与信息系统等领域。本章主要介绍ARM架构的微处理器的基本知识，并对其架构体系做一个概括性的介绍，主要内容包括ARM处理器的特点和应用、ARM处理器的各种系列介绍、ARM编程模型及其指令系统，最后再对ARM处理器的选型给予简单介绍。由于本书实例中对嵌入式Linux系统的开发也都基于ARM架构，所以对于ARM的介绍比较详细。但是ARM架构内容很多，限于篇幅，本书不能全面讲解ARM的全部知识，只是重点介绍跟Linux开发相关的知识点。读者若有兴趣，可以查阅相关书籍。

本章重点：

- ARM处理器的特点与应用
- ARM编程模型
- ARM指令系统

3.1 ARM微处理器简介

一提起嵌入式，"ARM"这个词就不得不说，好多嵌入式初学者往往把"嵌入式"和"ARM"两个词等同起来。这当然有失偏颇，但在一定程度上反映了在嵌入式领域中"ARM"这个词的重要地位。那么，究竟什么是ARM呢？

3.1.1 ARM微处理器的发展

ARM可以认为是一个公司的名字，也可以认为是对一类微处理器的通称，还可以认为是一种技术的名字，全名是"Advanced RISC Machine"。该公司1990年11月成立于英国剑桥，主要出售芯片设计技术的授权，是苹果电脑、Acorn电脑集团和VLSI Technology的合资企业。Acorn曾推出世界上首个商用单芯片RISC处理器，而苹果电脑当时希望将RISC技术应用于自身系统，ARM微处理器新标准因此应运而生。

20世纪80年代末至90年代初半导体行业产业链刚刚出现分工，台积电、联电等半导体代工厂正悄悄崛起，美国硅谷中的一些Fabless(无生产线半导体集成电路设计)公司也如雨后春笋般涌现出来，Fabless公司自己设计芯片，但是生产过程则包给台积电等代工厂生产。而ARM更是为天下先，在20多年前首创了Chipless的生产模式，即该公司既不生产芯片，也不设计芯片，而是设计出高效的IP内核，授权给半导体公司使用，半导体公司在ARM技术的基础上添加自己的设计并推出芯片产品，最后由OEM客户采用这些芯片来构建基于ARM技术的系统产品。这种方式有点像通信行业的高通和半导体行业的Rambus，它们站在了半导体产业链上游的上游。当时的ARM可能面临着很大风险，因为没有人知道这条路能不能行得通，但是现在的事实已经证明，ARM走了一条没人走过，却是正确的道路。

ARM的核心业务是销售芯片核心技术IP，目前全球有100多家巨型IT公司在采用ARM技术。20家最大的半导体厂商中有大部分都是ARM的用户，包括三星电子、德州仪器、意法半导体、Philips等；在2012年底，就连之前采用MIPS结构处理器的AMD公司也宣布获得了ARM的授权技术并且将用其设计低功耗服务器芯片。

微处理器核是ARM技术的重中之重，目前面向市场的有ARMv8、ARMv7-A、ARMv7-R、ARMv7-M、ARMv6、ARMv6-M、ARMv5-TE、ARMv5-TEJ、ARMv4T、ARMv7-ME等架构，有Cortex-A、Cortex-R、Cortex-M、ARM11、ARM9、ARM7和SecurCore等系列。ARM嵌入式内核已被全球各大芯片厂商采用，基于ARM的开发技术席卷了全球嵌入式市场，已成为嵌入式系统主流技术之一。

3.1.2　ARM微处理器的特点和应用

1. ARM微处理器的特点

ARM微处理器采用RISC架构，具有下列一些显著特点。

- 体积小、功耗低、成本低、高性能。
- 支持Thumb(16位)/ARM(32位)双指令集。
- 具有大量的寄存器，因而指令执行速度快。
- 绝大多数操作都在寄存器中进行，通过Load/Store的体系架构在内存和寄存器之间传递数据。
- 寻址方式简单。
- 采用固定长度的指令格式。

除此之外，ARM体系还采用一些特别的技术用来在保证芯片高性能的同时，尽可能减小芯片体积，降低芯片功耗。这些技术包括：

- 在同一条数据处理指令中包含算术逻辑处理单元处理和移位处理。
- 使用地址自动增加(减少)来优化程序中的循环处理。
- Load/Store指令可以批量传输数据，从而提高数据传输的效率。
- 所有指令都具有分支预测功能，即根据前面指令执行结果，决定是否执行，以提高指令的执行效率。

2. ARM微处理器的应用场合

ARM微处理器及技术的应用几乎已经深入到各个领域，并取得了很大的成功。

- 无线通信领域：无线通信领域是ARM微处理器应用最为广泛的领域之一，目前全球超过85%的无线通信设备都采用ARM技术。比如手机、PDA等设备中都有ARM技术的应用。
- 蓝牙技术：ARM已为蓝牙技术的推广应用做好了准备，像SONY、英特尔、朗讯、阿尔卡特等20多家公司的元器件产品都采用了ARM技术。

- 网络应用领域：随着宽带技术的推广，采用ARM技术的ADSL芯片组正逐渐取得竞争优势。
- 消费类电子产品领域：进入21世纪之后，智能手机、平板电脑、数字媒体播放器等开始普及，在这些产品中都少不了ARM的身影。
- 信息家电领域：现在很多数码相机、打印机都使用ARM技术，另外，汽车上包括驾驶、安全和车载娱乐等各种功能都可以使用ARM微处理器来完成。

除此以外，ARM 微处理器及技术还应用到了许多不同的领域，并会在将来取得更加广泛的应用。

3.2　ARM微处理器系列

下面所列的是ARM微处理器的几个系列，以及其他厂商基于ARM体系结构的处理器，这些处理器除具有ARM体系结构的共同特点以外，每一个系列的ARM微处理器都有各自的特点和应用领域，表3-1给出了ARM的体系架构和具体产品之间的关系，其中后缀-E表明支持增强型DSP指令集、-J表明支持新的Java。

表3-1　ARM体系架构和具体产品

体 系 架 构	具体处理器产品
ARMv1	ARM1
ARMv2	ARM2、ARM3
ARMv3	ARM6、ARM7
ARMv4	StrongARM、ARM7TDMI、ARM9TDMI、ARM940T、ARM920T、ARM720T
ARMv5	ARM9E-S、ARM966E-S、ARM1020E、ARM 1022E、XScale、ARM9EJ-S、ARM926EJ-S、ARM7EJ-S、ARM1026EJ-S、ARM10
ARMv6	ARM11系列(ARM1136J(F)-S、ARM1156T2(F)-S、ARM1176JZ(F)-S和ARM11 MPCore)、ARM Cortex-M
ARMv7	ARM Cortex-A、ARM Cortex-M、ARM Cortex-R
ARMv8	Cortex-A50

ARM的处理器目前有Classic(传统)系列、Cortex-M系列、Cortex-R系列、Cortex-A系列和Cortex-A50系列5个大类。

3.2.1　Classic(传统)系列

Classic(传统)系列处理器上市已经超过15年，其中的ARM7TDMI依然是市场占有率最高的32位处理器，该系列处理器由三个子系列八种处理器组成：

- ARM7系列：包括ARM7TDMI-S和ARM7EJ-S处理器。
- ARM9系列：包括ARM926EJ-S、ARM946E-S 和 ARM968E-S处理器。

- ARM11系列：ARM1136J(F)-S、ARM1156T2(F)-S、ARM1176JZ(F)-S 和 ARM11MPCore
  处理器。

注意：

Classic系列处理器在很大程度上已经逐步被Cortex系列取代，所以在最新的设计中并不推荐使用该系列处理器，尤其是ARM7系列。

3.2.2　Cortex-M系列

Cortex-M系列处理器包括Cortex-M0、Cortex-M0+、Cortex-M1、Cortex-M3、Cortex-M4共5个子系列，该系列主要针对成本和功耗敏感的应用，例如智能测量、人机接口设备、汽车和工业控制系统、家用电器、消费性产品和医疗器械等。

- Cortex-M0处理器：其是目前最小的ARM处理器，体积极小、能耗很低且编程所需要的代码占用量极少，其只有56个指令，并且其架构对于C语言而言非常友好，开发人员可以跳过16位系统，用接近8位系统的成本开销获得32位系统的性能。
- Cortex-M0+处理器：其是能效最高的ARM处理器，以Cortex-M0处理器为基础，保留了全部指令集和数据兼容性，同时进一步降低了能耗，提高了性能。
- Cortex-M1处理器：其支持包括Actel、Altera和Xilinx公司的FPGA设备，可以满足FPGA应用的高质量、标准处理器架构的需要，开发人员可以在受行业中最大体系支持的单个架构标准上进行开发以降低其硬件和软件工程成本，所以在通信、广播、汽车等行业得到了广泛应用。
- Cortex-M3处理器：其是行业领先的32位处理器，适用于具有较高确定性的实施应用，例如汽车车身系统、工业控制系统、无线网络和传感器等；其具有出色的计算性能以及对事件的优异系统响应能力；其具有较高的性能和较低的动态功耗，支持硬件除法、单周期乘法和位字段操作在内的Thumb-2指令集，最多可以提供240个具有单独优先级、动态重设优先级功能和集成系统时钟的系统中断。
- Cortex-M4处理器：其是ARM专门开发的最新嵌入式处理器，将32位控制与领先的数字信号处理技术集成用以满足需要很高能效级别的市场，通过一系列出色的软件工具和 Cortex 微控制器软件接口标准(CMSIS)使信号处理算法开发变得十分容易，可以满足需要有效且易于使用的控制和信号处理功能混合的数字信号控制市场，例如电动机控制、汽车、电源管理、嵌入式音频等。

3.2.3　Cortex-R系列

Cortex-R系列处理器包括Cortex-R4、Cortex-R5、Cortex-R7共3个子系列，其对低功耗、良好的中断行为、卓越性能以及与现有平台的高兼容性这些需求进行了平衡考虑，具有高性能、实时、安全和经济实惠的特点、面向例如汽车制动系统、动力传动解决方案、大容量存储控制器等深层嵌入式实时应用。

- Cortex-R4处理器：其是第一款基于ARMv7-R架构的深度嵌入式实时处理器，主要用于高产量、深入嵌入式的片上系统，例如硬盘驱动控制器、无线基带处理器、消费类产品和汽车系统的电子控制单元等；其能提供更高的性能、实时的响应速度、可靠性和高容错性。

- Cortex-R5处理器：其是在Cortex-R4基础上扩展了功能集得到的，支持在可靠的实时系统中获得更高级别的系统性能、提高效率和可靠性并加强错误管理，提供了一种从 Cortex-R4 处理器向上迁移到更高性能的Cortex-R7处理器的简单迁移途径；通常用于为市场上的实时应用提供高性能解决方案，包括移动基带、汽车、大容量存储、工业和医疗市场。

- Cortex-R7处理器：其是为实现高级芯片工艺而设计的，其设计重点是更高的能效、实时的响应速度、高级功能和简单的系统设计；为范围广泛的深层嵌入式应用提供了高性能的双核、实时解决方案。

3.2.4　Cortex-A系列

Cortex-A处理器包括Cortex-A5、Cortex-A7、Cortex-A8、Cortex-A9、Cortex-A12和Cortex-A15共6个子系列，用于具有高计算要求、运行丰富操作系统以及提供交互媒体和图形体验的应用领域，例如智能手机、平板电脑、汽车娱乐系统、数字电视等。

- Cortex-A5处理器：其是体积最小、功耗最低的应用型处理器，并且可以带来完整的Internet体验，可为现有的ARM926EJ-S和ARM1176JZ-S处理器设计提供高价值的迁移途径。它可实现比ARM1176JZ-S更好的性能，比ARM926EJ-S更好的功效和能效，以及100%的Cortex-A兼容性。

- Cortex-A7处理器：其是一种高能效应用处理器，除了低功耗应用外，还支持低成本、全功能入门级智能手机，该处理器与其他Cortex-A系列处理器完全兼容并整合了高性能Cortex-A15处理器的所有功能，包括虚拟化、大物理地址扩展(LPAE) NEON 高级SIMD和AMBA 4 ACE一致性。单个Cortex-A7处理器的能效是ARM Cortex-A8处理器的5倍，性能提升50%，而尺寸仅为后者的五分之一，支持如今的许多主流智能手机。

- Cortex-A8处理器：其基于ARMv7架构，支持1GHz以上的工作频率，采用了高性能、超标量微架构以及用于多媒体和SIMD处理的NEOD技术，可以满足300mW以下运行的移动设备的低功耗要求，并且和ARM926、ARM1136和ARM1176处理器的二进制兼容。

- Cortex-A9处理器：其是对于低功耗或散热受限的成本敏感型设备的首选处理器，其支持多核，在用作单核心的时候性能比Cortex-A8提升50%以上，主要用于主流智能手机、平板电脑、多媒体播放器等。

- Cortex-A12处理器：其是Cortex-A9的升级版，专注应用于智能手机和平板电脑，提供了对1TB存储空间的支持，在同功耗下其相对Cortex-A9性能提升了大约40%。

- Cortex-A15处理器：其是Cortex-A系列处理器的最新产品，也是最高性能产品，和其他处理器系列兼容，具有无序超标量流水线，带有紧密耦合的大小可以达到4MB的低延迟2级内存；改进后的浮点和NEON媒体性能可以给用户提供下一代的体验，并且为Web基础结构应用提供高性能计算。通常应用于移动计算、高端数码家电、服务器和无线基础架构。

3.2.5　Cortex-A50系列

Cortex-A50系列处理器基于ARMv8架构,可以在AArch32执行状态下为ARMv7的32位代码提供更好的性能,也可以在AArch64执行状态下支持64位数据和更大的虚拟寻址空间,其允许32位和64位之间进行完全的交互操作,因此可以从运行32位ARMv7应用程序的64位操作系统开始,迁移到在同一系统中混合运行32位应用程序和64位应用程序,最终一步步迁移到64位系统。其提供了A53和A57两种型号的处理器。

3.3　ARM编程模型

所谓编程模型,指的是开发人员编程的对象的特点。而ARM编程模型,也就是ARM体系结构的特点。

在很多开发人员从单片机或者其他体系结构平台上转入到ARM开发的时候,对于ARM底层架构设计比较难以入手,这是由ARM的RISC及自身特点造成的。下面我们就从ARM体系结构入手,介绍ARM编程的基础知识,然后简单介绍ARM编程指令。在这里我们并不打算长篇介绍所有的ARM指令,因为在很多场合下,ARM指令出现频率最高的依然是一小部分常见指令,掌握这部分指令,对于一般的嵌入式开发就已经足够了。

注意:
本书中涉及的ARM编程模型只限于32位架构。

3.3.1　ARM硬件架构

图3-1为一个ARM920T的CPU内核架构,使用的是ARMv4的架构,这也是目前被应用得最为广泛的ARM架构。

从图上可以看出,ARM芯片的内核一般包括以下几个单元:ARM9TDMI(32位RISC)处理器、数据缓存器(Data Cache)、指令缓存器(Instruction Cache)、指令存储管理单元(Instruction MMU)、数据存储管理单元(Data MMU)、写缓冲(Write Buffer)和回写存储单元(Write Back PA TAG RAM)。这些部件单元通过AMBA总线(AMBA Bus)相互传输数据以实现指令和数据的并行处理。除此之外,还包括四个与外界进行数据交换的接口:总线接口(AMBA Bus Interface)、扩展协处理器接口(External Coprocessor Interface)、跟踪接口(Trace Interface)和JTAG。它们可以连接DMA控制器、UART、USB、中断控制器和电源管理器等。核心通过与外围部件共同工作完成整个嵌入式系统的正常数据处理任务。

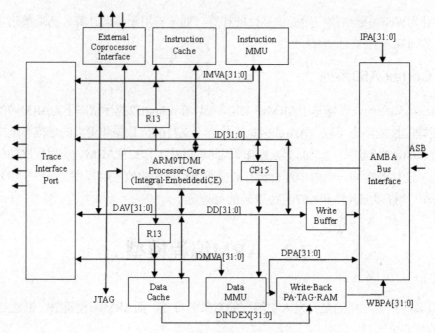

图3-1　　ARM920TCPU内核构架

3.3.2　ARM微处理器模式

ARM微处理器的运行模式有七种，分别如下。

- 用户模式(User，usr)：正常程序执行时，ARM处理器所处的状态。
- 快速中断模式(FIQ，fiq)：用于快速的数据传输和通道处理。
- 外部中断模式(IRQ，irq)：用于通常的中断处理。
- 特权模式(Supervisor，sve)：供操作系统使用的一种保护模式。
- 数据访问中止模式(Abort，abt)：当数据或指令预期终止时进入该模式，用于虚拟存储及存储保护。
- 未定义指令终止模式(Undefined，und)：用于支持硬件协处理器软件仿真。
- 系统模式(System，sys)：用于运行特权级的操作系统任务。

通常情况下，应用程序运行在用户模式下，这时应用程序不能访问一些受操作系统保护的系统资源，同时应用程序也不能直接进行处理器模式的切换。

当应用程序发生异常中断时，处理器进入相应的异常模式。在每一种异常模式中都有一组属于自己的寄存器，供相应的异常处理程序使用，这样可以保证异常模式时，用户程序下的寄存器值不被破坏。

系统模式属于特权模式，它和用户模式具有完全一样的寄存器，在该模式下，可以访问所有的系统资源，也可以直接进行处理器模式切换。但是有一点大家要注意，从用户模式进入到系统模式，并不是通过异常过程进入的。

3.3.3 ARM寄存器

ARM处理器共有37个寄存器，其中有31个通用寄存器，6个状态寄存器，这些寄存器都是32位。

ARM处理器运行在每一种模式下时，都会使用属于自己的一组寄存器组，通常包括15个通用寄存器(R0～R14)、一个或两个状态寄存器及程序计数器(PC)。每一种模式下的寄存器组是部分重叠的，图3-2列出了各处理器模式下可见的寄存器情况。

ARM状态下的通用寄存器与程序计数器

System & User	FIQ	Supervisor	Abort	IRQ	Undefined
R0	R0	R0	R0	R0	R0
R1	R1	R1	R1	R1	R1
R2	R2	R2	R2	R2	R2
R3	R3	R3	R3	R3	R3
R4	R4	R4	R4	R4	R4
R5	R5	R5	R5	R5	R5
R6	R6	R6	R6	R6	R6
R7	R7	R7	R7	R7	R7
R8	R8_fiq	R8	R8	R8	R8
R9	R9_fiq	R9	R9	R9	R9
R10	R10_fiq	R10	R10	R10	R10
R11	R11_fiq	R11	R11	R11	R11
R12	R12_fiq	R12	R12	R12	R12
R13	R13_fiq	R13_svc	R13_abt	R13_irq	R13_und
R14	R14_fiq	R14_svc	R14_abt	R14_irq	R14_und
R15 (PC)	R15 (PC)	R15 (PC)	R15 (PC)	R15 (PC)	R15 (PC)

ARM状态下的程序状态寄存器

CPSR	CPSR	CPSR	CPSR	CPSR	CPSR
	SPSR_fiq	SPSR_svc	SPSR_abt	SPSR_irq	SPSR_und

◣ = 分组寄存器

图3-2 各种处理器模式下的寄存器

下面对一些特殊的寄存器进行简单的介绍。

1. 通用寄存器

通用寄存器中R0～R7是所有处理器模式共用的一组寄存器，也就是说，在从一种模式切换到另一种模式时，必须保存它们的值。R8～R14为备份寄存器，其中对于R8～R12来说，每一个寄存器对应两个不同的物理寄存器，R13和R14对应6个不同的物理寄存器。

R13通常用做堆栈指针，采用下面的记号来区分各个物理寄存器：

    R13_<MODE>

<MODE>取下列几个值：usr、svc、abt、und、irq及fiq。

R14寄存器有两个特殊的作用。

- 用户模式下，R14用做链接寄存器(LR)，存放子程序被调用时的返回地址。
- 异常处理模式下，R14用来保存异常的返回地址。

R15为程序计数器，又被记做PC。由于ARM采用了流水线机制，因此PC的值为当前指令地址的值加8个字节，也就是说，PC指向当前指令的下两条指令的地址。

2. 程序状态寄存器

在ARM处理器中，程序状态寄存器用来保存程序执行时的各种状态值，包括条件标志位、中断禁止位、当前处理器模式标志和其他一些位。程序状态寄存器分为CPSR和SPSR两种类型。在任何一种处理器模式下，都会有一个共用的CPSR，另外异常模式下还会有一个专用的SPSR(备份程序状态寄存器)。当异常发生时，这个寄存器用于存放当前程序状态寄存器的内容，当退出异常处理时，再把SPSR中的值恢复到CPSR中。

CPSR和SPSR格式相同，如图3-3所示。

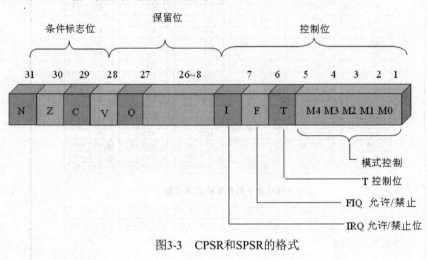

图3-3　CPSR和SPSR的格式

3.3.4　异常处理

ARM体系结构中的异常，与8位/16位体系结构的中断有很大的相似之处，但异常与中断的概念并不完全等同。ARM体系架构中，将正常的程序执行流程发生暂时的停止的情况，都称为异常，中断不过是其中最为常见的一种，而且被区分为外部普通中断(IRQ)和外部快速中断(FIQ)两种。在处理异常之前，当前处理器的状态必须保留，这样当异常处理完成之后，被异常所"打断的"程序可以继续执行。ARM处理器允许多个异常同时发生，它们将会按固定的优先级进行处理。

中断是外界和嵌入式系统交换信息的最为重要的一种方式，中断处理也是ARM编程模型中需要详细了解的一部分知识。我们认为，了解异常处理是理解ARM体系结构的一个重要途径，因为异常处理中涉及了相当多的ARM体系结构知识。

1. ARM体系结构所支持的异常类型

ARM体系结构所支持的异常及具体含义如表3-2所示。

表3-2　ARM体系结构所支持的异常

异 常 类 型	具 体 含 义
复位	当处理器的复位电平有效时,产生复位异常,程序跳转到复位异常处理程序处执行
未定义指令	当ARM处理器或协处理器遇到不能处理的指令时,产生未定义指令异常。可使用该异常机制进行软件仿真
软件中断	该异常由执行SWI指令产生,可用于用户模式下的程序调用特权操作指令。可使用该异常机制实现系统功能调用
指令预取中止	若处理器预取指令的地址不存在,或该地址不允许当前指令访问,存储器会向处理器发出中止信号,但当预取的指令被执行时,才会产生指令预取中止异常
数据中止	若处理器数据访问指令的地址不存在,或该地址不允许当前指令访问时,产生数据中止异常
IRQ(外部中断请求)	当处理器的外部中断请求引脚有效,且CPSR中的I位为0时,产生IRQ异常。系统的外设可通过该异常请求中断服务
FIQ(快速中断请求)	当处理器的快速中断请求引脚有效,且CPSR中的F位为0时,产生FIQ异常

　　由表3-2可以看出,ARM体系架构实际上是将可能遇到的各类"异常"情况在体系架构层次上做了比较详细的划分。在实际运行中,如果某种异常出现,ARM内核可以由硬件来判断异常的类型,然后自动跳转到对应的某个特定地址上(这些地址位于从某个地址开始的一段连续内存上),从这个特定地址再次跳转到对应的异常处理函数中去,从而进行快速的处理。在异常处理的细节过程中,涉及寄存器值的保存和恢复、ARM内核工作模式的切换、工作模式堆栈的维护等一系列ARM底层知识。

2. 异常向量表及优先级

　　如图3-4所示,异常向量表是由一组跳转指令构成的连续地址上的指令集合,"表"中指定了各异常模式及其处理程序的对应关系,它通常存放在存储器地址的低端起始地址上(有的内核型号支持将该表放置在特定的高地址)。在ARM体系中,异常向量表的大小为32字节。其中,每个异常占据4个字节大小,保留了4个字节空间。每4个字节空间存放一个跳转指令或者一个向PC寄存器中赋值的数据访问指令。

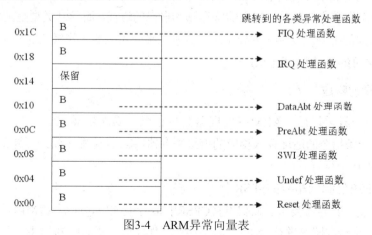

图3-4　ARM异常向量表

　　通过这两种指令,程序将跳转到相应的异常处理程序处执行,形式常常如下:

B	FIQHandler	; 处理函数名称，代表其存放地址

需要说明的是，当ARM内核工作在16位数据宽度的"Thumb"模式下时，如果发生异常，内核模式会自动切换回ARM工作模式，然后才跳转到对应的地址上去，否则对每次取指令到底是取32位数据还是16位数据就会产生疑惑。

我们可以把"异常向量表"理解为硬件对于发生某种特定情况时候，用软件接管处理的入口地址列表。这张表占据了一块特殊的地址空间，使得硬件只要判断出异常类型，然后跳到对应地址就可以，接下来的工作交由程序员来完成对异常的处理。异常向量表的内容和建立过程也需要程序员设计好，也就是说，这些特殊的地址上原本并没有这张向量表，需要我们复制或者写入。最常见的建立异常向量表的方法是利用ARM公司的ADS工具所提供的"Scatter Loading"(分散装载)的方式，轻松实现异常向量表在某个地址的复制目的。

当多个异常同时发生时，系统根据固定的优先级决定异常的处理次序。当然有些异常是不可能同时发生的，如指令预取中止异常和软件中断(SWI)异常是由同一条指令的执行触发的，它们不可能同时发生。处理器执行某个特定的异常的过程，称为处理器处于特定的异常模式。各异常的向量地址以及异常的处理优先级如表3-3所示。

表3-3　异常向量的优先级

地　址	异　　常	异常发生后内核进入的模式	异常的优先级(6最低)
0x0000	复位	管理模式	1
0x0004	未定义指令	未定义模式	6
0x0008	软件中断	管理模式	6
0x000C	中止(预取指令)	中止模式	5
0x0010	中止(数据)	中止模式	2
0x0014	保留	保留	保留
0x0018	IRQ	IRQ模式	4
0x001C	FIQ	FIQ模式	3

请大家注意异常类型(模式)和工作模式之间的区别和对应关系，工作模式是寄存器分组的依据，每种工作模式都有自己特定的寄存器和自己的堆栈，而异常类型是ARM体系结构对于各种异常情况的细分，发生一种异常时，会进入唯一对应的工作模式对异常进行处理，这一点需要在学习的时候加以注意。

3. 对异常的响应

当出现一个异常以后，ARM微处理器会执行以下操作步骤。

(1) 将下一条指令的地址存入相应的链接寄存器LR，以便程序在处理异常返回时能从正确的位置重新开始执行。

(2) 将CPSR复制到相应的SPSR中。

(3) 根据发生的异常类型，强制设置CPSR的运行模式位，此后ARM内核进入对应的异常工作模式，对异常情况进行处理；屏蔽中断，暂时禁止新的中断发生；处理器原先处于Thumb状态，之后自动切换到ARM状态，使得在接下来的软件处理中总能以字符为单位取到新执行的指令，而不至于因为状态未知而导致取值宽度不确定。

(4) 强制PC值为相关的异常向量地址，在该地址上，存放着跳转到软件处理异常函数的入口地址，从而跳转到相应的异常处理程序。硬件对异常的自动响应到此结束，后继由软件接管，处理异常并返回。

可以说异常处理是硬件和软件协同工作完成对外界信号的反应，以上4个步骤由硬件完成，实现了对异常发生时刻的部分现场保护，其他需要保护的寄存器值则由后继的软件处理进行保存。原则上说，需要保护的寄存器就是在后面异常处理中用到的寄存器，它们原先的值需要先保存到存储器中。通常采用“栈”的方式，用压栈汇编指令依次保存到存储器中去。由于不知道需要保存哪些寄存器，在一般的现场保护过程中，我们采用保护所有要处理的异常模式对应的通用寄存器，如果涉及工作模式的再次切换或者重入，那么状态寄存器、连接寄存器也要做保护。

软件部分还要对异常的具体情况进行处理(如中断处理)，处理完成以后进行中断返回，即现场恢复，回到异常发生时刻的状态。

4. 从异常返回

异常处理完毕之后，ARM微处理器会执行以下操作步骤从异常返回。

(1) 将链接寄存器LR的值减去相应的偏移量后送到PC中。

(2) 将SPSR复制回CPSR中。

(3) 若在进入异常处理时设置了中断禁止位，要在此清除。

特别需要注意的是，各种异常返回时需要减去的偏移量是不同的，需要根据不同的异常种类加以区别。可以认为应用程序总是从复位异常处理程序开始执行，因此复位异常处理程序不需要返回。

当一个异常处理返回时，一共有三件事情需要处理。

- 通用寄存器的恢复。
- 状态寄存器的恢复。
- PC指针的恢复。

通用寄存器的恢复采用一般的堆栈操作指令，而PC和CPSR的恢复可以通过一条指令来实现，下面是三个例子：

```
MOVS pc，lr
```

或

```
SUBS pc，lr，#4
```

或

```
LDMFD sp!，{pc}^
```

这几条指令都是普通的数据处理指令，特殊之处就是把PC寄存器作为了目标寄存器，并且带了特殊的后缀“S”或“^”，在特权模式下，“S”或“^”的作用就是使指令在执行时，同时完成从SPSR到CPSR的复制，达到恢复状态寄存器的目的。

异常返回时另一个非常重要的问题是返回地址的确定。在前面章节中提到进入异常时处理器会有一个保存LR的动作，但是该保存值并不一定是正确中断的返回地址。下面以一个简单的三级流水线的情况下，指令执行流水状态图来对此加以说明，如图3-5所示。

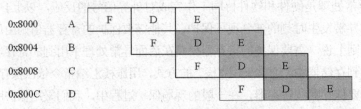

图3-5　ARM状态下三级指令流水线执行示例

5. 应用程序中的异常处理

系统运行时，异常可能会随时发生，为保证在ARM处理器发生异常时不至于影响程序的运行，在应用程序的设计中，必须要进行异常处理，采用的方式是在异常向量表中的特定位置放置一条跳转指令，跳转到异常处理程序，当ARM处理器发生异常时，程序计数器PC会被强制设置为对应的异常向量地址，从而跳转到软件人员编写的异常处理函数，当异常处理完成以后，返回到主程序继续执行。

下面以最常见的中断为例，我们来较详细地看一下从中断发生到处理、返回的具体过程。假设在A+4地址处发生了一次中断异常，那么ARM内核会按照图3-6的顺序进行处理。

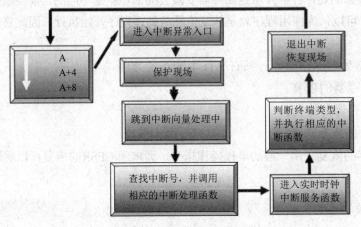

图3-6　ARM中断处理流程

3.3.5　ARM的存储器组织

ARM以虚拟地址的方式对存储器进行组织。跟其他架构如x86一样，ARM也存在大小端的问题，不同的寻址方式会有不同的结果。大小端寻址方式可以通过硬件管脚由用户自己设置。ARM9及其以上架构都由MMU单元来管理存储器。下面我们详细介绍这两种组织方式。

1. 大小端字节序

ARM储存器的组织主要有两大类型,分别为小端格式和大端格式,也称为小端次序(Little endian)的字节序和大端次序(Big endian)的字节序(byte order)。两种储存类的区别在于, 一个32位的数据存放到储存器中的时候,到底是高位字节放在高地址还是放在低地址,如图3-7所示。

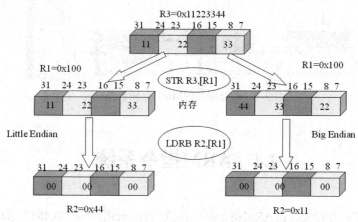

图3-7 ARM大小端存储系统

当我们储存一个32位数据0x11223344到地址0x100上的时候,如果是小端字节序,那么存储在0x100地址上的字节应该为0x44这个数据、0x101为0x33、0x102为0x22、0x103为0x11,也就是高位数据放高位地址,低位数据放低位地址;而大端字节序则正好相反。

字节序确定了储存的基本方式,特别是在对半字和字节为宽度的数据操作时,需要特别注意。如图3-7中所示,使用LDRB(以字节为单位装载寄存器)时候,不同的字节序所获得的数据结果是不一样的。

ARM默认的字节序方式为小端字节序。

2. MMU

不同的嵌入式应用系统中,其存储体系也会差别很大。比如在ARM7TDMI核中,存储体系使用最简单的平板式地址映射机制。该方式下,对地址空间的分配是固定的,系统使用物理地址,就像单片机系统一样,这种方式会带来以下几个问题。

- 程序员必须自己管理物理内存的分配、使用和回收,增加了编程的困难。
- 应用程序出错可能会带来整个内核的崩溃。

为此,在很多ARM微处理器内核中,都使用虚拟内存映射机制,整个内存由内存管理单元(即MMU)进行管理,整个系统使用虚拟地址,再由MMU将其映射为实际的物理地址。图3-8为一款嵌入式微处理器MMU转换示意图。

这种映射机制对于嵌入式系统非常重要,通常情况下,MMU主要完成以下工作。

- 虚拟存储空间到物理存储空间的映射。在ARM中,无论是物理地址还是虚拟地址都使用分页机制,即把空间分为一个个大小固定的块,每一块称为一页。物理空间的页和虚拟地址的页大小相同。

- 存储器访问权限的控制。

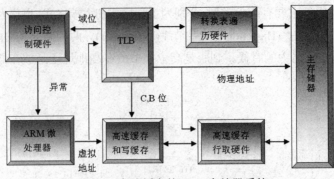

图3-8　高速缓存的MMU存储器系统

3.4　ARM指令系统

ARM体系架构支持32位的ARM指令集和16位的Thumb指令集，ARM汇编编程在ARM的底层开发中有重要的作用，比如上节中介绍的异常处理过程中，很多底层部分的代码都是用汇编语言实现的。本节从ARM指令的最常用指令出发，介绍编程过程中的ARM汇编编程基础。

3.4.1　ARM指令格式

ARM指令每条都是32位，其指令编码格式如下。

31 28	27 25	24 21	20	19 16	15 12	11 0
cond	0 0 1	opcode	S	Rn	Rd	Shift_operand

其中：
- opcode　　指令操作符编码
- cond　　　指令执行的条件编码
- S　　　　决定指令的操作是否影响CPSR的值
- Rd　　　　目标寄存器编码
- Rn　　　　包含第1个操作数的寄存器编码
- Shifter_operand 表示第2个操作数，操作数2可以是一个寄存器、被移位的寄存器或一个立即数。

指令格式如下：

```
<opcode>{<cond>}{S} <Rd>，<Rn>{，<operand2>}
```

例如如下指令：

```
SUBNES R1，R1，#0xD
```

它的意思就是条件执行(不相等，即Z=0)减法运算，R1减去0xD，并将结果保存到R1(R1－0xD=>R1)，同时根据运算结果修改CPSR寄存器的相应值。

3.4.2　ARM指令的寻址方式

所谓寻址方式就是处理器根据指令中给出的地址信息来寻找物理地址的方式。目前ARM指令系统支持如下几种常见的寻址方式。

1. 立即寻址

立即寻址也叫立即数寻址，这是一种特殊的寻址方式，操作数本身就在指令中给出，只要取出指令也就取到了操作数。这个操作数被称为立即数，对应的寻址方式也就叫做立即寻址。立即数并不是随意大小的数字，需要满足一定的规则：必须是能够由一个8位数字通过偶数位的移位得到。这一点是由ARM指令本身是32位的特点决定的，在一条32位指令中，无法放置过多位数作为操作数的表示。如果操作数不满足上述规则，则可以在数字前添加"＝"号，告诉编译器需要编译成多句语句，当然，那样就已经不是立即寻址的方式了。

指令举例：

```
ADD R0, R0，# 1          ;   R0 ←R0＋1
ADD R0, R0，# 0x11       ;   R0 ←R0＋0x11
```

在以上两条指令中，第2个源操作数为立即数，要求以"#"为前缀。

2. 寄存器寻址

寄存器寻址就是利用寄存器中的数值作为操作数，这种寻址方式是各类微处理器经常采用的一种方式，也是执行效率较高的一种寻址方式。以下指令：

```
ADD R0, R1，R2            ;   R0 ←R1＋R2
```

该指令的执行效果是将寄存器R1和R2的内容相加，其结果存放在寄存器R0中。

3. 寄存器间接寻址

寄存器间接寻址就是以寄存器中的值作为操作数的地址，而操作数本身存放在存储器中。指令举例：

```
ADD R0, R1，[R2]          ;   R0 ←R1＋[R2]
LDR R3，[R4]              ;   R3 ←[R4]
STR R5，[R6]              ;   [R6]← R5
```

在第一条指令中，以寄存器R2的值作为地址，在存储器中取得一个32位的操作数后与R1中的数值相加，结果存入寄存器R0中。第二条指令将以R4的值为地址的存储器中的数据传送到R3中。第三条指令将R5的值传送到以R6的值为地址的存储器中。LDR和STR指令是唯一能够访问储存器的指令(当然它们的扩展指令如LDMIA等也可以)，是非常典型的读写寄存器、存储器的方式。

4. 基址变址寻址

基址变址寻址就是将某寄存器中的值作为基址(该寄存器称作基址寄存器)的内容与指令中给出的操作数(作为地址偏移量)相加,从而得到一个有效地址。变址寻址方式常用于一段代码内经常访问的某地址附近的地址单元,比如访问某外围模块的多个寄存器,它们的地址往往靠得很近。常见的采用变址寻址方式的指令有以下几种形式。

```
LDR R0, [R1, # 4]          ;  R0 ←[R1+4]
LDR R0, [R1, # 4] !        ;  R0 ←[R1+4]、R1←R1+4
LDR R0, [R1], # 4          ;  R0 ←[R1]、R1←R1+4
```

在第一条指令中,将寄存器R1的内容加上4形成操作数的有效地址,从而取得操作数存入寄存器R0中。在第二条指令中,将寄存器R1的内容加上4形成操作数的有效地址,从而取得操作数存入寄存器R0中,然后,R1的内容自增4。请注意这里的"!"的用法,它表示操作完成后刷新"!"号前的寄存器的数值。在第三条指令中,以寄存器R1的内容作为操作数的有效地址,从而取得操作数存入寄存器R0中,然后,R1的内容自增4。

5. 多寄存器寻址

多寄存器寻址往往用在连续地址的内容拷贝中,一条指令可以完成多个寄存器值的传送,最多可以传送16个通用寄存器的值。指令如下:

```
LDMIA R10, {R0, R1, R4};  R1 ←[R0];  R2 ←[R0+4];  R3 ←[R0+8];  R4←[R0+12]
```

该指令的后缀"IA"(Increase After)表示在每次执行完加载/存储操作后,R0按字长度增加,因此,指令可将连续存储单元的值传送到R1~R3。类似于IA的其他后缀还有"IB"(Increase Before)、"DA"(Decrease After)、"DB"(Decrease Before)。"I"和"D"区别每次基址寄存器是增加4还是减少4,而"A"和"B"的区别是先改变基址寄存器值还是先取/装载值。不同的后缀导致寄存器的内容的区别可从图3-9看出。

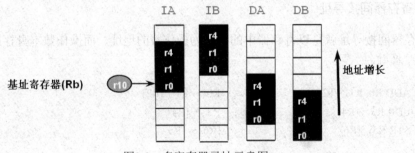

图3-9 多寄存器寻址示意图

6. 相对寻址

与基址变址寻址方式类似,相对寻址以程序计数器PC的当前值为基地址,指令中的地址标号作为偏移量,将两者相加之后得到操作数的有效地址。以下程序段完成子程序的调用和返回，跳转指令BL采用了相对寻址方式。

BL NEXT	；跳转到子程序NEXT处执行
……	
NEXT	；注意该名称应该顶格写，表示是一个地址
……	
MOV PC，LR	；从子程序返回

7. 堆栈寻址

堆和栈其实是两种数据结构，我们这里习惯称栈为堆栈。栈是一种数据结构，本质上是内存中一段连续的地址，对其最常见的操作为"压栈"(PUSH)和"出栈"(POP)，用于临时保存一些数据。栈按先进后出(First In Last Out，FILO)的方式工作，使用一个称作堆栈指针(Stack Point)的专用寄存器指示当前的操作位置，堆栈指针总是指向栈顶。

对于栈的分类，可以用两种纬度来进行。当堆栈指针指向最后压入堆栈的数据时，称为满堆栈(Full Stack)，而当堆栈指针指向下一个将要放入数据的空位置时，称为空堆栈(Empty Stack)。另外，压栈后地址增长的称为递增堆栈(Ascending Stack)，反之称为递减堆栈(Decending Stack)。这样就有四种类型的堆栈工作方式，ARM微处理器支持这四种类型的堆栈工作方式，即：

* 满递增堆栈
* 满递减堆栈
* 空递增堆栈
* 空递减堆栈

ARM体系架构中，默认的堆栈格式为满递减堆栈，采用STMFD和LDMFD对其进行压栈和出栈操作。压栈和出栈的具体过程类似于多寄存器寻址方式，多寄存器寻址使用一个通用寄存器作为基址寄存器，而堆栈寻址指令使用R13(SP)作为专用的堆栈指针。

值得注意的是，ARM有七种工作模式，37个寄存器被分成6组，内核或者软件可以切换ARM的工作状态。在这种切换过程中，需要有保护现场、恢复现场的过程，通用寄存器可以由各个模式共同使用。而保护现场、恢复现场则是通过堆栈指令来实现的。

3.4.3　ARM最常用指令和条件后缀

ARM微处理器是基于RISC原理而设计的。通常情况下，ARM微处理器的指令可以分为以下两类：ARM指令集和THUMB指令集。其中ARM指令集为32位长度的指令，而THUMB指令集的指令均为16位长度，所以使用THUMB指令可以节省至少30%～40%的存储空间。

ARM微处理器的所有指令都是加载/存储型的，这也意味着ARM指令仅能处理寄存器中的数据，而且处理结果要放回寄存器中，对系统存储器的访问需要通过专门的加载/存储指令来完成。

ARM微处理器的指令集可以分为下列六大类：

* 跳转指令

- 数据处理指令
- 程序状态寄存器(PSR)处理指令
- 加载/存储(Load/Store)指令
- 协处理器指令
- 异常中断产生指令

　　条件执行是ARM指令的一大特点，掌握好条件执行的使用，可以写出高效的汇编语言。当处理器工作在ARM状态时，几乎所有的指令均根据CPSR中条件码的状态和指令的条件域有条件地执行。当指令的执行条件满足时，指令被执行，否则指令被忽略。

　　每一条ARM指令包含4位的条件码，位于指令的最高4位[31:28]。条件码共有16种，每种条件码可用两个字符表示，这两个字符可以添加在指令助记符的后面和指令同时使用。例如，跳转指令B可以加上后缀EQ变为BEQ表示"相等则跳转"，即当CPSR中的Z标志置位时发生跳转。

　　常用的指令如表3-4所示，限于篇幅，此处不再一一赘述，请查询相关手册。

表3-4　ARM基本指令及功能描述

助 记 符	指令功能描述
ADC	带进位加法指令
ADD	加法指令
AND	逻辑与指令
B	跳转指令
BIC	位清零指令
BL	带返回的跳转指令
BLX	带返回和状态切换的跳转指令
BX	带状态切换的跳转指令
CDP	协处理器数据操作指令
CMN	比较反值指令
CMP	比较指令
EOR	异或指令
LDC	存储器到协处理器的数据传输指令
LDM	加载多个寄存器指令
LDR	存储器到寄存器的数据传输指令
MCR	从ARM寄存器到协处理器寄存器的数据传输指令
MLA	乘加运算指令
MOV	数据传送指令
MRC	从协处理器寄存器到ARM寄存器的数据传输指令
MRS	传送CPSR或SPSR的内容到通用寄存器指令
MSR	传送通用寄存器到CPSR或SPSR的指令
MUL	32位乘法指令
MVN	数据取反传送指令
ORR	逻辑或指令

（续表）

助　记　符	指令功能描述
RSB	逆向减法指令
RSC	带借位的逆向减法指令
SBC	带借位的减法指令
STC	协处理器数据写入指令
STM	批量内存字写入指令
STR	寄存器到存储器的数据传输指令
SUB	减法指令
SWI	软件中断指令
SWP	交换指令
TEQ	相等测试指令
TST	位测试指令

3.5　ARM微处理器的应用选型

鉴于ARM微处理器的众多优点，随着国内外嵌入式应用领域的逐步发展，ARM微处理器必然会获得广泛的重视和应用。但是，由于ARM微处理器有多达十几种内核结构，几十个芯片生产厂家，以及千变万化的内部功能配置组合，给开发人员在选择方案时带来一定的困难，所以对ARM芯片做一些对比研究是十分必要的。

以下从应用的角度出发，对在选择ARM微处理器时应考虑的主要问题做一些简要的探讨。

1. ARM微处理器内核的选择

从前面所介绍的内容可知，ARM微处理器包含一系列的内核结构，以适应不同的应用领域，用户如果希望使用Win CE或标准Linux等操作系统以减少软件开发时间，就需要选择ARM720T以上带有MMU(Memory Management Unit)功能的ARM芯片，ARM720T、ARM920T、ARM922T、ARM946T、Strong-ARM都带有MMU功能。而ARM7TDMI则没有MMU，不支持Windows CE和标准Linux，但目前有uCLinux等不需要MMU支持的操作系统可运行于ARM7TDMI硬件平台之上。事实上，μCLinux已经成功移植到多种不带MMU的微处理器平台上，并在稳定性和其他方面都有上佳表现。如果产品主要应用于工业控制等，可以使用Cortex-M系列产品；如果用户希望使用更偏重于用户体验、多媒体应用和网络应用的产品并且使用安卓、WP等操作系统，则应该使用Cortex-R和Cortex-A系列产品。

2. 系统的工作频率

系统的工作频率在很大程度上决定了ARM微处理器的处理能力。ARM7系列微处理器的典型处理速度为0.9MIPS/MHz，常见的ARM7芯片系统主时钟为20MHz～133MHz，ARM9系列微处理器的典型处理速度为1.1MIPS/MHz，常见的ARM9的系统主时钟频率为100MHz～233MHz，ARM11可以达到533MHz，而Cortex-R和Cortex-A系列可以达到1GHz乃至更高的速度。不同芯片对时钟的处理不同，有的芯片只需要一个主时钟频率，有的芯片内部时钟控制器可以分别为ARM核和USB、UART、DSP、音频等功能部件提供不同频率的时钟。

3. 芯片内存储器的容量

大多数的ARM微处理器片内存储器的容量都不太大，需要用户在设计系统时外扩存储器，但也有部分芯片具有相对较大的片内存储空间，如ATMEL的AT91F40162就具有高达2MB的片内程序存储空间，用户在设计时可考虑选用这种类型，以简化系统的设计。

4. 片内外围电路的选择

除ARM微处理器内核以外，几乎所有的ARM芯片均根据各自不同的应用领域，扩展了相关功能模块，并集成在芯片之中，我们称之为片内外围电路，如USB接口、IIS接口、LCD控制器、键盘接口、RTC、ADC和DAC、DSP协处理器等，设计者应分析系统的需求，尽可能采用片内外围电路完成所需的功能，这样既可简化系统的设计，又可提高系统的可靠性。

思考与练习

一、填空题

1. ARM系列微处理器包括如下几个系列：_____、_____、_____、_____和_____。它具有_____级整数流水线，指令执行效率更高；提供_____MIPS/MHz的哈佛总线结构；支持32位_____和_____指令集；支持_____位的高速AMBA总线接口。

2. ARM芯片的内核一般包括以下几个单元：ARM9TDMI32RISC处理器、_____、_____、_____、_____和_____。

3. ARM处理器共有_____个寄存器，其中_____个通用寄存器，_____个状态寄存器，这些寄存器都是_____位。

4. ARM系统中寻址方式主要有_____、_____、_____、_____、多寄存器寻址、相对寻址和堆栈寻址。

5. ARM微处理器的指令集可以分为下列六大类：_____、_____、_____、_____、_____和异常中断产生指令。

二、选择题

1. 指令ADD R0，R0，#1第三个操作数的寻址方式是(　)。
   A. 立即寻址　　　　　　　　　　B. 寄存器寻址
   C. 寄存器间接寻址　　　　　　　D. 基址变址寻址
2. 指令LDR R3，[R4]第二个操作数的寻址方式是(　)。
   A. 立即寻址　　　　　　　　　　B. 寄存器寻址
   C. 寄存器间接寻址　　　　　　　D. 基址变址寻址

3. LDR R0，[R1，＃4]第二个操作数的寻址方式是(　)。

  A. 立即寻址   B. 寄存器寻址

  C. 寄存器间接寻址   D. 基址变址寻址

4. 假设R0和R1寄存器中的值分别为8和6，执行指令：LDR R0，[R1，#8] !，则寄存器R0和R1中的值分别为(　)。

  A. 8，6   B. 14，6

  C. 14，14   D. 16，14

5. 栈是一种数据结构，本质上是内存中一段连续的地址，对其最常见的操作为"压栈"(PUSH)和"出栈"(POP)，以临时保存一些数据，其出入栈规则是(　)。

  A. 先进先出   B. 先进后出

  C. 只进不出   D. 只出不进

三、简答题

1. ARM微处理器的运行模式有哪几种，各有什么特点？

2. ARM储存器的组织主要有哪些类型，各有什么特点？

3. ARM微处理器选型时应注意什么？

第4章 嵌入式编程

上章介绍了ARM架构的微处理器的基本知识，并对其架构体系做了一个概括性的介绍。对于ARM嵌入式开发者，我们不仅需要了解这些处理器的架构和体系，更重要的是应熟悉其开发语言和开发环境。可以这样说，后者才是嵌入式开发的核心内容。只有掌握ARM的体系架构和编程基础，才能成为一名合格的嵌入式系统工程师。从本章开始，我们正式进入嵌入式开发介绍，首先要从基本的编程知识开始。在本章，我们将介绍ARM的汇编语言指令的有关知识和基于Linux的C语言编程。之后，重点、详细地介绍基于Linux的源码编辑器、交叉编译器gcc、调试器gdb和项目管理器make。相信通过本章的学习，读者可以对基于Linux的ARM嵌入式开发环境有个整体性了解，熟练使用从程序代码的编写到项目的管理等环节。

本章重点：

- ARM汇编伪指令
- 汇编语言与C/C++混合编程
- 源码编辑器
- 编译器gcc
- 调试器gdb
- 项目管理器make

4.1 ARM汇编语言程序设计

对于初学者来说，用ARM汇编指令来编写程序是一件比较困难的事情。由于汇编语言指令繁多，不方便记忆，加上其语法结构相对于一般的C语言或者Java语言比较复杂，掌握并且熟练运用汇编语言的确比较困难。但是掌握好汇编语言对于一名合格的嵌入式开发工程师来说却又是十分必要的。使用汇编语言，可以写出高效的程序，特别是在操作系统移植、底层硬件开发中，汇编语言都起着不可替代的作用。因此只有掌握ARM的体系架构和编程基础，才能成为一名合格的嵌入式系统工程师。

4.1.1 ARM汇编语言中的程序结构

在ARM/Thumb汇编语言程序中，程序是以程序段(Section)的形式呈现的。程序段是具有特定名称的相对独立的指令或数据序列。程序段有两大类型：代码段(Code Section)和数据段(Data Section)。代码段的主要内容为执行代码，而数据段则存放代码运行时需要用到的数据。一个汇编语言程序应当至少包含有一个代码段，但当程序较长时，可以将一个长的代码段或者数据段分割为多个代码段或者多个数据段，然后通过程序编译链接(Link)最终形成一个可执行的映像文件。

一个可执行映像文件通常由以下几部分构成。

- 一个或多个代码段，代码段的属性为只读(RO)。
- 零个或多个包含初始化数据的数据段，数据段的属性为可读写(RW)。
- 零个或多个不包含初始化数据的数据段，数据段的属性为可读写(RW)。

链接器(Linker)根据系统默认或用户设定的规则，将各个段安排在存储器中的相应位置。因此源程序中段之间的相对位置与可执行的映像文件中段的相对位置一般不会相同。

下面，让我们来看一个汇编语言的基本结构实例：

```
              AREA Init , CODE , READONLY      ; 定义一个名为Init的只读代码段
              ENTRY                            ; 标识程序的入口点
start
              LDR R0 , =0x31000000             ; 加载地址到R0
              LDR R1 , 0xff                    ; 加载数据到R1
              STR R1 , [R0]                    ; 存储R1中的数据到R0中的地址
              LDR R0 , =0x31000008             ; 加载地址到R0
              LDR R1 , 0x01                    ; 加载数据到R1
              STR R1 , [R0]                    ; 存储R1中的数据到R0中的地址
              ……
              END                              ; 代码段结束
```

该实例中主要包括以下知识点。

- AREA是一条伪指令，主要作用是定义一个段，可以是代码段也可以是数据段，并说明所定义段的相关属性。本例中，它定义了一个名为Init的代码段，并且表明其属性为只读。段名也常常用"||"括起来表示。
- ENTRY也是一条伪指令，它的主要作用是标识程序的入口点，其后面主要为指令序列，程序的末尾为段的结束标志伪指令END，该伪指令告诉编译器源文件的结束，每一个汇编程序段都必须有一条END伪指令，指示代码段的结束。

注意：

对于代码的编写规范格式，通过设置相应的缩进格式，可以方便我们阅读代码。实例中，所有的指令必须有缩进，为了程序美观只是一个方面的原因，另一个方面的原因是在汇编语言中，任何顶格编写的单词或者助记符都会被编译器当做一个地址标识而不是汇编指令。如实例中的start，它不是伪指令，而是下面一段代码的地址标识符。

4.1.2 ARM汇编语言的语句格式

虽然汇编指令比较多，但是其指令操作的格式一般是固定的，ARM和Thumb汇编语言的语句格式为：

```
{标号}{指令或伪指令助记符}    {; 注释}
```

注意：

- 指令的助记符写法要么全部大写要么全部小写，不可以在一条指令中既有大写又有小写，不可以大小写混合使用。
- 如果一条语句太长，可以拆分成若干行来写，但需要在行末尾用续行符"\"来标识下一行与本行同属于一条语句。

汇编程序中除了会用到ARM或者Thumb指令之外，还会用到一些符号、常量、变量和变量代换等。这些类型一般也是有具体要求的。

- 符号主要用来代替地址、变量或者常量，但是其不应与指令或者伪指令同名，并且它们是区分大小写的，不能与系统的保留字相冲突。
- 常量包括逻辑常量、字符串常量和数字常量。逻辑常量只取两种值(真或者假)；字符串常量保存一固定的字符串，用于保存程序运行时的信息；数字常量一般为32位的整数，无符号时可表示范围为$0\sim2^{32}-2$，有符号时可表示范围为$-2^{31}\sim2^{31}-1$。
- 变量包括逻辑变量、字符串变量和数字变量，其中逻辑变量用于在程序运行中保存逻辑值(真或者假)；字符串变量保存字符串，但字符串的长度不能超出字符串变量所能表示的范围；数字变量保存数字值，但数字大小不能超出变量的表示范围。
- 变量可以通过代换取得一个常量，代换的操作符为"$"。如果"$"在逻辑变量前面，编译器会将该逻辑变量代换为它的取值(真或者假)；如果"$"在字符串变量前面，编译器会将该字符串变量的值代换为"$"后的字符串变量；如果"$"在数字变量前面，编译器会将该数字变量的值转换为十六进制的字符串，并将该十六进制的字符串代换为"$"后面的变量。

下面是一个具体的示例：

```
        LCLSSTR1              ;定义局部字符串变量STR1和STR2
        LCLSSTR2
STR1  SETS"Embedded Linux!"   ;字符串变量STR1的值为Embedded Linux!
STR2  SETS"HELLO,$STR2"       ;字符串变量STR2的值为"HELLO,Embedded Linux!"
```

4.1.3　基于Linux下GCC的汇编语言程序结构

Linux下GCC的汇编程序语言程序是以程序段为单位进行组织的。Linux下GCC的汇编语言规则总结如下。

- 所有的指令均不能顶格写。
- 大小写区分(要么全部大写，要么全部小写，不可以大小写混用)。
- 代码标号必须在一行的顶格，后面要加上冒号"："。
- 注释的内容可以使用符号"@"，其后面的内容编译器会放弃编译。注释可以在一行的顶格。

下面以一个简单的汇编程序example1.s为例，对上述规则做具体介绍。

```
        .EXAMPLE1              @表示是只读代码段
```

```
    _START:   .GOLBAL     START          @START作为链接器使用
              .GOLBAL     MAIN           @MAIN函数
              B           MAIN           @跳转至MAIN函数
    MAIN:
              MOV         R0,#0          @R0=0
              LDR         R1,#1          @R1=1
    ADDOP:
              ADD         R2,R1,R0       @R2=R1+R0
              MOV         PC,LR          @程序结束，交出对CPU的控制权
              .END
```

对程序的说明如下。

程序中出现的PC是程序计数器，它是寄存器R15的别名。LR是链接寄存器，它是寄存器R14的别名。当使用B指令调用MAIN函数过程时，MAIN函数的返回地址PC将存放到LR中，所以程序最后"MOV PC，LR"即将LR的值放入PC，执行的就是函数返回操作。

另外有关编译需要说明的是：

● 在Linux下，需要使用arm-linux-gcc对程序进行交叉汇编和链接，在终端中输入命令：arm-linux-gcc example1.s -o example1。

注意：

不能用GCC编译，因为GCC是支持x86系列的处理器，而我们这里则是基于ARM的处理器。

● 在Linux下，也可以通过GCC、arm-linux-gcc编译器来生成.s的汇编程序文件，终端命令格式为：gcc -S filename.c，生成的文件名为filename.s。参数-S表示只进行预处理、编译，而不进行汇编。

4.1.4 基于Windows下ADS的汇编语言程序结构

Windows下ADS的汇编程序结构和其他Windows下的汇编语言程序结构相差不大，整个程序也是以段的形式来组织代码。段可以分成代码段和数据段，代码段的内容为执行代码，数据段的内容为保存代码执行时所需要的数据。整个程序至少一个代码段，属性为只读，数据段的属性为可读写。其语法规则如下。

● 指令均不能顶格写。
● 大小写区分(要么全部大写，要么全部小写，不可以大小写混用)。
● 所有标号必须在一行的顶格书写，后面不需要冒号(：)。
● 注释的内容可以使用符号"；"。

下面以一个简单的汇编程序example2.s为例，对上述规则做具体介绍。

```
    AREA   Init, CODE, READONLY     ; AREA定义1个段，段名为Init；代码段，只读
    ENTRY                           ; 伪指令，第一条指令的入口
start                               ; 标号，必须顶格
MOVR0, #10
MOVR1, #3
```

```
ADD      R0，R0，R1                    ; R0=R0+R1
; 以下三行为软件中断，用来停止ADS
stop
MOVR0，#0x18                          ; 软件异常中断响应
LDR      R1，=0x20026                 ; ADS停止运行，应用退出
SWI      0x123456                     ; ARM半主机软件中断
END                                   ; 每一个汇编文件都要以END结束
```

ARM汇编程序由机器指令和伪指令组成。机器指令我们已经在上一章中做了介绍。下面来看有关伪指令的相关知识。

4.1.5　ARM汇编器所支持的伪指令

ARM伪指令不是ARM指令集中的指令，它们是一些特殊的指令助记符，这些助记符与指令系统的助记符不同，没有相对应的操作码，它们并不是在运行期间由机器执行，而是在汇编程序对源程序汇编期间由汇编程序处理，这些特殊指令助记符就被称作为伪指令。它们可以像其他ARM指令一样使用，但是在编译时这些指令将被等效的ARM指令取代。它们在源程序中的作用是为完成汇编程序作各种准备工作，也就是说这些伪指令仅在汇编过程中起作用，一旦汇编结束，伪指令的使命就完成了。

在ARM的汇编程序中，伪指令种类繁多，可以细分为如下几种。

- 符号定义(Symbol Definition)伪指令
- 数据定义(Data Definition)伪指令
- 汇编控制(Assembly Control)伪指令
- 宏指令
- 其他伪指令

1. 符号定义伪指令

符号定义伪指令用于定义ARM汇编程序中的变量、对变量赋值以及定义寄存器的别名等。常见的符号定义伪指令有如下几种。

- 用于定义全局变量的GBLA、GBLL和GBLS。
- 用于定义局部变量的LCLA、LCLL和LCLS。
- 用于对变量赋值的SETA、SETL、SETS。
- 为通用寄存器列表定义名称的RLIST。

下面我们详细介绍该类伪指令的语法格式及其功能。

(1) 用于定义全局变量的GBLA、GBLL和GBLS

功能：定义全局变量，并将其初始化。其中，

- GBLA伪指令用于定义一个全局的数字变量，并初始化为0；
- GBLL伪指令用于定义一个全局的逻辑变量，并初始化为F(假)；
- GBLS伪指令用于定义一个全局的字符串变量，并初始化为空。

语法：

GBLA(GBLL和GBLS) 全局变量名

下面是这类指令的一些使用实例。

如果想定义一个全局的数字变量，变量名为num，则可这样定义：

GBLA　num；定义一个全局的数字变量，变量名为num

将该变量赋值为0x0a，应该为：

num　SETA　0x0a；

定义一个变量名为str全局的字符串变量，应该这样：

GBLS　str；

如果想将该变量赋值为"hello"，也可这样：

str　SETS "hello"；

(2) 用于定义局部变量的LCLA、LCLL和LCLS

功能：定义局部变量，并将其初始化。其中：

- LCLA伪指令用于定义一个局部的数字变量，并初始化为0；
- LCLL伪指令用于定义一个局部的逻辑变量，并初始化为F(假)；
- LCLS伪指令用于定义一个局部的字符串变量，并初始化为空。

语法：

LCLA(LCLL或LCLS) 局部变量名

它的使用与上一种类似。假如需要定义一个局部的数字变量，变量名为num1，可以这样定义：

LCLA　num1；

将该变量赋值为0xaa的格式应该如下：

num1　SETA　0xaa；

定义一个变量名为str1的全局字符串变量，使用如下格式：

LCLS　str1；

与上面类似，将该变量赋值为"hello"的格式为：

str1　SETS　"hello"；

(3) 用于对变量赋值的SETA、SETL、SETS

功能：伪指令SETA、SETL、SETS用于给一个已经定义的全局变量或局部变量赋值。

其中：

- SETA伪指令用于给一个数学变量赋值；
- SETL伪指令用于给一个逻辑变量赋值；
- SETS伪指令用于给一个字符串变量赋值。

语法：

```
变量名  SETA(SETL或SETS) 表达式
```

例如，定义变量sum，格式为：

```
SETA sum;
```

(4) 为通用寄存器列表定义名称的RLIST

功能：为一个通用寄存器列表定义名称。

语法：

```
名称   RLIST     {寄存器列表}
```

例如将寄存器列表R0-R5、R8、R10定义为RegLst，可在ARM指令LDM/STM中通过该名称访问寄存器列表，则格式如下：

```
RegLstRLIST        {R0-R5，R8，R10};
```

2. 数据定义伪指令

数据定义伪指令用于数据表定义、文字池、数据空间分配，同时可完成已分配存储单元的初始化。

常见的数据定义伪指令有如下几种。

- DCB用于分配一片连续的字节存储单元并用指定的数据初始化。
- DCW(DCWU)用于分配一片连续的半字存储单元并用指定的数据初始化。
- DCD(DCDU)用于分配一片连续的字存储单元并用指定的数据初始化。
- DCFD(DCFDU)用于为双精度的浮点数分配一片连续的字存储单元并用指定的数据初始化。
- DCFS(DCFSU)用于为单精度的浮点数分配一片连续的字存储单元并用指定的数据初始化。
- DCQ(DCQU)用于分配一片以8字节为单位的连续的存储单元并用指定的数据初始化。
- SPACE用于分配一片连续的存储单元。
- MAP用于定义一个结构化的内存表首地址。
- FIELD用于定义一个结构化的内存表的数据域。

3. 汇编控制伪指令

汇编控制伪指令用于控制汇编程序的执行流程，比如条件汇编、宏定义和重复汇编控制等。

(1) 条件伪指令
语法：

```
IF          逻辑表达式
            指令序列1
ELSE
            指令序列2
ENDIF
```

功能：IF、ELSE、ENDIF伪指令能根据条件的成立与否决定是否执行某个指令序列。当IF后面的逻辑表达式为真，则执行指令序列1，否则执行指令序列2。其中，ELSE及指令序列2可以没有，此时，当IF后面的逻辑表达式为真，则执行指令序列1，否则继续执行后面的指令。

(2) 循环伪指令
语法：

```
WHILE       逻辑表达式
            指令序列
WEND
```

功能：WHILE、WEND伪指令能根据条件的成立与否决定是否循环执行某个指令序列。当WHILE后面的逻辑表达式为真，则执行指令序列，该指令序列执行完毕后，再判断逻辑表达式的值，若为真则继续执行，一直到逻辑表达式的值为假。

4. 宏指令

功能：MACRO、MEND伪指令可以将一段代码定义为一个整体，称为宏指令，然后就可以在程序中通过宏指令多次调用该段代码。其中，$标号在宏指令被展开时，会被替换为用户定义的符号，宏指令可以使用一个或多个参数，当宏指令被展开时，这些参数被相应的值替换。

包含在MACRO和MEND之间的指令序列称为宏定义体，在宏定义体的第一行应声明宏的原型(包括宏名、所需参数)，然后就可以在汇编程序中通过宏名来调用该指令序列。在源程序被编译时，汇编器将宏调用展开，用宏定义中的指令序列代替程序中的宏调用，并将参数的值传递给宏定义中的形式参数。

宏指令的语法格式如下：

```
MACRO
 $标号  宏名  $参数1, $参数2, ……
指令序列
MEND
```

注意：

MACRO、MEND伪操作可以嵌套使用。

5. 其他常用的伪指令

除了上面介绍的伪指令外，还有其他一些伪指令，在汇编程序中经常会用到，如段定义伪指令、入口点设置伪指令、包含文件伪指令、标号导出或导入声明伪指令等。具体包括以下内容。

- ALIGN：可通过添加填充字节的方式，使当前位置满足一定的对齐方式。
- CODE16、CODE32：CODE16伪指令通知编译器，其后的指令序列为16位的Thumb指令。CODE32伪指令通知编译器，其后的指令序列为32位的ARM指令。
- ENTRY：用于指定汇编程序的入口点。在一个完整的汇编程序中至少要有一个ENTRY(也可以有多个，当有多个ENTRY时，程序的真正入口点由链接器指定)，但在一个源文件里最多只能有一个ENTRY(可以没有)。
- END：用于通知编译器已经到了源程序的结尾。
- EQU：用于为程序中的常量、标号等定义一个等效的字符名称，类似于C语言中的#define。
- EXPORT(或GLOBAL)：用于在程序中声明一个全局的标号，该标号可在其他文件中引用。
- IMPORT：用于通知编译器要使用的标号在其他源文件中定义，但要在当前源文件中引用，而且无论当前源文件是否引用该标号，该标号均会被加入到当前源文件符号表中。
- EXTERN：用于通知编译器要使用的标号在其他源文件中定义，但要在当前源文件中引用，如果当前源文件实际并未引用该标号，该标号不会被加入到当前源文件符号表中。

4.2　ARM汇编与C语言编程

由于汇编语言相对于高级语言具有高效性，所以汇编语言在编程设计特别是底层编程中会被大量采用。但是在整个程序的设计过程中，如果所有的代码都用汇编语言来完成的话，其工作量是相当巨大的，而且这种方法也不利于系统的移植与升级。所以对于系统设计，比较好的选择是两种语言的结合，即汇编语言加上高级语言，使它们各自发挥优势，相互补充。在ARM体系结构的程序设计中，一般会采用汇编语言与C语言的混合编程。在一个完整的程序设计中，底层的部分(比如初始化、异常处理部分)用汇编语言完成，其他的主要编程则都一般采用C语言来完成。

汇编语言与C语言的混合编程通常有以下几种方式。

- 在C语言代码中嵌入汇编指令。

- 在汇编程序和C语言的程序之间进行变量的互访。
- 汇编程序、C语言程序间的相互调用。

在以上几种混合编程技术中，子程序之间的调用必须遵循一定的规则，如物理存储器的使用、参数的传递等，这些规则统称为ATPCS(ARM Thumb Procedure Call Standard)，它就是ARM程序和Thumb程序中子程序调用以及汇编与C程序之间相互调用的基本规则。

4.2.1 基本的ATPCS规则

基本ATPCS规定了在子程序调用时的一些基本规则，包括下面四方面的内容。

- 各寄存器的使用规则及其相应的名称。
- 数据栈的使用规则。
- 参数传递的规则。
- 子程序结果的返回规则。

1. 寄存器的使用规则及其相应的名称

寄存器的使用必须满足下面的规则。

- 子程序间通过寄存器R0～R3来传递参数，被调用的子程序在返回前无需恢复寄存器R0～R3的内容。
- 在子程序中，使用寄存器R4～R11保存局部变量，这时寄存器可以记作V1～V8。如果在子程序中用到了寄存器V1～V8中的某些寄存器，子程序进入时必须保存这些寄存器的值，在返回前必须恢复这些寄存器的值；对于子程序中没有用到的寄存器则不必进行这些操作。在Thumb程序中，通常只能使用寄存器R4～R7来保存局部变量。
- 寄存器R12用作子程序间的Scratch寄存器(用于保存SP，在函数返回时使用该寄存器出栈)，记作IP。
- 寄存器R13用作数据栈指针，记作SP。在子程序中寄存器R13不能用作其他用途。寄存器SP在进入子程序时的值和退出子程序的值必须相等。
- 寄存器R14称为链接寄存器，记作LR。它用作保存子程序的返回地址。如果在子程序中保存了返回地址，寄存器R14则可以用作其他用途。
- 寄存器R15是程序计数器，记作PC。它不能用作其他用途。
- ATPCS中的各寄存器在ARM编译器和汇编器中都是预定义的。

表4-1总结了在ATPCS中各寄存器的使用规则及其名称。

表4-1 寄存器的使用规则

寄 存 器	别 名	特 殊 名 称	使 用 规 则
R15		PC	程序计数器
R14		LR	连接寄存器
R13		SP	数据栈指针
R12		IP	子程序内部调用的Scratch寄存器
R11	V8		ARM状态局部变量寄存器8

(续表)

寄 存 器	别　　名	特 殊 名 称	使 用 规 则
R10	V7	Sl	ARM状态局部变量寄存器7，在支持数据检查的ATPCS中为数据栈限制指针
R9	V6	SB	ARM状态局部变量寄存器6，在支持RWPI的ATPCS中为静态基址寄存器
R8	V5		ARM状态局部变量寄存器5
R7	V4	WR	ARM状态局部变量寄存器4 Thumb状态工作寄存器
R6	V3		局部变量寄存器3
R5	V2		局部变量寄存器2
R4	V1		局部变量寄存器1
R3	A4		参数/结果/Scratch寄存器4
R2	A3		参数/结果/Scratch寄存器3
R1	A2		参数/结果/Scratch寄存器2
R0	A1		参数/结果/Scratch寄存器1

2. 数据栈的使用规则

栈指针是保存了栈顶地址的寄存器值。栈指针通常可以指向不同的位置。一般的，栈可以有以下四种数据栈。

- FD：Full Descending
- ED：Empty Descending
- FA：Full Ascending
- EA：Empty Ascending

当栈指针指向栈顶元素时，称为Full栈。当栈指针指向与栈顶元素相邻的一个元素时，称为Empty栈。数据栈的增长方向也可以不同，当数据栈向内存减少的地址方向增长时，称为 Descending 栈；反之称为 Ascending 栈。ARM 的 ATPCS 规定默认的数据栈为 Full Descending(FD)类型，并且对数据栈的操作是8字节对齐的。

3. 参数传递的规则

根据参数个数是否固定可以将子程序参数传递规则分为以下两种。

(1) 参数个数可变的子程序参数传递规则

对于参数个数可变的子程序，当参数不超过四个时，可以使用寄存器R0～R3来传递参数；当参数超过四个时，还可以使用数据栈来传递参数。在传递参数时，将所有参数看做是存放在连续的内存单元中的字数据。然后，依次将各字数据传送到寄存器R0、R1、R2、R3中，如果参数多于四个，则将剩余的字数据传送到数据栈中，入栈的顺序与参数顺序相反，即最后一个字数据先入栈。

(2) 参数个数固定的子程序参数传递规则

对于参数个数固定的子程序，参数传递与参数个数可变的子程序参数传递的规则不同，如果系统包含浮点运算的硬件部件，浮点参数将各个浮点参数按顺序处理和为每个浮点参数分配FP寄存器的规则传递。分配的方法是，满足该浮点参数需要的且编号最小的一组连续的FP寄存器中，第一个整数参数，通过寄存器R0～R3来传递，其他参数通过数据栈传递。

4. 子程序结果返回规则

子程序中结果返回的规则如下。

- 如果结果为一个32位的整数，可以通过寄存器返回。
- 如果结果为一个64位整数，可以通过寄存器R0和R1返回，依此类推。
- 如果结果为一个浮点数，可以通过浮点运算的寄存器F0、D0或S0返回。
- 如果结果为复合型的浮点数(如复数)，可以通过寄存器F0～FN或者D0～DN返回。
- 对于位数更多的结果，需要通过内存来传递。

4.2.2　C语言中内嵌汇编代码

在C程序中内嵌的汇编代码指令支持大部分的ARM和Thumb指令，不过它的使用与汇编文件中的指令有些不同，主要存在以下几个方面的限制。

- 在使用物理寄存器时，不要使用过于复杂的C表达式，避免物理寄存器冲突。
- 不能直接向PC寄存器赋值，程序跳转要使用B或者BL指令。
- R12和R13可能被编译器用来存放中间编译结果，计算表达式值时又能将R0到R3，R12及R14用于子程序调用，因此要避免直接使用这些物理寄存器。
- 一般不要直接指定物理寄存器，而是让编译器进行分配。

ARM汇编和C混合编程最简单的方法就是内联汇编(Inline Assemble)和嵌入式汇编(Embedded Assemble)。

内联汇编是指在C函数定义中使用__asm或者asm的方法，用法如下：

```
__asm
{
instruction[; instruction]
… …
[instruction]
}
```

或者

```
asm("instruction[; instruction]");
```

下面给出一个具体的示例用法：

```
#include<stdio.h>
void my_story(const char *src, char *dest)      ;函数定义，参数为一个常量字符指针src和一个变量
                                                字符指针dest，功能是将src复制到dest

{
```

```
    char ch;                            ;定义一个字符变量
    __asm                               ;内嵌汇编代码标识
        {
        loop:                           ;循环体
            ldrb  ch，[src]，#1          ;ch=[src+1]
            strb  ch，[dest]，#1         ;[dest+1]=ch
            cmp  ch，#0                  ;判断字符串是否结束，结束ch=0
            bne   loop                  ;不为0，则跳转到loop继续循环
        }
}
int main()                              ;主函数
{
char *a="hello，arm";                    ;定义字符串常量a="hello，arm"
char b[64];                             ;定义字符串变量
my_strcpy(a，b);                         ;调用my_strcpy函数
printf("original:%s"，a);               ;输出结果
printf("copyed:%s"，b);
return 0;                               ;返回
}
```

内联汇编的用法跟真实汇编之间有很大的区别，并且不支持Thumb。与内联汇编不同，嵌入式汇编具有真实汇编的所有特性，同时支持ARM和Thumb，但是不能直接引用C语言的变量定义，数据交换必须通过ATPCS进行。嵌入式汇编在形式上表现为独立定义的函数体，如下所示。

```
_asm int add(int i，int j)              //定义嵌入式汇编
{
ADD R0，R0，R1                           //R0=R0+R1
 MOV PC，LR
}
void main()
{
    printf("12345+6789=%d\n"，add(12345，6789));
}
```

灵活使用内联汇编和嵌入式汇编，可以提高程序的效率。

4.2.3　从汇编程序中访问C程序变量

在C程序中声明的全局变量可以被汇编程序通过地址间接访问，具体访问方法如下。

● 使用IMPORT伪指令声明该全局变量。

- 使用LDR指令读取该全局变量的内存地址，通常该全局变量的内存地址值存放在程序的数据缓冲区中。
- 根据该数据的类型，使用相应的LDR指令读取该全局变量的值，使用相应的STR指令修改该全局变量的值。

各数据类型及其对应的LDR/STR指令如下。

- 对于无符号的char类型的变量通过指令LDRB/STRB来读写。
- 对于无符号的short类型的变量通过指令LDRH/STRH来读写。
- 对于int类型的变量通过指令LDR/STR来读写。
- 对于有符号的char类型的变量通过指令LDRSB来读取。
- 对于有符号的char类型的变量通过指令STRB来写入。
- 对于有符号的short类型的变量通过指令LDRSH来读取。
- 对于有符号的short类型的变量通过指令STRH来写入。
- 对于小于8个字节的结构型变量，可以通过一条LDM/STM指令来读写整个变量。
- 对于结构型变量的数据成员，可以使用相应的LDR/STM指令来访问，这时必须知道该数据成员相对于结构型变量开始地址的偏移量。

下面是一个汇编程序访问C程序全局变量的具体例子：

```
        AREA global_exp，CODE，READONLY
        EXPORT    asmsub
        IMPORT    globv                ;声明全局变量
asmsub
LDR        r1，=globv                   ;将内存地址读入到r1中
LDR        r0，[r1]                     ;将数据读入到r0中
ADD        r0，r0，#2
STR        r0，[r1]                     ;修改后再将值赋给变量
MOVpc，lr
END
```

程序中，变量globv是在C程序中声明的全局变量，在汇编程序中首先使用IMPORT伪指令声明该变量，再将其内存地址读入到寄存器r1中，将其值读入到寄存器r0中，修改后再将寄存器r0的值赋给变量globv。

4.2.4　在汇编代码中调用C函数

汇编代码中调用C函数，关键是解决参数传递和函数返回问题。

1. 参数传递问题

如果所传递的参数少于四个，则直接使用R0～R3来进行传递，如果参数多于四个，则必须使用栈来传递多余的参数。

2. 函数返回问题

因为在编译C函数的时候，编译器会自动在函数入口的地方加上现场保护的代码(如部分寄存器入栈，返回地址入栈等)，在函数出口的地方加入现场恢复的代码(即出栈代码)。

下面来看汇编代码调用C函数中参数个数不同的两个例子。

【例1】　参数个数为四个

asm_test1.asm代码如下：

```
            IMPORT c_test1                          ;声明c_test1函数
            AREA TEST_ASM, CODE, READONLY           ;定义代码段TEST_ASM，属性只读
            EXPORT asm_test1
    asm_test1
            str lr, [sp, #-4]!                      ;保存当前lr
            ldr r0, =0x01                           ;第一个参数r0
            ldr r1, =0x02                           ;第二个参数r1
            ldr r2, =0x03                           ;第三个参数r2
            ldr r3, =0x04                           ;第四个参数r3
            bl c_test1                              ;调用C函数
            LDR pc, [sp], #4                        ;将lr装进pc，返回main函数
            END
```

c_test1.c代码如下：

```
    void c_test1(int a, int b, int c, int d)
    {
            printk("c_test1:\n");                   //输出结果到内核缓冲区
            printk("%0x %0x %0x %0x\n", a, b, c, d);
    }
```

main.c中的代码如下：

```
    int main()
    {
            asm_test1();                            //调用汇编程序
            for(;;);
    }
```

程序说明：

程序从main函数开始执行，main调用了asm_test1，asm_test1调用了c_test1，最后从asm_test1返回main。这里面有两个函数：一个是用ARM汇编语言写的arm_test1.asm程序；另一个是用C语言写的c_test1.c程序。其中汇编程序asm_test1.asm调用了C函数c_test1.c。这里的参数个数没有超过四个，所以只用了R0～R3四个寄存器进行传递。这里请注意asm_test1.asm中"asm_test1"标记下第一行代码，在调用c_test1之前必须把当前的lr保存到堆栈。在调用完c_test1之后再把刚才保存在堆栈中的lr写入到pc中去，这样才能返回到main函数中。

【例2】 参数个数大于四个

arm_test2.asm代码如下：

```
        IMPORT c_test2 ;声明c_test2函数
        AREA TEST_ASM, CODE, READONLY
        EXPORT arm_test2
arm_test2
        str lr, [sp, #-4]!              ;保存当前lr
        ldr r0, =0x01                   ;第一个参数r0
        ldr r1, =0x02                   ;第二个参数r1
        ldr r2, =0x03                   ;第三个参数r2
        ldr r3, =0x04                   ;第四个参数r3
        ldr r4, =0x08
        str r4, [sp, #-4]!              ;第八个参数，压入堆栈
        ldr r4, =0x07
        str r4, [sp, #-4]!              ;第七个参数，压入堆栈
        ldr r4, =0x06
        str r4, [sp, #-4]!              ;第六个参数，压入堆栈
        ldr r4, =0x05
        str r4, [sp, #-4]!              ;第五个参数，压入堆栈
        bl c_test2                      ;调用C函数
        add sp, sp, #4                  ;清除栈中第五个参数，执行完后sp指向第六个参数
        add sp, sp, #4                  ;清除栈中第六个参数，执行完后sp指向第七个参数
        add sp, sp, #4                  ;清除栈中第七个参数，执行完后sp指向第八个参数
        add sp, sp, #4                  ;清除栈中第八个参数，执行完后sp指向lr
        ldr pc, [sp],#4                 ;将lr装进pc，返回main函数
        END
```

c_test2.c代码如下：

```
void c_test2(int a, int b, int c, int d, int e, int f, int g, int h)
{
        printk("c_test2_lots:\n");              //输出结果到内核缓冲区
        printk("%0x %0x %0x %0x %0x %0x %0x %0x\n",
            a, b, c, d, e, f, g, h);
}
```

main.c代码如下：

```
int main()
{
    arm_test2();        //调用汇编程序
    for(;;);
}
```

程序说明：

这部分的代码和例1的代码大部分是相同的，主要区别在于参数的个数不同。这里的参数个数大于四个，需要使用堆栈来进行参数传递。第一个到第四个参数还是通过R0～R3四个寄存器进行传递的。第五个到第八个参数则是通过把其压入堆栈的方式进行传递，不过要注意第五个到第八个这四个入栈参数的入栈顺序，是以第八个参数、第七个参数、第六个参数、第五个参数的顺序入栈，出栈的顺序正好相反，依次为第五个参数、第六个参数、第七个参数、第八个参数。这里同样要注意调用汇编语言的开头保存好lr，以便在最后恢复pc，返回到main函数。

4.2.5　在C语言代码中调用汇编函数

C语言中调用汇编函数所涉及的关键点也是参数传递和函数返回问题。

1. 参数传递

在编译时，编译器将会对C函数的实参使用R0～R3进行传递(如果超过四个参数，则其余的参数使用栈进行传递)，因此汇编函数可以直接使用R0～R3寄存器进行计算。

2. 函数返回

由于汇编代码是不经过编译器处理的代码，所以现场保护和返回都必须由程序员自己完成。通常情况下现场保护代码就是将本函数内用到的R4～R12寄存器压栈保护，并且将R14寄存器压栈保护，汇编函数返回时将栈中保护的数据弹出。

假设要设计一汇编函数，完成两整数相减(假设必须用R7和R8寄存器完成)，并在C函数中调用。设计代码如下：

```
;汇编代码文件
;asses.S
EXPORT sub1                    ;声明该函数
… …
AREA Init，CODE，READONLY
ENTRY
… …
sub1
STMFD sp!，{r7-r8，lr}        ;保存现场
MOV R7，R0                    ;通过R0，R1寄存器传送参数
MOV R8，R1
SUB R7，R8
MOV R0，R7
LDMFD sp!，{r7-r8，pc}        ;返回
… …
END
//C文件
//main.c
```

```
int sub1(int，int)                    ;//函数声明
… …
int Main(   )
{
    int x=20，y=10;
    sub1(x，y) ;
}
… …
```

备注：其实在上面例子中可以不用保存LR寄存器，但是如果在此汇编函数中调用了其他函数，就必须保存LR寄存器了。

4.3　基于Linux的C语言编程

在ARM体系结构的程序设计中，多数的程序设计主要集中在高级语言程序设计部分。底层的部分(比如初始化、异常处理部分)一般用汇编语言来完成，其他的主要编程则一般采用C/C++语言。本书集中介绍的是基于Linux环境下的开发，采用的是C作为开发语言。所以下面主要对基于Linux下C语言开发做详细的介绍。

4.3.1　C语言编程概述

C语言最早是由贝尔实验室的Dennis Ritchie为了UNIX的辅助开发而编写的。尽管C语言不是专门针对UNIX操作系统或机器编写，但它与UNIX系统的关系十分紧密。它强大的功能和可移植性让它能在各种硬件平台上游刃自如。在嵌入式程序设计中，基于Linux平台的开发使用C语言作为主要开发语言是非常合适的，其原因主要是由C语言的特点决定的。

- C语言是"中级语言"。它把高级语言的基本结构和语句与低级语言的实用性结合起来。C语言可以像汇编语言一样访问硬件，对位、字节和地址进行操作。
- C语言功能齐全。C语言具有各种各样的数据类型，并引入了指针概念，使程序效率更高。C语言具有强大的图形功能，支持多种显示器和驱动器，而且计算功能、逻辑判断功能也比较强大。
- C语言是结构化的语言。C语言中多种循环、条件语句控制程序流向，从而使程序完全结构化。采用代码及数据分隔，使程序的各个部分除了必要的信息交流外彼此独立。
- C语言可移植性强。C语言适合多种操作系统，如DOS、Windows、Linux也适合多种体系结构，因此尤其适合在嵌入式领域的开发。

4.3.2　Linux下的C开发工具

Linux下的C语言程序设计与在其他环境中的C程序设计一样，主要涉及编辑器、编译链接器、调试器及项目管理工具。现在我们先对这四种工具进行简单介绍，后面会对其一一进行讲解。

1. 编辑器

Linux下的编辑器就如Windows下的记事本一样，主要完成对所录入文字的编辑功能。程序开发中主要用来编写代码。常用的编辑器主要是vi和gedit。

2. 编译链接器

编译是指源代码转化生成可执行代码的过程，它所完成的主要工作如图4-1所示。可见，编译过程非常复杂，它包括词法、语法和语义的分析、中间代码的生成和优化、符号表的管理和出错处理等。在Linux中，最常用的编译器是gcc编译器。它是GNU推出的功能强大、性能优越的多平台编译器，其执行效率比一般的编译器平均效率要高20%～30%。

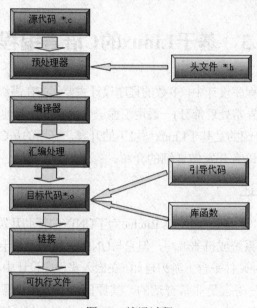

图4-1　编译过程

3. 调试器

调试器并不是代码执行的必备工具，而是专为程序员方便调试程序而用的。有编程经验的读者都知道，在编程的过程当中，往往调试所消耗的时间远远大于编写代码的时间。因此，有一个功能强大、使用方便的调试器是必不可少的。gdb是绝大多数Linux开发人员所使用的调试器，它可以方便地进行设置断点、单步跟踪等调试操作。

4. 项目管理器

Linux中的项目管理器"make"有些类似于Windows中Visual C++里的"工程"。它是一种控制编译或重复编译软件的工具。另外，它还能自动管理软件编译的内容、方式和时机，使程序员能够把精力集中在代码的编写上而不是在源代码的组织上。

4.3.3　vim编辑器

vim是"Visual Interface"的简称，其提供了执行输入、输出、删除、查找、替换、块操作等众多文本操作，用户还可以根据自己的需要对其进行定制。

注意：

本书采用vim作为代码编辑器，它是UNIX/Linux下最基本的文本编辑器，工作在字符模式下，由于不需要图形界面，使它成为效率很高的文本编辑器。尽管在Linux上也有很多图形界面的编辑器可用，但vim在系统和服务器管理应用中的功能是那些图形编辑器所无法比拟的，所以在本书也仅仅对vim的基础使用方法进行了较为详细的介绍，而对其他代码编辑器则仅仅进行概述。

1. vim的启动和退出

在Linux终端命令提示符下输入vim(或vim+文件名)，即可启动vim编辑器。如：

```
vim filename
```

或者

```
vim
```

按下Enter键后，Linux便会自动打开文件名为"filename"的文件的vim编辑界面，其初始界面如图4-2所示，也可以通过在Linux的图形界面下的相应操作来打开一个图形化的操作界面。

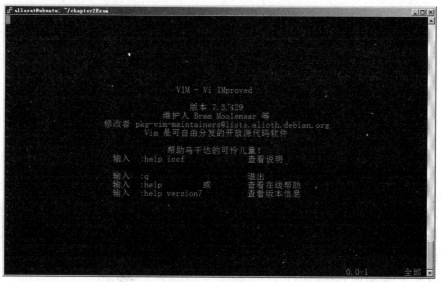

图4-2 vim的操作界面

当使用"vim+文件名"的命令来启动vim时，若进行编辑的是当前工作目录下已存在的文件，启动后即可看到该文件中的内容；若是当前目录下不存在的文件，则系统首先创建该文件，再使用vim进行编辑。

要退出vim，必须先按下Esc键回到vim的命令行工作模式(关于vim的工作模式请参考下一小节)，然后键入"："，此时光标会停留在最下面一行(底行模式)，再键入"q"，最后按下Enter键即可退出vim。

2. vim工作模式及其切换

vim拥有三种工作模式：命令行工作模式(command mode)、插入工作模式(input mode)与底行工作模式(last line mode)，对这三种工作模式下的功能描述如下：

- 命令行工作模式：也叫做"普通模式"，启动vim后默认进入此模式，在该模式下可以使用隐式命令(命令不显示)来实现光标的移动、复制、粘贴、删除等操作，但在该模式下，编辑器并不接受用户从键盘输入的任何字符来作为文档的编辑内容，也就是说并不能将C语言代码输入到文件。
- 插入工作模式：在该工作模式下，用户输入的任何字符都被认为是编辑到某一个文件的内容，并直接显示在vim的文本编辑区，在该模式下可以将C语言代码输入到文件。
- 底行工作模式：在该工作模式下，用户输入的任何字符串都会被当作命令，并在vim的最下面一行显示，按下Enter键后便会执行该命令，如果该字符串并不是一个有效的命令，则会出现错误提示。

使用vim编辑器，首先必须能够熟练掌握各种工作模式的用途以及各种工作模式间的切换，图4-3所示为vim三种工作模式间的切换方法。

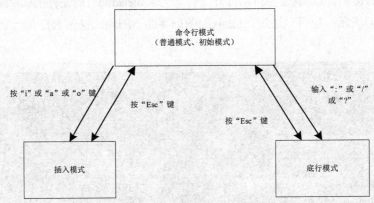

图4-3　vim三种工作模式间的切换方法

从图4-3中可以看出，命令行工作模式是vim编辑器的初始模式，从该模式下可以实现到任何模式的切换；而插入模式和底行模式之间不能相互切换，因为在插入模式下，任何输入的字符都被认为是编辑到某一个文件的内容，而不是命令；在底行模式下，任何输入的字符都被看做是底行命令(尽管可能是不合法的)，两者都必须先通过命令行模式才能进入对方，即需要先按下Esc键回到初始模式。

3. vim的命令行工作模式

vim在命令行工作模式下的主要操作是使用方向键或快捷键对当前光标进行定位以及使用相应的命令对当前文件中的文本进行诸如复制、删除、粘贴等基础编辑操作，对这些命令的说明如表4-2～表4-5所示。

注意：

命令行工作模式下的命令比较多，在此仅做简单介绍，用户在使用时也可以查阅帮助文档。

在命令行工作模式下，可以通过使用上、下、左、右四个方向键来移动光标的位置。但是在类似使用telnet远程登录等场合下就没法使用方向键，此时必须用命令行模式下的光标移动命令，这些命令对应的字符串和操作说明如表4-2所示。

表4-2　移动光标的常用命令

命　　令	操 作 说 明
h	向左移动光标
l	向右移动光标
j	向下移动光标
k	向上移动光标
^	将光标移动到该行的开头(指第一个非空字符上)
$	将光标移动到该行行尾，同键盘上的End键
0	将光标移动到该行行首，同键盘上的Home键
G	将光标移动到文档最后一行的开头(第一个非空字符)
nG	将光标移动到文档的第n行的开头(第一个非空字符)，n为正整数
w	光标向后移动一个字(单词)
nw	光标向后移动n个字(单词)，n为正整数
b	光标向前移动一个字(单词)
nb	光标向前移动n个字(单词)，n为正整数
e	将光标移动到本单词的最后一个字符。如果光标所在的位置为本单词的最后一个字符，则跳动到下一个单词的最后一个字符。".""，""#""/"等特殊字符都会被当成一个字
{	光标移动到前面的"{"处。这在使用vim进行C语言编程时很适用
}	同"{"的使用，将光标移动到后面的"}"处
Ctrl+b	向上翻一页，相当于Page Up
Ctrl+f	向下翻一页，相当于Page Down
Ctrl+u	向上移动半页
Ctrl+d	向下移动半页
Ctrl+e	向下翻一行
Ctrl+y	向上翻一行

复制、粘贴是在编辑文档时最常用的操作之一，可以大大节约用户重复输入的时间。vim命令行工作模式下常用的复制、粘贴命令对应的字符串和操作说明如表4-3所示。

表4-3　复制粘贴的常用命令

命　　令	操 作 说 明
yy	复制光标所在行的整行内容
yw	复制光标所在的单词的内容
nyy	复制从光标所在行开始向下的n行内容，n为正整数，表示复制的行数
nyw	复制从光标所在字开始向后的n个字，n为正整数，表示复制的字数
p	粘贴，将复制的内容粘贴在光标所在的位置

在vim编辑器中，可以一次删除一个字符，也可以一次删除多个字符或整行，vim命令行工作模式下常用的删除命令对应的字符串和操作说明如表4-4所示。

表4-4　删除文本的常用命令

命　　令	操 作 说 明
x	删除光标所在位置的字符，同键盘上的Delete键
X	删除光标所在位置的前一个字符
nx	删除光标所在位置及其后的n-1个字符，n为正整数
nX	删除光标所在位置及其前的n-1个字符，n为正整数
dw	删除光标所在位置的单词
ndw	删除光标所在位置及其后的n-1个单词，n为正整数
d0	删除当前行光标所在位置前的所有字符
d$	删除当前行光标所在位置后的所有字符
dd	删除光标所在行
ndd	删除光标所在行及其向下的n-1行，n为正整数
nd+上方向键	删除光标所在行及其向上的n行，n为正整数
nd+下方向键	删除光标所在行及其向下的n行，n为正整数

vim在命令行工作模式还提供了其他一些常用的命令，包括字符替换、撤销操作、符号匹配等，其对应的字符串和操作说明如表4-5所示。

表4-5　其他常用命令

命　　令	操 作 说 明
r	替换光标所在位置的字符，例如rx是指将光标所在位置的字符替换为x
R	替换光标所到之处的字符，直到按下Esc键为止
u	表示复原功能，即撤销上一次操作
U	取消对当前行所做的所有改变
.	重复执行上一次的命令
ZZ	保存文档后退出vim编辑器
%	符号匹配功能，在编辑时若输入"%("，系统会自动匹配相应的")"

4. vim的插入工作模式

在插入工作模式下，vim没有繁琐的命令，用户从键盘输入的任何有效字符都被看做是写进当前正在编辑的文件中的内容，并显示在vim的文本编辑区。也就是说，只有在插入模式下，才可以进行文字的输入操作。表4-6所示为从命令行模式切换至插入模式的几个常用命令，当为插入工作模式时，随时可以使用Esc键回到vim的命令行工作模式。

表4-6　命令行工作模式切换至插入工作模式的命令

命　　令	操 作 说 明
i	从光标所在的位置开始插入新的字符
I	从光标所在行的行首开始插入新的字符

(续表)

命　令	操　作　说　明
a	从光标所在位置的下一个字符开始插入新的输入字符
A	从光标所在行的行尾开始插入新的字符
o	新增加一行，并将光标移到下一行的开头开始插入字符
O	在当前行的上面新增加一行，并将光标移动到上一行的开头开始插入字符

5. vim的底行工作模式

vim的底行工作模式也被称为"最后行模式"，是指可以在界面最底部的一行输入控制操作命令，主要用来进行一些文字编辑的辅助功能，比如字串搜寻、替代、保存文件，以及退出vim等。

在命令行工作模式下输入冒号"："，或者使用"？"和"/"键，即可进入底行操作模式，底行工作模式下的常用命令对应的字符串和操作说明如表4-7所示。

表4-7　底行工作模式下的常用命令

命　令	操　作　说　明
q	退出vim程序，如果文件有过修改，则必须先保存文件
q!	强制退出vim而不保存文件
x	(exit)保存文件并退出vim
x!	强制保存文件并退出vim
w	(write)保存文件，但不退出vim
w!	对于只读文件，强制保存修改的内容，但不退出vim
wq	保存文件并退出vim，同x
E	在vim中创建新的文件，并可为文件命名
N	在本vim窗口中打开新的文件
w filename	另存为filename文件，不退出vim
w! filename	强制另存为filename文件，不退出vim
r filename	(read)读入filename指定的文件内容插入到光标位置
set nu	在vim的每行开头处显示行号
s/pattern1/pattern2/g	将光标当前行的字符串pattern1替换为pattern2
%s/pattern1/pattern2/g	将所有行的字符串pattern1替换为pattern2
g/pattern1/s//pattern2	将所有行的字符串pattern1替换为pattern2
num1,num2 s/pattern1/pattern2/g	将行num1到num2的字符串pattern1替换为pattern2
/	查找匹配字符串功能。用"/ 字符串"的命令模式，系统便会自动查找，并突出显示所有找到的字符串，然后转到找到的第一个字符串。如果想继续向下查找，可以按n键；向前继续查找则按N键
?	也可以使用"？ 字符串"查找特定字符串，它的使用与"/ 字符串"相似，但它是向前查找字符串

6. vim的应用步骤

使用vim编辑C语言源代码文件的基础应用操作步骤简单总结如下：

(1) 使用"vim+文件名"命令启动vim并且创建/打开一个C语言文件，此时vim位于命令工作模式。

(2) 使用"a"命令进入vim的插入工作模式。

(3) 在插入工作模式下对C语言源文件的内容进行编辑。

(4) 使用Esc键退出vim的插入工作模式，进入底行工作模式。

(5) 在底行工作模式下使用":+wq"命令保存并且退出vim。

4.3.4　gedit编辑器

除了vi之外，Linux下还有一个功能同样强大的编辑器gedit。它是一个在GNOME桌面环境下兼容UTF-8的文本编辑器。

gedit包含语法高亮和标签编辑多个文件的功能，对中文支持很好，支持包括GB2312、GBK在内的多种字符编码。利用GNOME VFS库，它还可以编辑远程文件。它支持完整的恢复和重做系统以及查找和替换功能，支持包括多语言拼写检查和一个灵活的插件系统，可以动态地添加新特性。例如snippets和外部程序的整合。另外，gedit还包括一些小特性，包括行号显示、括号匹配、文本自动换行等。

1. gedit的启动

gedit的启动方式有多种，可以从菜单启动，也可以从终端命令行启动。从菜单启动时，选择桌面顶部的"应用程序"|"附件"|"文本编辑器"命令即可打开；从终端启动，只需要输入以下代码：

```
$gedit
```

再按Enter键即可。

启动之后的主界面如图4-4所示。

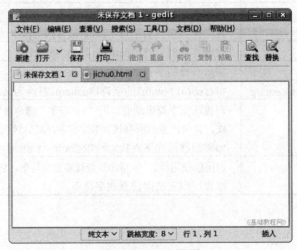

图4-4　gedit主界面

2. 窗口说明

读者可以看到gedit启动的界面和Windows中的"写字板"程序相似，窗口上有菜单栏、工具栏、编辑栏、状态栏等。

3. 常用的技巧

(1) 打开多个文件

要从命令行打开多个文件，请键入gedit file1.txt file2.txt file3.txt命令，然后按Enter键。

(2) 将命令的输出输送到文件中

例如，要将ls命令的输出输送到一个文本文件中，请键入ls | gedit，然后按Enter键。ls命令的输出就会显示在gedit窗口的一个新文件中。

(3) 更改突出显示模式以适用各种文件，方便操作

例如，更改以适应html文件的步骤为，依次选择菜单中的"查看" | "突出显示模式" | "标记语言" | "HTML"，即可以彩色模式查看html文件。

(4) 插件

gedit中有多种插件可以选用，这些插件极大地方便了用户处理代码，常用的包括以下几种。

- 文档统计信息：选择菜单栏中的"工具" | "统计文档"命令，出现"文档统计信息"对话框，里面显示了当前文件中的行数、单词数、字符数及字节数。
- 高亮显示：选择"视图" | "高亮"，然后选择需要高亮显示的文本。
- 插入日期/时间：选择"编辑" | "插入时间和日期"命令，则在文件中插入当前时间和日期。
- 跳到指定行：选择"查找" | "进入行"命令，之后输入需要定位的行数，即可跳到指定的行。

(5) 常用的快捷键

- Ctrl+Z：撤销
- Ctrl+C：复制
- Ctrl+V：粘贴
- Ctrl+T：缩进
- Ctrl+Q：退出
- Ctrl+S：保存
- Ctrl+R：替换

4.3.5 编译器gcc

编译器的作用是将用高级语言或者汇编语言编写的源代码翻译成处理器上等效的一系列操作命令。对嵌入式系统来说，其编译器数不胜数，其中gcc是非常优秀的编译工具。

最初，gcc只是一个C语言编译器，是GNU C Compiler 的英文缩写。随着众多自由开发者的加入和gcc自身的发展，如今的gcc已经是一个包含众多语言的编译器了。其中包括C、

C++、ADA、Object C和Java等。如今的gcc具有交叉编译器的功能。所谓交叉编译，即在一个平台下编译另一个平台的代码。

gcc编译器能将C、C++语言源程序、汇编语言源程序和目标程序编译连接成可执行文件，如果没有给出可执行文件的名字，gcc将生成一个名为a.out的文件。在Linux系统中，可执行文件没有统一的后缀。gcc通过后缀来区别输入文件的类别，下面我们来介绍gcc所遵循的部分约定规则，如表4-8所示。

表4-8　gcc支持的后缀名解释

后 缀 名	含 义
.c为后缀的文件	C语言源代码文件
.a为后缀的文件	由目标文件构成的档案库文件
.C、.cc或.cxx为后缀的文件	C++源代码文件
.h为后缀的文件	程序所包含的头文件
.i 为后缀的文件	已经预处理过的C源代码文件
.ii为后缀的文件	已经预处理过的C++源代码文件
.m为后缀的文件	Objective-C源代码文件
.o为后缀的文件	编译后的目标文件
.s为后缀的文件	汇编语言源代码文件
.S为后缀的文件	经过预编译的汇编语言源代码文件

1. 编译过程

虽然我们称gcc是C语言的编译器，但使用gcc由C语言源代码文件生成可执行文件的过程不仅仅是编译的过程，而是要经历四个相互关联的步骤：预处理(也称预编译，Preprocessing)、编译(Compilation)、汇编(Assembly)和链接(Linking)。

- 预处理(Preprocessing)：命令gcc首先调用cpp进行预处理，在预处理过程中，对源代码文件中的文件包含(include)、预编译语句(如宏定义define等)进行分析。
- 编译(Compilation)：接着调用cc进行编译，这个阶段根据输入文件生成以.o为后缀的目标文件。
- 汇编(Assembly)：汇编过程是针对汇编语言的步骤，调用as进行工作，一般来讲，.s为后缀的汇编语言源代码文件和汇编.s为后缀的汇编语言文件经过预编译和汇编之后都生成以.o为后缀的目标文件。
- 链接(Linking)：当所有的目标文件都生成之后，gcc就调用ld来完成最后的关键性工作，这个阶段就是链接。在链接阶段，所有的目标文件被安排在可执行程序中的恰当位置，同时，该程序所调用到的库函数也从各自所在的档案库中连到合适的地方。

2. 编译选项

gcc的使用语法如下。

```
gcc [ options ]    filenames …
```

其中options就是编译器所需要的参数，必须以"-"开始，而filenames给出相关的文件名称。在使用gcc的时候，必须给出必要的选项和文件名。gcc编译器的调用参数很多，我们不可能也没有必要全部记住。这里只介绍其中最基本、最常用的参数，如表4-9所示。

表4-9　gcc总体选项表

选　　项	对　应　语　言
-c	只编译，不链成为可执行文件，编译器只是由输入的.c等源代码文件生成.o为后缀的目标文件，通常用于编译不包含主程序的子程序文件
-o file	确定输出文件的名称为file，同时这个名称不能和源文件同名。如果不给出这个选项，gcc就给出预设的可执行文件a.out
-g	产生符号调试工具(GNU的gdb)所必要的符号信息，要想对源代码进行调试，就必须加入这个选项
-O	对程序进行优化编译、链接，采用这个选项，整个源代码会在编译、链接过程中进行优化处理，这样产生的可执行文件的执行效率可以提高，但是，编译、链接的速度就相应的要慢一些
-O2	比-O更好地优化编译、链接，当然整个编译、链接过程会更慢
-I dirname	将dirname所指出的目录加入到程序头文件目录列表中，是在预编译过程中使用的参数
-L dirname	将dirname所指出的目录加入到程序库文件目录列表中
-static	链接静态库
-E	只进行预编译，不做其他处理
- v	打印编译器内部编译各个过程的命令行信息和编译器版本
-S	只编译不汇编，生成汇编代码
-library	链接名为library的库文件
-Wall	指定产生全部的警告信息
-pipe	在编译过程的不同阶段间使用管道而非临时文件进行通信

下面通过一个具体的例子来介绍vi编辑器和gcc编译器的使用。

例：新建一个hello.c，并用gcc编译、执行，步骤如下。

(1) 在当前目录下的终端命令行输入以下命令。

```
$vi hello.c
```

即可进入vi空文档编辑界面，此时文档的名称为hello.c。

(2) 按键盘上的"i"键，进入编辑代码状态，这个时候输入以下程序。

```
#include <stdio.h>
int main(void)
{
  printf("\nHello，ARM!\n");
```

```
return 0;
}
```

(3) 输入完成之后，由于当前处于编辑状态，可以按Esc键进入命令行模式。在命令行模式下按住Shift+：组合键进入底行模式。这时编辑器左下角有冒号“：”提示符，就可以输入命令了。输入下面命令存盘退出。

```
：wq
```

(4) 返回终端命令行界面，利用gcc进入编译和链接，输入命令

```
$gcc hello.c –o hello
```

就可以生成hello可执行文件了。

(5) 执行程序，终端输入下面命令，观察输出结果，如图4-5所示。

```
$./hello
```

```
liufeng@liufeng-desktop:~$ ./hello

hello!ARM
liufeng@liufeng-desktop:~$
```

图4-5　hello程序的执行结果

3. 编译多个源文件

有时候一个源程序可以分成几个文件。这样既便于编辑，又便于理解，尤其是程序非常大的时候。这也使得对各部分进行独立编译成为可能。

下面的例子中我们将程序Hello ARM分割成三个文件：main.c、hello_fn.c和头文件hello.h。在先前的例子“hello.c”中，我们调用的是库函数printf，本例中我们用一个定义在文件“hello_fn.c”中的函数hello取代它。

下面是主程序“main.c”：

```
#include "hello.h"
main(void)
{
hello("Embedded Linux");
return 0;
}
```

主程序中包含有头文件“hello.h”，该头文件包含函数hello的声明。我们不需要在“main.c”文件中包含系统头文件“stdio.h”来声明函数printf，因为“main.c”没有直接调用printf。

文件“hello.h”中的声明只用了一行就指定了函数hello的原型。

```
void hello(const char * name)
```

函数hello的定义在文件“hello_fn.c”中：

```
#include <stdio.h>
#include "hello.h"
void hello (const char * name)
{
printf ("Hello，%s!\n"，name);
}
```

这里需要注意一点：语句"#include "FILE.h""与"#include <FILE.h>"是有区别的：前者在搜索系统头文件目录之前将先在当前目录中搜索文件"FILE.h"，后者只搜索系统头文件而不查看当前目录。

下面开始编译过程，这里gcc需要同时编译多个文件，所以使用下面的命令：

```
$ gcc -Wall main.c hello_fn.c -o newhello
```

本例中，我们使用选项-o为可执行文件指定了一个不同的名字newhello。注意到头文件"hello.h"并未在命令行中指定。源文件中的"#include "hello.h""指示符使得编译器自动将其包含到合适的位置。

要运行本程序，输入可执行文件的路径名：

```
$ ./newhello
Hello，Embedded Linux!
```

源程序各部分被编译为单一的可执行文件，它与我们先前的例子产生的结果相同。

4.3.6　调试器gdb

调试在接下来的工作中是不可避免的。许多Windows下的工具，像VC++自带的如设置断点、单步跟踪等，都受到了广大用户的赞赏。在Linux下，这个工具最常用的就是gdb。

gdb是GNU开源组织发布的一个强大的UNIX下的程序调试工具。有的人比较喜欢图形界面方式的，像VC、BCB等IDE的调试，但如果是在UNIX平台下做软件，gdb这个调试工具有比VC、BCB的图形化调试器更强大的功能。一般来说，gdb主要可以完成下面四个方面的功能。

- 启动程序，可以按照自定义的要求随心所欲地运行程序。
- 可让被调试的程序在所指定的设置的断点处停住(断点可以是条件表达式)。
- 当程序被停住时，可以检查此时程序中所发生的事。
- 动态地改变程序的执行环境。

1. 使用流程

首先看一个大家很熟悉的简单实例。在gedit中新建文件，输入以下代码，并保存为test.c。

```
#include <stdio.h>
int sum(int m);
int main()
{
```

```
        int i， n=0;
        sum(50);
        for(i=1; i<=50; i++)
          {
            n+= i;
          }
        printf("The sum of 1-50 is %d \n"，  n );
    }

    int sum(int m)
    {
            int i， n=0;
            for(i=1; i<=m;i++)
            n+= i;
            printf("The sum of 1-m is %d\n"，  n);
    }
```

在保存退出后首先使用gcc对test.c进行编译，注意一定要加上选项"-g"，这样编译出的可执行代码中才包含调试信息，否则之后gdb无法载入该可执行文件。

```
$gcc -g test.c -o test
```

这段程序没有错误，但我们仍然可以通过调试这个完全正确的程序来了解gdb的使用流程。

接下来启动gdb进行调试。注意，gdb调试的是可执行文件，而不是如".c"的源代码，因此，需要先通过gcc编译生成可执行文件，之后才能用gdb进行调试。

```
$gdb test
Copyright 2004 Free Software Foundation， Inc.
GDB is free software， covered by the GNU General Public License， and you are
welcome to change it and/or distribute copies of it under certain conditions.
Type "show copying" to see the conditions.
There is absolutely no warranty for GDB. Type "show warranty" for details.
This GDB was configured as "i386-redhat-linux-gnu"...Using host libthread_db
library "/lib/libthread_db.so.1".
(gdb)
```

接下来就进入了由"(gdb)"开头的命令行界面。

(1) 查看文件

在gdb中键入"1"(list)就可以查看所载入的文件，如下所示：

```
(gdb) l
1        #include <stdio.h>
2        int sum(int m);
3        int main()
```

```
4         {
5              int i, n=0;
6              sum(50);
7              for(i=1; i<=50; i++)
8               {
9                 n += i;
10              }
(Gdb) l
11             printf("The sum of 1~50 is %d \n",  n );
12
13        }
14    int sum(int m)
15        {
16             int i,  n=0;
17             for(i=1; i<=m;i++)
18                  n += i;
19             printf("The sum of 1~m is = %d\n",  n);
20         }
```

gdb列出的源代码中明确地给出了对应的行号，方便代码定位。

(2) 设置、查看断点

设置断点在调试程序中是一个非常重要的手段，它可以使程序到一定位置暂停它的运行。因此，程序员在该位置处可以方便地查看变量的值、堆栈情况等，从而找出代码的症结所在。

在gdb中设置断点非常简单，只需在"b"后加入对应的行号即可(这是最常用的方式，另外还可用其他方式设置断点)。

在设置完断点之后，可以键入"info b"查看设置断点的情况，在gdb中可以设置多个断点。

(3) 运行代码

gdb默认从首行开始运行代码，键入"r"(run)即可(若想从程序中的指定行开始运行，可在r后面加上行号)。

(4) 查看变量值

在程序停止运行之后，程序员所要做的工作是查看断点处的相关变量值。在gdb中键入"p变量值"即可。

(5) 单步运行

单步运行可以使用命令"n"(next)或"s"(step)，它们之间的区别在于：若有函数调用，"s"会进入该函数而"n"不会进入该函数。因此，"s"就类似于VC++等工具中的"step in"，"n"类似于VC++等工具中的"step over"。

(6) 恢复程序运行

在查看完所需变量及堆栈情况后，就可以使用命令"c"(continue)恢复程序的正常运行。这时，它会把剩余还未执行的程序执行完，并显示剩余程序中的执行结果。

2. 基本命令

gdb的命令可以通过help进行查找，由于gdb的命令很多，因此gdb的help将其分成了很多种类(class)，用户可以通过进一步查看相关class找到相应的命令。

gdb命令众多，这里只列出一些常用的命令供大家参考，个别读者如果有兴趣，可以查阅专门介绍的相关资料。

gdb常用的命令表如表4-10所示。

表4-10　gdb常用命令表

命　　令	含　　义
file	装入想要调试的可执行文件
kill	终止正在调试的程序
list	列出产生执行文件的源代码的一部分
next	执行一行源代码但不进入函数内部
step	执行一行源代码而且进入函数内部
run	执行当前被调试的程序
quit	终止gdb
watch	能监视一个变量的值，而不管它何时被改变
print	显示表达式的值
break	在代码中设置断点，这将使程序执行到这里时被挂起
make	不退出gdb就可以重新产生可执行文件
shell	不离开gdb就执行UNIX shell命令
q(uit)	退出GDB

4.3.7　项目管理器make

熟悉了gcc、gdb，就基本了解了Linux下如何使用编辑器编写代码，会用gcc把代码编译成可执行程序，也会使用gdb等调试程序对编译后的程序进行调试。接下来将介绍开发流程中非常重要的另外一步。尽管它不是必须的，但在大的复杂程序的开发中非常重要。这就是make项目管理器。

1. make作用

当写一个简单的程序，只有一到两个源文件的时候，输入：

```
gcc file1.c file2.c
```

此时只有两个文件需要编译，工作量似乎不是很大，但是如果有多个文件需要编译呢？一种方法就是使用目标文件，只在源文件有改变的情况下才重新编译源文件，因此可以采用这种方法：

```
gcc file1.o file2.o ... file40.c ...
```

上次编译后，file40.c发生了改变，但其他文件没有。这样做可以让编译过程快很多，但是也不能解决繁杂的输入问题。或者我们可以使用一个shell script来解决输入问题，但是也需要重新编译所有文件。其实可以把以上两种方法结合，写一种像shell script一样的东西。这种文件应该包含某种技巧，可以决定什么时候该对源文件进行编译。make就能实现这样的功能：它读入一个文件，叫做makefile，这个文件不仅决定了源文件之间的依赖关系，而且还决定了源文件什么时候该被编译，什么时候不应该被编译。

makefile通常和相关的源文件保存在同一个目录下，可以叫做makefile、Makefile或者MAKEFILE。大多数程序员会使用Makefile这个名字，因为这样可以让这个文件被放在目录列表的顶端，可以很容易地看见。

2. makefile使用

工具程序make是GNU提供的非常重要的软件开发工具之一，它的本质思想为：检查源代码和目标文件，以确定哪个源文件需要重新编译以创建新的目标文件。make假设所有改动过的源文件都比已经存在的目标文件新，目标文件的生成依赖于源文件，而它们之间的依赖关系通常都写入一个脚本文件中，这个脚本文件决定着目标文件如何被产生。

下面以一个例子来简单描述如何编写脚本文件以及如何使用make工具。

make从makefile(默认是当前目录下的名为"Makefile"的文件)中读取项目的描述。makefile指定了一系列目标(比如可执行文件)和依赖(比如对象文件和源文件)的编译规则，其格式如下：

```
target ... :prerequisites...
    command
    ...
```

对每一个目标，make检查其对应的依赖文件修改时间来确定该目标是否需要利用对应的命令重新建立。注意，makefile中命令行必须以单个的TAB字符进行缩进，不能是空格。

GNU make包含许多默认的规则(参考隐含规则)来简化makefile的构建。比如说，它们指定".o"文件可以通过编译".c"文件得到，可执行文件可以通过将".o"连接到一起获得。隐含规则通过被叫做make变量的东西指定，比如CC(C语言编译器)和CFLAGS(C程序的编译选项)。对C++，其等价的变量是CXX和CXXFLAGS，而变量CPPFLAGS则是编译预处理选项。

现在我们为上一节gcc中的项目写一个简单的makefile文件。

```
CC=gcc
CFLAGS=-Wall
hello: hello.o hello_fn.o
clean:
        rm -f hello hello.o hello_fn.o
```

该文件可以这样来读：使用C语言编译器gcc和编译选项"-Wall"，从对象文件"hello.o"和"hello_fn.o"生成目标可执行文件hello(文件"hello.o"和"hello_fn.o"通过隐含规则分别由"hello.c"和"hello_fn.c"生成)。目标clean没有依赖文件，它只是简单地移除所有编译生成的文件。rm命令的选项"-f"(force)抑制文件不存在时产生的错误消息。

要使用该makefile文件，输入make。不加参数调用make时，makefile文件中的第一个目标被建立，从而生成可执行文件"hello"，输入make命令：

```
$ make
```

将输出编译过程：

```
gcc -Wall -c -o hello.o hello.c
gcc -Wall -c -o hello_fn.o hello_fn.c
gcc hello.o hello_fn.o -o hello
```

最后我们执行编译生成的可执行文件，输入命令：

```
$ ./hello
Hello，Embedded Linux!
```

一个源文件被修改，要重新生成可执行文件，简单地再次输入make即可。通过检查目标文件和依赖文件的时间戳，程序make可识别哪些文件已经修改并依据对应的规则更新其对应的目标文件，例如先修改hello.c文件，输入命令：

```
$ vim hello.c (打开编辑器修改文件，也可以直接在gedit中修改)
```

然后执行make命令：

```
$ make
```

屏幕将输出：

```
gcc -Wall -c -o hello.o hello.c
gcc hello.o hello_fn.o -o hello
```

最后再次执行：

```
$ ./hello
Hello，Embedded Linux!
```

最后移除make生成的文件，输入make clean：

```
$ make clean
rm -f hello hello.o hello_fn.o
```

一个专业的makefile文件通常可以用于实现安装(make install)和测试(make check)等额外的目标。

本例中涉及的程序非常简单，以至于可以完全不需要makefile，但是大些的程序使用make则很有必要。

思考与练习

一、填空题

1. 在ARM/Thumb汇编语言程序中，程序是以_____的形式呈现的。程序段是具有特定名称的相对独立的指令或数据序列。程序段有两大类型：_____和_____。

2. 基于Linux下GCC的汇编语言，代码标号必须在一行的顶格，后面要加上_____，_____注释的内容可以在前面加上_____。

3. 在ARM的汇编程序中，伪指令种类繁多，可以细分为如下几种伪指令：_____、_____、_____和其他伪指令。

4. Linux下的嵌入式程序开发，主要需要的代码编辑器，如_____和_____，另外还需要编译器_____、调试器_____以及项目管理器_____。

5. vim编辑器基本上有三种基本状态，分别是_____、_____和_____。

6. 使用gcc编译文件生成可执行文件要经历四个相互关联的步骤：_____、_____、_____和_____。

二、选择题

1. 假如使用伪指令定义一个局部的数字变量，变量名为temp，然后给其赋值8，汇编代码为(　)。

    A. LCLA temp;temp SETA 0x08;　　　　B. LCLA temp;temp SETL 0x08;

    C. GBLA temp;temp SETA 0x08;　　　　D. GBLA temp;temp SETL 0x08;

2. 在vim处于命令行模式时，如果需要对文本进行修改，若在光标所在位置的下一个位置开始输入文字，则(　)。

    A. 按下字母"i"进入插入模式　　　　B. 按下字母"a"进入插入模式

    C. 按下字母"o"进入插入模式　　　　D. 按下字母"n"进入插入模式

3. 当前vim处于插入模式，现放弃对文本的修改，即不保存退出vim，则(　)。

    A. 使用"：q！"命令

    B. 使用"：wq！"命令

    C. 先按Esc键，再使用"：q！"命令

    D. 先按Esc键，再使用"：wq！"命令

4. 经过汇编之后，生成的目标文件的后缀名为(　)。

    A. .c　　　　　　　　　　　　　　　B. .s

    C. .o　　　　　　　　　　　　　　　D. .exe

5. 对代码文件code.c进行调试的命令为(　)。

    A. $gcc -g code.c -o code　　　　　　B. $gcc code.c -o code

    C. $gcc -g code.c code　　　　　　　D. $gcc -g code

三、简答题

1. 汇编语言与C的混合编程通常有几种方式，各有什么特点？

2. 如何使用调试器gdb进行代码调试，具体的调试方法有哪些？

3. 项目管理器的作用主要是什么？

第5章　软硬件开发环境

在前面的章节中，我们主要介绍了有关嵌入式的硬件架构和编程开发语言的基础理论知识。在掌握了前面的理论知识后，从本章开始，我们进入嵌入式开发的实践阶段。

首先，做嵌入式开发必须有一定的硬件和软件环境。在本章中，笔者将带领读者一步步地建立软硬件环境，为后面的开发做准备。由于本书是基于目前Linux中非常流行的优秀的桌面操作系统Ubuntu(12.04LTS版本)做嵌入式开发的，所以软件安装部分主要与Ubuntu有关。如读者使用其他的系统，可以参照本书介绍的安装方法进行安装。

本章的主要内容包括：硬件环境搭建，包括主机硬件环境、目标开发板的硬件环境以及开发板的驱动安装；软件环境搭建，包括Ubuntu系统的安装以及系统参数的配置；最后介绍有关程序文件刻录的内容，包括刻录程序的工具和其具体的使用方法。

本章重点：
- 目标开发板环境的搭建
- 开发板驱动程序的安装
- Ubuntu系统的安装
- 程序文件的刻录

5.1　硬件环境

嵌入式开发的硬件环境主要包括两个部分：主机硬件环境和目标开发板的硬件环境。硬件是软件执行的实物载体，软、硬件的稳定性最终决定了系统的可靠性。

5.1.1　主机硬件环境

在主机硬件配置方面，Linux对硬件的要求普遍不高，但由于Ubuntu安装后占用的硬盘空间大约为2GB~3GB，且随着系统的运行其对硬盘空间的要求也会逐渐增加；再加上Vmware虚拟机的安装，以及ARM-Linux开发软件，因此对于开发计算机的硬盘空间要求较大。配置要达到以下要求。

- CPU：高于奔腾1GHz，推荐酷睿i3以上的处理器。
- 内存：大于2GB，推荐使用4GB以上。
- 硬盘：大于10GB，推荐使用20GB以上。

5.1.2　目标板硬件环境

本书采用的硬件平台是基于三星
S3C2440的GT2440平台，其硬件实物外观
如图5-1所示。

S3C2440处理器是一款功能强大、功耗
极低的ARM9嵌入式CPU，主频400MHz(最
高可达533MHz)。GT2440平台的结构框图
如图5-2所示，目前市面上的S3C2440的开
发板大都基于该平台开发，尽管配置与芯
片的选用上稍有差别，但大体性能并没有
多大的改变。因此我们基于嵌入式ARM的
Linux开发，在该平台上几乎能够通用，并
不局限于某一种或者某一款型号的开发

图5-1　GT2440平台的实物示意

板。用户如果想在不同厂商的目标板上移植，只需修改有限的几个参数，就能很方便地实现，
这也正是嵌入式的优势之一。

GT2440平台的硬件的主要特性如下。

- 采用的CPU处理器是Samsung S3C2440 ARM9系列，其主频为400MHz，最高可达
  533MHz。
- 板载32bit数据总线的64M时钟频率为100MHz的SDRAM。
- 板载256M Nand Flash和2M Nor Flash，均为掉电非易失，且后者已经安装BIOS。
- 供电采用专业1.25V核心电压供电，能耗较低。

GT2440的接口和硬件资源说明如下，其对应实物的具体分布如图5-2所示。

- 提供了1个采用CS8900网络芯片的10M以太网RJ-45接口。
- 提供了3个串口，其中2个需要自行引出。
- 提供了1个USB Host接口和1个USB Slave B型接口。
- 提供了1个SD卡接口。
- 提供了1路麦克输入和1路立体音频输出接口。
- 提供了1个2.0mm间距20针标准JTAG接口。
- 提供了4个用户可编程发光二极管和4个用户可编程独立按键。
- 提供了1个PWM驱动蜂鸣器。
- 提供了1个用于A/D转换模块测试的可调电阻。
- 提供了1个I2C总线接口的E^2PROM芯片AT24C08。
- 提供了1个20pin摄像头接口。
- 提供了带板载电池的实时时钟。
- 提供了带电源开关和指示灯的12V电源接口。

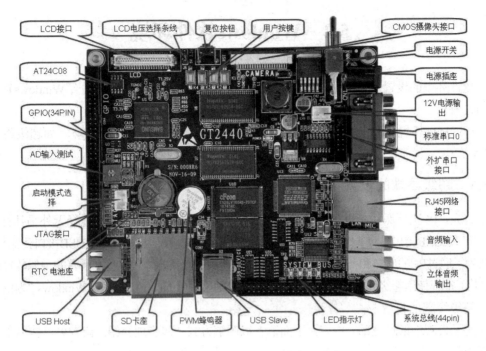

图5-2 GT2440的接口和硬件资源分布

GT2440目标板支持两种启动模式，一种是从Nand Flash启动，一种是从Nor Flash启动，可以使用跳线进行切换，在这两种启动模式下GT2440的存储器地址空间分布是不同的，如图5-3所示，其中左边是nGCS0片选的Nor Flash启动模式下存储器空间分布，而右边是Nand Flash启动模式下的存储分布。

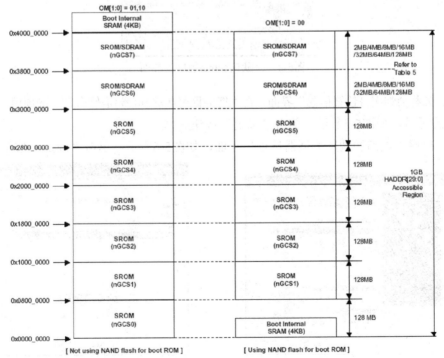

图5-3 GT2440的启动模式和存储器空间分布

5.2　Windows软件环境

软件环境的设置包括Windows环境设置和Linux环境设置。下面首先介绍Windows软件环境的设置。

Windows环境设置一般第一步是设置Windows下将要用到的软件环境。如超级终端、DNW等。

5.2.1　超级终端的设置

首先，PC需要跟目标板数据交互，这是开发最基本的。一般交互的途径无外乎几种，串口、并口、USB接口、网卡等。一般情况下我们使用串口交互信息，而使用USB接口传输数据。因此为了通过PC的串口和开发板进行交互，需要使用一个终端程序，基本所有的类似软件都可以使用，推荐使用超级终端(在Linux下面配置串口则采用Minicom)。这里以Windows 7为例着重介绍超级终端的设置。

为了直观地解说这部分内容，下面笔者以图解方式一步步地介绍。读者可以按以下步骤进行操作。

(1) 由于在Windows 7的附件中已经不自带超级终端了，所以用户需要从网络上自行下载超级终端程序，这是一个绿色程序，并不需要安装，直接运行即可。此时，会出现"默认Telnet程序"界面，询问是否将它设为默认的telnet程序，这里我们可以单击"否(N)"按钮，如图5-4所示。

图5-4　"默认Telnet程序"界面

(2) 接着会弹出"位置信息"界面，在"您的区号(或城市号)是什么？"选项填入读者所在地区的区号，如图5-5所示，单击"确定"按钮。

(3) 出现"电话和调制解调器选项"界面，如图5-6所示，单击"确定"按钮即可。

图5-5　"位置信息"界面

图5-6　"电话和调制解调器选项"界面

（4）出现"连接描述"界面，如图5-7所示，输入所定义的超级终端的名称，这里笔者输入的名称是"Linux"，选择好图标后，单击"确定"按钮即可。

（5）出现"连接到"界面，如图5-8所示，选择所连接的COMN，N代表用户连接的是PC的物理串口序号，由于笔者使用的是PC的COM1口，所以这里选择的是COM1，单击"确定"按钮。

图5-7　　"连接描述"界面

图5-8　　"连接到"界面

（6）出现"COM1属性"界面，如图5-9所示，这里"每秒位数"选择"115200"，"数据位"选择"8"，"奇偶校验"选择"无"，"停止位"选择"1"，"数据流控制"选择"无"，然后单击"确定"按钮。

注意：

在这一步中的数据流控制必须选择"无"，也就是无数据流控制，否则只能看到输出而看不到输入，另外波特率的值也必须是115200bps。

（7）接下来在出现的超级终端窗口，选择"文件"|"保存"命令，保存刚才设置的超级终端，如图5-10所示，以方便下次使用。这样就建立了一个超级终端。

图5-9　　"COM1属性"界面

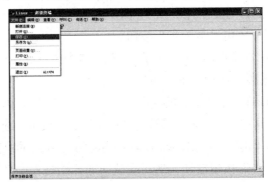

图5-10　　选择保存命令

下次使用时，可找到刚才保存的"Linux.ht"的选项，单击它即可使用超级终端。

5.2.2　DNW的设置

在嵌入式Linux开发中，DNW是一个经常使用到的工具，可以实现上传下载文件、刻录文件、运行映像等功能。它不是Windows自带的，而是一个开源工具。DNW使用它通过USB接口传送文件，速度远远(一般700kb/s)快于其他方式，目前最新版本是V0.60c，本书源文件中有该软件和对应的驱动，需要注意的是在windows 7下由于驱动签名没有注册，所以必须使得window 7进入测试模式才能成功安装驱动。

下面是图解安装DNW驱动的步骤。

(1) 首先打开超级终端，然后对开发板接上串口线和电源线，将GT2440开发板的跳线设置到Nor Flash一方，此时，在超级终端上，将会进入到u-boot的控制台下(说明：一定要进入到u-boot的控制台下，才能安装USB的下载驱动)，此时在超级终端上可以看到如图5-11所示的界面。

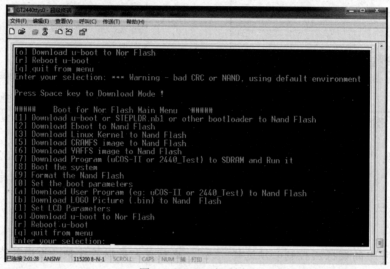

图5-11　u-boot控制台

(2) 此时接上USB电缆，Windows系统将会自动识别出新设备，出现类似如图5-12所示的提示，然后会弹出一个"找到新的硬件向导"的界面，选择"是，仅这一次"选项后，单击"下一步"按钮。

(3) 在出现的界面里选择"从列表或指定位置安装(高级)"选项，单击"下一步"按钮。

图5-12　"发现新硬件"提示

(4) 在"请选择您的搜索和安装选项。"界面中，选择"在这些位置上搜索最佳驱动程序"单选按钮，选择"在搜索中包括这个位置"复选框，并单击"浏览"按钮，如图5-13所示。定位驱动的位置后，单击"确定"按钮返回，再单击"下一步"按钮继续，然后安装向导开始搜索硬件设备，如图5-14所示。

(5) 稍后就会出现选择设备界面，选择"SEC SOC Test Board"设备后，单击"下一步"按钮。

(6) 此时会出现"所需文件"的界面。单击"确定"按钮后，出现驱动定位选择界面。然后单击"浏览"按钮来定位驱动程序，定位到"secbulk.sys"文件，单击"打开"按钮。返回到"所需文件"界面，单击"确定"按钮。

(7) 单击"完成"按钮之后，就可以完成USB下载驱动的安装了。

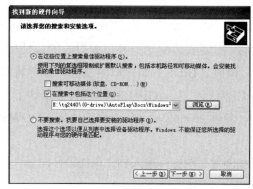

图5-13　选择搜索路径

图5-14　搜索硬件设备

安装完USB下载驱动后，打开DNW软件，就可以在DNW软件的顶上看到USB连接OK的字样"[USB:OK]"，如图5-15所示。同时可以在"设备管理器"看到刚刚安装的USB驱动，如图5-16所示。

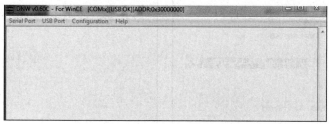

图5-15　DNW中USB安装成功提示

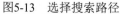

图5-16　"设备管理器"中USB下载驱动安装成功

此时就可以使用USB下载u-boot、操作系统和文件系统了。

DNW的运行界面如图5-15所示，如果驱动安装成功并且PC和开发板成功连接则会显示"USB:OK"，否则会显示"USB:x"。DNW具体设置步骤如下。

(1) 打开DNW软件，选择"Configuration"|"Options"命令，出现"UART/USB Options"对话框，如图5-17所示。

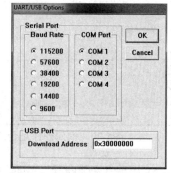

图5-17　"UART/USB Options"对话框

(2) 在图5-17所示的对话框中输入以下数据："Baud Rate"选择"115200"，"COM Port"选择"COM1"(根据PC机器的实际情况选择这个选项)，"USB Port"的Download Address填入"0x30000000"，然后单击"OK"按钮，即可完成DNW的设置。

5.2.3 设置GIVEIO驱动

当要使用JTAG软件SJF2440.exe刻录u-boot时，需要安装驱动把并口虚拟成IO口使用，这时候就需要GIVEIO驱动。安装GIVEIO之前，请确认BIOS下面并口的设置，推荐将其模式设置为SPP模式或EPP模式，不建议使用ECP模式。安装GIVEIO驱动的步骤如下。

(1) 找到本书源文件中提供的GIVEIO驱动，复制giveio.sys到系统盘的"WINDOWS\system32\drivers"目录下面。

(2) 打开PC的"控制面板"界面，双击"添加硬件"图标，进入到"添加硬件向导"界面，如图5-18所示，然后单击"下一步"按钮。

(3) 此时系统会自动搜索硬件，如图5-19所示，待完成搜索后，会进入到如图5-20所示的界面，选择"是，我已经连接了此硬件"单选按钮，然后单击"下一步"按钮。

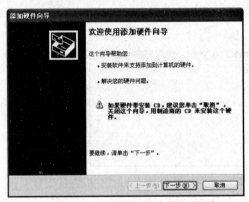

图5-18 "添加硬件向导"界面　　　　图5-19 "添加硬件向导"搜索界面

(4) 在下面出现的界面中，选择如图5-21所示的添加新的硬件设备，然后单击"下一步"按钮。

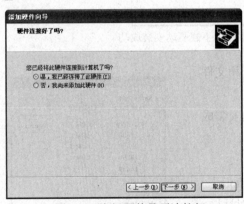
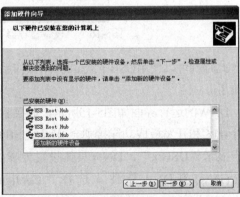

图5-20 询问硬件是否连接好　　　　图5-21 选择要添加的硬件设备

(5) 出现"安装向导"界面，如图5-22所示，选择"安装我手动从列表选择的硬件(高级)"选项，然后单击"下一步"按钮。

(6) 如图5-23所示，在硬件列表中选择"端口(COM和LPT)"选项，然后单击"下一步"按钮。

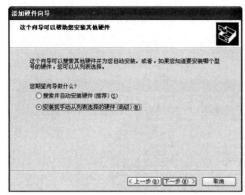
图5-22　安装我手动从列表选择的硬件

图5-23　选择要安装的硬件类型

(7) 在"从磁盘安装"界面中单击"从磁盘安装"按钮，如图5-24所示。

(8) 在"从磁盘安装"界面中单击"浏览"按钮。在打开的"查找文件"对话框中，定位到刚才的GIVEIO目录下面，找到"GIVEIO.inf"文件，单击"打开"按钮，如图5-25所示。然后回到"从磁盘安装"界面，单击"确定"按钮。

图5-24　选择从磁盘安装硬件

图5-25　"查找文件"对话框

(9) 回到设备驱动安装的界面，型号选择"giveio"设备后，单击"下一步"按钮，如图5-26所示。

(10) 出现"向导准备安装您的硬件"界面，如图5-27所示，单击"下一步"按钮。

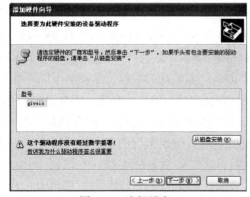
图5-26　选择设备

图5-27　向导准备安装硬件

(11) 然后出现驱动未经过微软认证的界面，如图5-28所示，单击"仍然继续"按钮。

(12) 单击"完成"按钮后就完成了设备驱动的安装。在"设备管理器"中用户可以看到新安装的驱动设备，如图5-29所示。

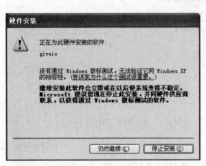

图5-28　驱动未经过微软认证的界面

图5-29　新安装的驱动设备

注意：

GIVEIO并没有64位的版本，在64位系统中可以直接使用32位的版本以及对应的驱动。

5.3　Linux软件环境

Windows系统只是我们整个开发环境建立的基础之一，下面将重点介绍Linux系统环境的搭建。Linux环境包括Linux系统在VMware上的安装、系统的配置以及常用的服务配置等。下面从Linux系统的安装开始。

由于一般计算机上装的是Windows系统，所以建立基于Linux嵌入式开发环境一般有以下三种方案可以选择。

- 一是在Windows系统下安装虚拟机VMware。VMware是一个"虚拟PC"软件。它使你可以在一台机器上同时运行两个或更多Windows、DOS、Linux系统。相比一般的"多启动"系统，VMware采用了完全不同的方式。一般的多启动系统在一个时刻只能运行一个系统，在系统切换时需要重新启动机器。而VMware是真正"同时"运行，多个操作系统在主系统的平台上，就像标准Windows应用程序那样切换。每个操作系统你都可以进行虚拟的分区、配置且不影响真实硬盘的数据，你甚至可以通过网卡将几台虚拟机用网卡连接为一个局域网，极其方便。但是，安装在VMware上的操作系统性能比直接安装在硬盘上的系统低不少。这种方案比较适合学习和测试。本书即采用这种方案，实际使用过程中发现完全可以满足学习的要求，因此推荐采用该方案。关于这种方案的安装方法，我们将在下一节具体介绍。
- 二是Windows系统和Linux系统同时安装。Windows+Linux双系统安装，即将Windows系统和Linux系统直接安装在硬盘上。特点是稳定性好，速度快。但是如果需要使用Windows系统下的软件，就要经常在两个系统之间进行切换，耗费大量的时间，所以这种方案不利于一些Windows上的软件的使用，一般不常使用。

● 三是基于Windows操作系统下的Cygwin。Cygwin是一个在Windows平台上运行的Linux模拟环境，是Cygnus Solutions公司开发的自由软件。它对于学习UNIX/Linux操作环境，或者从UNIX到Windows的应用程序移植，或者进行某些特殊的开发工作，尤其是使用GNU工具集在Windows上进行嵌入式系统开发非常有用。但是从经验上来说，Cygwin在调试一些比较复杂的程序时，偶尔有些莫名其妙的错误；而且Cygwin没有图形界面，所有的操作都必须在命令行下面进行，虽然这有利于熟悉Linux命令行，但是作为初学者，这并不利于快速掌握Linux的基本操作，而且它本身并没有必要一定在单调的命令行下操作，特别是我们后面学到的Qt系统的开发，在Cygwin中基本不能完好地表现。

下面我们将详细介绍方案一和方案二的安装过程。

5.3.1　Linux系统的VMware安装

对于Linux系统，本书采用的是Ubuntu系统。当然，读者也可以采用其他的系统。具体的安装步骤可参照这里Ubuntu的安装步骤。说到Ubuntu系统的安装，网络上存在多种多样的方法。有硬盘安装法、光盘安装法等，如果用户不要求安装双系统的话，那只需要到官方网站下载Ubuntu的安装镜像文件，然后刻录到光盘上，利用光盘安装就可以了，当然这对于初学者来说是很好的方法。前面已经提到，本书采用的是使用VMware虚拟机安装Ubuntu系统，这种方案有利于Linux系统与Windows系统之间的相互切换。对于初学者来说是一个不错的方法。

首先说一下安装的软件的版本，Ubuntu系统安装盘的版本为Ubuntu 12.04LTS版(目前最新的版本，读者也可使用其他版本，操作类似)，VMware Workstation 5.5(这个版本相对稳定，功能强大，能满足我们的要求，读者也可使用最新版)，运行环境为Windows XP Professional SP2。执行下面操作之前，确保计算机上已经成功安装了VMware Workstation软件。对于VMware Workstation的安装只要按照步骤，无需设置直接单击"下一步"按钮即可。在安装Ubuntu之前，首先是VMware虚拟环境的安装，即在虚拟机上建立了一个虚拟硬件环境，简称虚拟PC机。

1. PC虚拟机的安装

PC虚拟机的具体安装步骤如下。

(1) 打开VMware Workstation，选择"Home"标签，如图5-30所示，然后单击"New Virtual Machine"选项。

(2) 弹出如图5-31所示的"欢迎"界面，单击"下一步"按钮。

(3) 出现如图5-32所示的"类型选择"界面，有两个选项："Typical"和"Custom"。这里我们选择默认的"Typical"。单击"下一步"按钮。

(4) 进入系统选择界面，系统会弹出"新建虚拟机向导"界面，由于Ubuntu系统属于Linux的一个版本，所以我们直接选择第二项"Linux"，然后"Version"选项选择"Ubuntu"版本，如图5-33所示。单击"下一步"按钮。

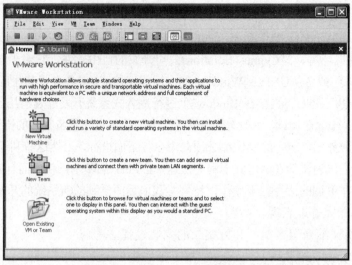

图5-30　VMware Workstation主界面

图5-31　"欢迎"界面

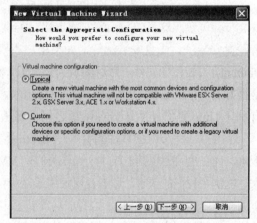

图5-32　"类型选择"界面

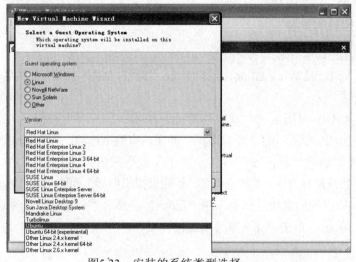

图5-33　安装的系统类型选择

(5) 在选择完成Ubuntu系统之后，系统会弹出提示对话框，包括虚拟机名称、位置的设定，这里需要着重说一下的就是虚拟机存放的位置，如图5-34所示。由于是在XP系统基础之上，为了确保能够顺利完成安装，建议用户事先准备一个有足够空间的空盘分区。单击"下一步"按钮。

(6) 进入网络类型设置。这里提供了四个选项，如图5-35所示，具体如下。

- Use bridged networking(使用桥接网络)。有一个外网固定的IP时，选择此选项，而且需要在系统(安装在虚拟机中的)中进行设置才能够连上网络，如设置IP地址、子网掩码、DNS、网关等，这些都设置成与宿主机(这里就是指运行虚拟机的PC机)相同即可。
- Use network address translation(使用DHCP上网)。当你是家庭的ADSL用户时可以选择此选项。这样虚拟机不需要任何设置就可以与宿主机共享网络，因为Ubuntu是默认开启DHCP服务的。
- Use host-only networking(使用host-only网络)。当准备把虚拟机和宿主机连成一个局域网时，选择此选项。

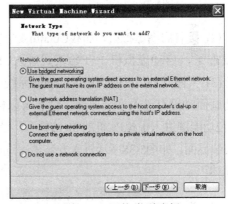

图5-34　虚拟机存放位置选择　　　　　　　图5-35　网络类型选择

- Do not use a network connection(不使用网络连接)。即不连接任何网络。

在这里，我们选择"Use bridged networking"，单击"下一步"按钮。

(7) 出现指定磁盘容量界面，如图5-36所示，即调整分配给系统的磁盘容量。默认是8GB，但因为系统运行时间长了之后，其虚拟硬盘容量(虚拟机中的硬盘是在宿主机上虚拟出来的)会越来越大，所以如果计算机磁盘空间足够，推荐设置为15GB以上。

此时虚拟PC机安装完毕。它是一个没装任何操作系统的"机器"。接下来开始在刚才所建立的虚拟PC机上安装Ubuntu系统。

2. Ubuntu系统的安装

Ubuntu系统的安装过程和其他系统的安装过程相似，具体步骤如下。

(1) 首先需要装载Ubuntu系统的安装文件。在主操作界面左侧的Favorites里会发现有一个"Ubuntu"，用鼠标选中"Ubuntu"。然后在Devices里面双击"CD-ROM"选项，会出现如图5-37所示的"CD-ROM device"界面。接着单击"Browse"按钮，定位到Ubuntu系统的镜像文件并选中。另外也可以采用光盘安装方式，这样就需要选中"Use physical drive"单选按钮，定位到光盘的位置即可。单击"OK"按钮，这样虚拟PC机环境下Ubuntu系统的安装文件即装载完毕。

图5-36　指定磁盘容量界面

图5-37　CD-ROM设备选择界面

(2) 接着启动虚拟机，加载Ubuntu安装文件进行系统安装。单击"Commands"下面的绿色按钮 ▷，启动虚拟机。开始正式进入Ubuntu系统的安装过程。

(3) 大概几秒后，便会进入Ubuntu系统的安装界面。这里注意的是，如果在加载VMware启动画面时没有进入安装界面，读者可以根据VMware启动画面下的提示，按键盘上的F2或者F12功能键进入虚拟PC机的BIOS界面，设置从光驱启动。如果一切顺利的话会进入Ubuntu的安装界面，如图5-38所示进入安装语言选择，默认状态下是"English"，这里我们选择"中文简体"。

图5-38　选择安装语言

(4) 进入如图5-39所示的操作选择界面，直接单击"安装Ubuntu"。

图5-39 操作选择

(5) 等待提取Linux系统文件，随后便会出现Ubuntu进度条页面，加载完Ubuntu系统页面之后，看到如图5-40所示的界面，第一步也是选择安装系统语言，选择中文安装，单击"前进"按钮。

(6) 接下来的是地区选择设置，如图5-41所示，默认就是中国上海，继续单击"前进"按钮。

(7) 在这之后会进入键盘种类选择设置界面，如图5-42所示，选择默认条件即可。随后便会进入磁盘分区界面。

图5-40 安装系统语言选择

图5-41 地区选择

(8) 这里我们提醒读者的是，如果是选择硬盘安装或者磁盘安装，磁盘分区则是整个安装过程中至关重要的一步，因为一旦安装过程中分区没有设置好的话，便有可能使整个硬盘数据丢失，且不可恢复，由于这里采用的是在虚拟机中安装Ubuntu，因此选择默认设置"使用整个磁盘"就可以了，如图5-43所示，单击"前进"按钮进入下一步。

图5-42　键盘种类选择设置界面

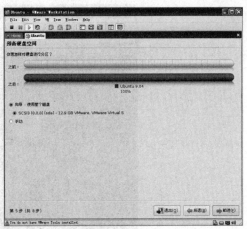

图5-43　磁盘分区界面

(9) 接下来就和安装Windows系统一样，要求我们输入用户名和密码，如图5-44所示。我们这里输入用户名为arm，密码为arm。单击"前进"按钮，会提示系统安装信息，准备开始安装，如图5-45所示。

图5-44　设置用户名和密码

图5-45　提示系统安装信息

(10) 单击"前进"按钮，系统开始安装，下面就是耐心等待，这是一个相对较为漫长的过程，如图5-46所示。在等待安装的过程中，如果计算机处于连网状态，Ubuntu系统在安装过程中将与Ubuntu官方网站进行通信连接，配置apt、下载安装语言包等工作。这个过程需要不少时间。用户可以选择跳过，尽快完成Ubuntu系统的安装，这不会影响初级用户的正常使用。

(11) 在系统安装完成后，会出现提示"重新启动计算机"对话框，这里提示的是重新启动VMware环境下的PC虚拟机，单击"重新启动"按钮即可完成Ubuntu系统的安装。

重新启动后，进入Ubuntu系统，其主界面如图5-47所示。下面就可以进入系统进行操作了，到此一个完整的Ubuntu系统就安装完毕了。这个时候它已经具备作为操作系统的基本功能，但是对于嵌入式开发来说，还需要安装一些与嵌入式相关的开发软件，并且进行一些配置服务。

图5-46 系统开始安装

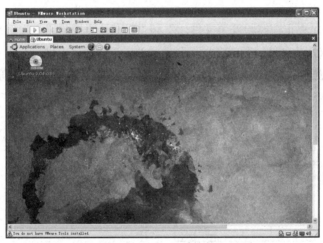

图5-47 Ubuntu系统的主界面

在Linux系统中，你会发现，它的操作方式和Windows下面的操作方式相似，都有两种方式可以选择：图形操作和命令行操作。Linux和Windows一样为用户提供了操作简单、界面友好的图形界面。Linux中的命令行操作需要进入系统的终端，选择桌面顶部的"Applications"|"附件"|"终端"命令就可以进入终端。在这里，终端命令行操作有点类似Windows系统下面的DOS操作。

5.3.2 Windows与Ubuntu双系统安装

上面介绍了如何利用虚拟机VMware在Windows环境下安装Ubuntu系统。前面我们已经介绍了第一种Linux系统的安装方案，下面将介绍第二种方案：Windows系统和Linux系统同时安装，组成双系统。具体的安装步骤如下。

(1) 首先要有Ubuntu系统盘。到Ubuntu的官方网站上下载最新的Ubuntu镜像文件(ISO)，刻录到光盘上，就完成了Ubuntu系统盘的制作。刻录好Ubuntu系统盘之后，我们就可以在

Windows 7环境下完成安装。

(2) 把安装盘放入光驱之后，会自动弹出安装对话框，如图5-48所示。有三个选项按钮"演示和完全安装"、"在Windows中安装"和"了解更多"。这里选择"在Windows中安装"，单击"在Windows中安装"按钮，出现如图5-49所示的提示。系统会自动找到一个空间较大的磁盘，按照上面默认提示即可，输入用户名和密码，单击"安装"按钮。

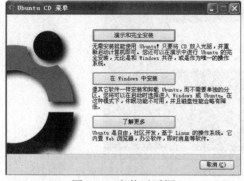
图5-48　安装对话框

图5-49　安装信息输入

(3) 这时会显示"正在校验安装文件…"和"正在计算校验码…"信息，如图5-50所示，表明系统正在获取安装文件。完成之后，会显示"正在创建虚拟硬盘"提示，如图5-51所示。

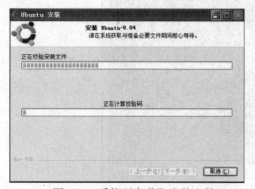
图5-50　系统正在获取安装文件

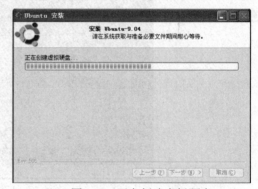
图5-51　正在创建虚拟硬盘

(4) 在创建完虚拟硬盘之后，会提示"需要重新启动计算机"，直接进入重启界面即可。注意的是，在开机的时候，需要进入BIOS页面，设置从光驱引导启动系统。接着进入Ubuntu系统的安装界面，下面就和本文前面在VMware上安装的一样，可参考前面进行设置，这里不再赘述。

到此，Ubuntu系统就在我们的计算机上完全安装成功了。但是如果读者安装的不是正式版，Ubuntu系统在默认情况下是并不安装NFS、FTP和TELNET等服务的，所以另外需要自己手动安装。由于Ubuntu系统提供了软件库，所以安装时只需在终端输入命令"apt-get install 软件名"，就能安装自己需要的软件，非常方便。

除了安装软件之外，Ubuntu系统还需要进行一些配置，比如网络配置等。下面我们详细介绍有关Ubuntu系统的服务配置，首先对系统进行网络服务配置。

5.3.3　Linux网络服务配置

Ubuntu的网络设置既可以通过命令行方式，也可以通过图形界面操作方式。下面我们通过图形界面操作方式来配置，具体步骤如下。

(1) 依次选择桌面顶部的"System"|"首选项"|"Network Connections"命令，如图5-52所示。打开"Network Connections"对话框，如图5-53所示。

图5-52　选择网络连接

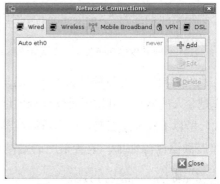

图5-53　Network Connections对话框

(2) 在"Wired"选项卡中，单击"Add"按钮，添加一个网络。

(3) 在出现的"Editing"对话框中，打开"IPV4 Settings"选项卡，在"Method"中选择"Manual"，单击右边的"Add"按钮。依次在"Addresses"中填入IP地址、掩码和网关。在"DNS Servers"中输入DNS解析服务器，如图5-54所示。具体可以参照Windows系统的设置。设置好之后单击"Apply"按钮。

这样Ubuntu的网络就设置好了。打开Firefox浏览器，输入网址，如能打开则表明网络设置成功，如图5-55所示。成功连接网络后，我们就可以升级系统的软件库，从而可以对网络文件系统服务进行有关的配置。

图5-54　添加一个新网络

图5-55　网络设置成功

5.3.4　配置NFS服务

NFS(Network File System)网络文件系统是Linux系统支持的文件系统中的一种,其允许一个系统在网络上与他人共享目录和文件;通过使用NFS,用户和程序可以像访问本地文件一样访问远端系统上的文件。

前面已经提到,Ubuntu系统默认情况下是没有NFS(网络文件系统)服务的,但是我们可以从它的软件库中找到对应的软件进行安装。接下来我们就介绍如何使用这个软件库。

第一次使用软件库需要连接网络进行软件列表的更新。具体方法如下。

选择桌面顶部的"Applications"|"附件"|"终端"命令,打开终端界面。输入如下命令。

```
$sudo apt-get update
```

系统将自行进行软件列表更新。这里更新需要花费一定的时间,具体跟几个因素相关,首先是个人的网络,其次就是软件源地址。因为一般情况下Ubuntu官方网站的用户访问数量庞大,所以下载速度很慢。这里可以推荐使用其他镜像源地址,比如许多高校、公司以及团体都提供镜像源地址。笔者采用的是网易的服务器。其镜像源地址如下。

```
deb http://mirrors.163.com/ubuntu/ intrepid main restricted universe multiverse
deb http://mirrors.163.com/ubuntu/ intrepid-security main restricted universe multiverse
deb http://mirrors.163.com/ubuntu/ intrepid-updates main restricted universe multiverse
deb http://mirrors.163.com/ubuntu/ intrepid-proposed main restricted universe multiverse
deb http://mirrors.163.com/ubuntu/ intrepid-backports main restricted universe multiverse
deb-src http://mirrors.163.com/ubuntu/ intrepid main restricted universe multiverse
deb-src http://mirrors.163.com/ubuntu/ intrepid-security main restricted universe multiverse
deb-src http://mirrors.163.com/ubuntu/ intrepid-updates main restricted universe multiverse
deb-src http://mirrors.163.com/ubuntu/ intrepid-proposed main restricted universe multiverse
deb-src http://mirrors.163.com/ubuntu/ intrepid-backports main restricted universe multiverse
```

如果想修改软件更新源地址,可以使用命令sudo gedit/etc/apt/sources.list,打开sources.list源文件,将以上源地址加入,然后再更新软件列表(sudo apt-get update)即可。

软件列表更新成功之后,进行相应的软件安装。首先,我们在终端输入如下命令。

```
$sudo apt-get install nfs-kernel-server
```

让我们来看一下这个命令:因为apt-get install的安装文件命令必须要以管理员的身份进行,所以前面有sudo这个前缀。这个前缀的作用是改变操作权限,也就是以管理员root的权限使用后面的命令。当然你也可以先使用命令su root将账户转换为root之后,再使用apt-get install nfs-kernel-server命令进行安装,效果是一样的。输入以下命令。

```
$su root
```

输入命令后,会提示输入密码。在Linux终端下输入密码时并不会像Windows那样显示星号,而是什么也不显示。初学者有时候会认为没有任何输入,其实为了安全这里的密码是不显示的。输入密码后,系统搜索软件库,同时将要安装的软件列出,然后请求确认,此时输入"y"并按Enter键，软件就开始下载并安装了，如图5-56和图5-57所示。

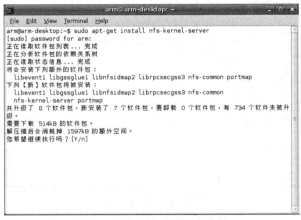

图5-56　进入管理员账户安装

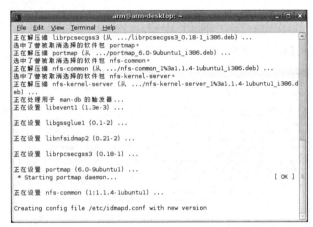

图5-57　软件进行安装

安装好文件后，进行NFS服务的设置。

首先修改NFS配置文件exports，命令如下。

$sudo gedit /etc/exports

注意，修改NFS配置文件也需要管理员权限。

在文件中添加NFS的目录，格式如下。

$ /arm/armnfs *(rw，sync，no_root_squash)

修改挂载点的属性。

$sudo chmod 777 /arm/armnfs

接下来重启NFS。

$sudo /etc/init.d/nfs-kernel-server restart

在本机上测试，使用"showmount -e"命令查看NFS设置，如图5-58所示。

图5-58　查看NFS设置

输入如下命令。

> $sudo mount 192.168.1.3：armnfs/armnfs /mnt

将本机的"rm/armnfs"挂载到"mnt"目录下，使用"ls"命令查看结果，如图5-59所示。

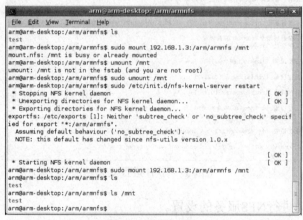

图5-59　挂载目录

5.3.5　配置FTP服务

安装FTP(文件传输协议)服务和安装NFS服务类似，在终端输入下面的命令。

> $sudo apt-get install vsftpd

系统从软件库中下载，并安装vsftpd，如图5-60所示。

> # ps -e | grep ftp　　　#查看是否启动

安装完毕后会自动生成一个账户"ftp"，/home下也会增加一个文件夹。
如果没有生成这个用户的话可以手动添加，命令如下。

> $sudo useradd -m ftp
> $sudo passwd ftp

图5-60　安装FTP服务

有"ftp"账户后还要更改权限，命令如下。

$sudo chmod 777 /home/ftp

查看FTP服务信息如图5-61所示。

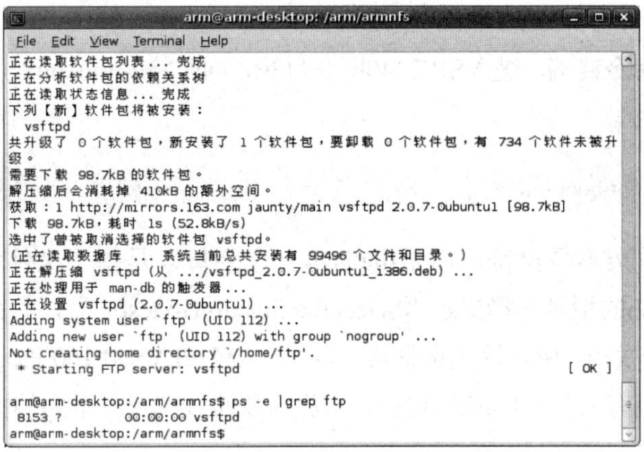

图5-61　查看FTP服务信息

5.4　刻录镜像文件

嵌入式开发的真正目的是能够将开发出来的程序"嵌入"到目标开发板中的Linux系统中。当我们在计算机上的虚拟机中开发出来的程序代码生成可执行文件的时候，这才只是完成了一半的开发工作。下一步我们需要将该可执行文件刻录到目标开发板中，并且"嵌入"到目标板的Linux系统中。一般开发板上运行的第一个程序是Bootloader，它有点类似于Windows中的BIOS。那么这个程序是怎么到开发板上的呢？

下面我们详细介绍一下如何进行文件的刻录，首先需要了解刻录的工具。

5.4.1　刻录工具

由于笔者使用的开发板硬件平台是基于三星S3C2440的GT2440平台的目标板，接下来我们就介绍一个三星公司开发的开源的刻录软件SJF2440。

SJF2440是由三星提供的用来刻录开发板Flash的工具程序。其主要特点如下。

- 只能在DOS命令行下运行，不支持图形界面。
- 文件较小，只有几十KB。
- 通过并口连接一个JTAG板。
- 功能强大，可以刻录K9F1208 Nand Flash、AMD29LV800BB Nor Flash等型号的Flash，在业界使用非常广泛。

由于SJF2440使用并口连接JTAG接口，因此在使用之前必须安装GIVEIO驱动程序。这一步我们在5.2.3节已经完成，因此可以直接使用。

5.4.2　使用方法

下面我们以刻录u-boot.bin镜像文件为例(bin文件是一种二进制文件格式，它能够在处理器中直接运行)，具体介绍SJF2440的使用方法。

首先打开DOS命令终端，进入SJF2440所在目录，同时将u-boot.bin与SJF2440放在同一目录下。输入以下命令。

```
sjf2440.exe /f:u-boot.bin
```

注意，命令中的/f不是盘符，而是file的第一个字母，是指"文件"的意思。

此时会出现Flash的型号选择提示"Select the function to test："，如图5-62所示。由于笔者采用的是ARM9开发板，所以这里选择第二项"2: AM29LV800/160 Prog"，输入数字"2"，然后按Enter键。这里有关各种Flash的选择，一般需要跳线选择，不同的板设置略有不同，但大同小异。

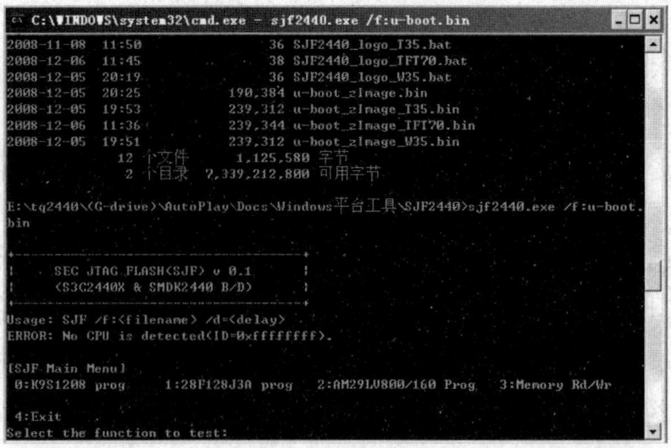

图5-62　刻录文件

接着会出现"Available Target Offset"提示，此时输入偏移地址"0"，即从块"0"开始进行刻录。接下来就是将u-boot.bin自动刻录到开发板上了，只需等待完成即可。刻录完成后，程序会自动退出或出现如图5-63所示的界面。

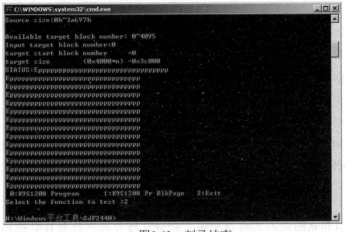

图5-63　刻录结束

此时输入数字"2"，然后按Enter键，程序将自动退出。到此，程序的刻录就完成了。

思考与练习

一、填空题

1. GT2440平台的开发板采用的处理器是_____，其主频一般为_____。

2. Windows软件环境的设置一般包括以下几个部分：超级终端的设置、_____、GIVEIO驱动的设置和_____。

3. 在Windows系统上建立基于Linux嵌入式开发环境一般有三种方案可以选择，它们分别是_____、_____和_____。

4. Ubuntu的网络设置可以采用_____方式，也可以采用_____方式来配置。

5. 开发板硬件平台是基于三星S3C2440的GT2440平台的目标板，使用的刻录软件为_____。

二、选择题

1. 为了通过PC的串口和开发板进行交互，需要使用(　　)。

    A. USB设置　　　　　　　　　　　　B. 同步

    C. 超级终端　　　　　　　　　　　　D. 网络连接

2. 在嵌入式Linux的开发中，能实现上传下载文件、刻录文件、运行映像等功能的工具是(　　)。

    A. DNS　　　　　　　　　　　　　　B. FTP

    C. Telnet　　　　　　　　　　　　　D. DNW

3. 由普通用户账户转为管理员账户登录，使用的命令为(　　)。

  A. $sudo root   B. $sudo administrator

  C. $su administrator   D. $su root

4. 安装FTP服务时，在终端输入的命令为(　　)。

  A. $ apt-get install vsftpd   B. $sudo apt-get install vsftpd

  C. $apt-get install ftp   D. $sudo apt-get install ftp

5. 安装Telnet服务时，在终端输入的命令为(　　)。

  A. $sudo apt-get install xinetd telnetd   B. $apt-get install xinetd telnetd

  C. $apt-get install telnetd   D. $sudo apt-get install telnetd

三、简答题

1. 建立基于Linux的嵌入式开发环境一般有几种方案？各有什么特点？

2. 试着将自己的Linux系统的软件列表进行更新。

3. 试着在自己的开发板上刻录一段程序，然后进行运行。

第6章 交叉编译工具

通过前面几个章节的学习，相信读者已经具有编写程序的基础了。编写出来的程序想要运行，之前必须经过编译环节。可能读者会对在传统Windows环境下用Visual Studio进行程序开发时的编译过程很熟悉，但是嵌入式系统中的编译过程却和它完全不同：前者有时称为本地编译，即在当前平台编译，编译得到的程序也是在本地执行；而后者称为交叉编译，即在一种平台上编译，并能够运行在另一种体系结构完全不同的平台上，比如需要在x86系列的处理器平台上编译出能运行在ARM架构的处理器平台上的程序。这里所需要编译工具，一般称为交叉编译工具，由于它由多个程序连接构成，所以又称为交叉编译工具链。它在不同平台的移植和嵌入式开发时非常有用。如果要得到在目标机上运行的程序，就必须使用交叉编译工具来完成。本章将详细介绍有关交叉工具的内容，包括交叉编译的工具链软件和交叉编译链的构建方法等。

本章重点：
- 交叉编译工具的概念
- 分步构建交叉编译工具
- 使用Crosstool编译

6.1　工具链软件

交叉开发工具链就是为了编译、链接、处理和调试跨平台体系结构的程序代码。每次执行工具链软件时，通过带有不同的参数，可以实现编译、链接、处理或者调试等不同的功能。从工具链的组成上来说，它一般由多个程序构成，分别对应着各个功能。

6.1.1　工具链组成

工具链由编译器、连接器、解释器和调试器组成。在x86的Linux主机上，交叉开发工具链除了能够编译生成在ARM、MIPS、PowerPC等硬件架构上运行的程序，还可以为X86平台上不同版本的Linux提供编译开发程序的功能。所以，可以通过在同一台Linux主机上使用交叉编译工具的方式来维护不同版本的x86目标机。当然，这里我们主要用于编译ARM硬件架构上的程序，这也是嵌入式开发经常使用的一种方式。

下面主要介绍Linux中经常使用的工具链软件：Binutils、GCC、Glibc和Gdb。其主要特点如下。

- Binutils是二进制程序处理工具，包括连接器、汇编器等目标程序处理的工具。
- GCC(GNU Compiler Collection)是编译器，不但能够支持C/C++语言的编译，而且能够支持Fortran Java ADA等编程语言。不过，一般不需要配置其他语言选项，也可以避免编译其他语言功能而导致的错误。对于C/C++语言的完整支持，需要支持Glibc库。
- Glibc是应用程序编程的函数库软件包，可以编译生成静态库和共享库，完整的GCC需要支持Glibc。
- Gdb是调试工具，可以读取可执行程序中的符号表，对程序进行源码调试。

通过这些软件包，可以生成gcc、g++、ar、as、ld等编译链接工具，还可以生成glibc库和gdb调试器。在生成交叉开发的工具链时，可以在文件名字上加一个前缀，用来区别本地的工具链，例如arm-linux-gcc，表示这个编译器用于编译在Linux系统下ARM目标平台上运行的程序。

6.1.2　构建工具链

在裁剪用于嵌入式系统的Linux内核时，由于嵌入式系统的存储大小有限，所以我们需要的链接工具也可根据嵌入式系统的特性进行制作，建立自己的交叉编译工具链。例如，有时为了减小Glibc库的大小，可以考虑用uclibc、dietlibc或者newlib库来代替Glibc库，这时就需要自己动手进行交叉编译工具链的构建。由于Linux交叉编译工具链使用和GNU一样的工具链，而GNU的工具和软件都是开放源码的，所以读者只需从GNU网站http://www.gnu.org或者镜像网站下载源码，根据需要进行裁剪，然后编译即可。当然，构建交叉编译工具链是一个相当复杂的过程，如果读者不想经历这一过程，可以在网上下载一些编译好的工具链。不过，为了学习的目的，建议读者自己动手制作一个交叉编译工具链。

构建交叉编译器的第一个步骤就是确定目标平台。在GNU系统中，每个目标平台都有一个明确的格式，这些信息用于在构建过程中识别要使用的不同工具的正确版本。因此，当在一个特定目标机下运行GCC时，GCC便在目录路径中查找包含该目标规范的应用程序路径。GNU的目标规范格式为CPU-PLATFORM-OS。例如，x86/i386目标机名为i686-pc-linux。本章主要讲述建立基于ARM平台的交叉工具链，所以目标平台名为arm-linux。通常构建交叉工具链有如下三种方法。

- 方法一：分步编译和安装交叉编译工具链所需要的库和源代码，最终生成交叉编译工具链。该方法相对比较难，适合想深入学习构建交叉工具链的读者。如果只是想使用交叉工具链，建议使用方法二构建交叉工具链。
- 方法二：通过Crosstool脚本工具来实现一次编译，生成交叉编译工具链，该方法相对于方法一要简单许多，并且出错的机会也非常少，建议大多数情况下使用该方法构建交叉编译工具链。

- 方法三：直接通过网上下载已经制作好的交叉编译工具链。该方法的优点不用多说，当然是简单省事，但与此同时该方法有一定的弊端，就是局限性太大，因为毕竟是别人构建好的，也就是固定的，没有灵活性，所以构建所用的库以及编译器的版本也许并不适合你要编译的程序，同时在使用时也会出现许多莫名其妙的错误，建议读者慎用此方法。

为了让读者真正学会交叉编译工具链的构建，下面重点介绍前两种构建ARM Linux交叉编译工具链的方法。

6.2 分步构建交叉编译链

首先，我们来学习分步构建交叉编译链的方法。分步构建就是一步一步地进行构建，与方法二采用Crosstool脚本工具构建不同的是，后者采用一次编译构建，通常花费时间少，准确性很高。这里我们详细介绍方法一，也是为了引领有兴趣的读者进一步深入学习如何构建交叉编译工具链。下面会详细介绍构建的每一个步骤，读者完全可以根据本节的内容自己独立实践，构建自己的交叉工具链。该过程所需的时间较长，希望读者有较强的耐心和毅力去学习和实践，通过实践读者更加可以清楚交叉编译器的构建过程以及各个工具包的作用。

6.2.1 准备工具

首先选好与所需要的Binutils、GCC、Glibc等组件相互匹配的版本。它们的版本匹配选择较为复杂，这些组件的维护与发行完全是各自独立的，不同的组件组合在一起，并不能保证其正常工作，版本之间可能存在冲突。通常一开始使用每个套件最新的稳定版本，如果无法建立，再尝试换成旧的版本。

除了这些组件，还需要Linux的内核，内核的版本与以上这些组件的关系不大，主要是在编译Glibc时，需要内核头文件的支持，所选用的内核最好与目标机系统的内核一致，以免在目标机运行程序的时候产生冲突。笔者编译工具链采用的资源如表6-1所示。

表6-1 编译工具链所需的资源列表

安 装 包	下 载 地 址	安 装 包	下 载 地 址
linux-2.6.15.tar.gz	ftp.kernel.org	glibc-2.3.2.tar.gz	ftp.gnu.org
binutils-2.16.tar.bz2	ftp.gnu.org	glibc-linuxthreads-2.3.2.tar.gz	ftp.gnu.org
gcc-4.1.0.tar.gz	ftp.gnu.org		

通过相关站点下载以上资源后，就可以开始建立交叉编译工具链了。

6.2.2 基本过程

分步构建交叉编译工具链一般分成六步，基本过程如图6-1所示。

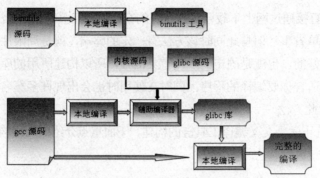

图6-1　交叉编译链编译的基本过程

主要步骤如下。

(1) 准备工作：下载好所需要的软件包、准备好内核头文件、组织好目录。

(2) 编译binutils：这个软件包的编译相对简单，一般容易实现。

(3) 编译辅助gcc编译器：对gcc进行简单配置后，编译gcc，使其不依赖glibc，只对C语言支持，为后面glibc的编译做准备。

(4) 编译glibc库：在这一步，首先对解压的内核头文件进行配置。在上一步的编译过程中，已经生成了arm-linux-gcc这个工具，利用这个工具去编译glibc库。

(5) 重新编译完整的gcc：完整的gcc的编译需要glibc库的支持，在第一步的时候glibc还没有被编译，所以只能简单配置，生成辅助的gcc。而在这一步，glibc库已经编译并可以使用了，所以，就可以对gcc进行完整的编译了。

(6) 编译gdb调试器：调试器与前面的那些软件包是相互独立的，所以放在最后编译。

6.2.3　详细步骤

分步构建交叉编译链的具体步骤如下。

1. 建立工作目录

首先建立工作目录，以存放所需要的文件，以利于对文件的分类和管理。创建目录使用mkdir命令进行。这里可根据需要选择目录名。以下所建立的目录是作者自定义的，由于当前的用户定义为arm，因此用户目录为/home/arm，在用户目录下首先建立一个工作目录(armlinux)，建立工作目录的命令行操作如下。

```
# cd /home/arm
# mkdir armlinux
```

再在这个工作目录armlinux下建立三个目录build-tools、kernel和tools。具体操作如下。

```
# cd armlinux
# mkdir build-tools kernel tools
```

其中各目录的作用如下。

● build-tools用来存放下载的binutils、gcc、glibc等源代码和用来编译这些源代码的目录。

- kernel用来存放内核源代码。
- tools用来存放编译好的交叉编译工具和库文件。

2. 建立环境变量

建立环境变量主要是将其定义为经常使用的路径，这是Linux系统命令中的一大优点。可利用环境变量直接代表路径，这样可以避免重复输入冗长的命令，简化输入过程，尤其可以降低输错路径的概率。下面用"PRJROOT"代表"/home/arm/armlinux"，"TARGET"代表"arm-linux"，"PREFIX"代表"/home/arm/armlinux/tools"，"TARGET_PREFIX"代表"/home/arm/armlinux/tools/arm-linux"，"PATH"代表在原有PATH变量之前添加路径"/home/arm/armlinux/tools/bin:"。

```
# export PRJROOT=/home/arm/armlinux
# export TARGET=arm-linux
# export PREFIX=$PRJROOT/tools
# export TARGET_PREFIX=$PREFIX/$TARGET
# export PATH=$PREFIX/bin:$PATH
```

这里需要注意的是，用export声明的变量是临时变量，当注销或更换控制台时，这些环境变量就不存在了。如果还需要使用这些环境变量就必须重复进行export设置。但是可以将环境变量定义在bashrc文件中，这样当注销或更换控制台时，这些变量就一直有效，就不用再重新设置了。

3. 编译、安装Binutils

Binutils是GNU工具之一，它包括连接器、汇编器和其他用于目标文件和档案的工具，它是二进制代码的处理维护工具。安装Binutils工具包含的程序有addr2line、ar、as、c++filt、gprof、ld、nm、objcopy、objdump、ranlib、readelf、size、strings、strip、libiberty、libbfd和libopcodes。对这些程序的简单解释如表6-2所示。

表6-2　Binutils工具集

程　序　名	解　　　释
addr2line	把程序地址转换为文件名和行号。在命令行中给它一个地址和一个可执行文件名，它就会使用这个可执行文件的调试信息指出在给出的地址上是哪个文件以及行号
ar	建立、修改、提取归档文件。归档文件是包含多个文件内容的一个大文件，其结构保证可以恢复原始文件内容
as	主要用来编译gcc输出的汇编文件，产生的目标文件由连接器ld连接
c++filt	连接器使用它来过滤C++和Java符号，防止重载函数冲突
gprof	显示程序调用段的各种数据
ld	是连接器，它把一些目标和归档文件结合在一起，重定位数据，并连接符号引用。通常，建立一个新编译程序的最后一步就是调用ld
nm	列出目标文件中的符号

(续表)

程　序　名	解　　释
objcopy	显示一个或者更多目标文件的信息。使用选项来控制其显示的信息，它所显示的信息通常只有编写编译工具的人才感兴趣
objdump	显示一个或者多个目标文件的信息。编写编译工具的用户使用该选项来控制其显示的目标文件的信息
ranlib	产生归档文件索引，并将其保存到这个归档文件中。在索引中列出了归档文件各成员所定义的可重分配目标文件
readelf	显示elf格式可执行文件的信息
size	列出目标文件每一段的大小以及总体的大小。默认情况下，对于每个目标文件或者一个归档文件中的每个模块只产生一行输出
strings	打印某个文件的可打印字符串，这些字符串最少4个字符长，也可以使用选项-n设置字符串的最小长度。默认情况下，它只打印目标文件初始化和可加载段中的可打印字符；对于其他类型的文件，它打印整个文件的可打印字符。这个程序对于了解非文本文件的内容很有帮助
libiberty	包含许多GNU程序都会用到的函数，这些程序有getopt、obstack、strerror、strtol和strtoul
libbfd	二进制文件描述库
libopcode	用来处理opcodes的库，在生成一些应用程序的时候也会用到它
strip	丢弃目标文件中的全部或者特定符号

　　Binutils工具安装依赖于Bash、Coreutils、Diffutils、GCC、Gettext、Glibc、Grep、Make、Perl、Sed、Texinfo等工具。

　　介绍完Binutils工具后，下面将分步介绍安装Binutils-2.16的过程。

　　首先解压Binutils-2.16.tar.bz2包，命令如下。

```
# cd $PRJROOT/build-tools
# tar –xjvf binutils-2.16.tar.bz2
```

　　接着配置Binutils工具，建议建立一个新的目录来存放配置和编译文件，这样可以使源文件和编译文件独立打开，具体操作如下。

```
# cd $PRJROOT/build-tools
# mkdir build-binutils
# cd build-binutils
# ../ binutils-2.16/configure --target=$TARGET --prefix=$PREFIX
```

　　其中选项--target的意思是指定生成的是arm-linux的工具，--prefix指出可执行文件安装的位置。执行上述操作会出现很多check信息，最后产生Makefile文件。接下来执行make和安装操作，命令如下。

```
# make
```

```
# make install
```

该编译过程较慢，一般需要数十分钟，具体视机器而定。安装完成后查看/home/arm/armlinux/tools/bin目录下的文件，如果结果如下，表明此时Binutils工具已经安装结束。

```
# ls $PREFIX/bin
arm-linux-addr2line      arm-linux-ld          arm-linux-ranlib      arm-linux-strip
arm-linux-ar             arm-linux-nm          arm-linux-readelf
arm-linux-as             arm-linux-objcopy     arm-linux-size
arm-linux-c++filt        arm-linux-objdump     arm-linux-strings
```

4．获得内核头文件

编译器需要通过系统内核的头文件来获得目标平台所支持的系统函数，调用所需要的信息。对于Linux内核，最好的方法是下载一个合适的内核，然后复制获得头文件。读者需要对内核做一个基本的配置来生成正确的头文件。对于本例中的目标arm-linux，需要以下两个步骤。

(1) 在kernel目录下解压linux-2.6.15.tar.gz内核包，执行命令如下。

```
# cd $PRJROOT/kernel
# tar –xvzf linux-2.6.15.tar.gz
```

(2) 配置编译内核使其生成正确的头文件，执行命令如下。

```
# cd linux-2.6.15
# make ARCH=arm CROSS_COMPILE=arm-linux- menuconfig
```

其中"ARCH=arm"表示以arm为体系结构，"CROSS_COMPILE=arm-linux-"表示是以arm-linux-为前缀的交叉编译器。也可以用config和xconfig来代替menuconfig，推荐用make menuconfig。在配置时要选择处理器的类型，因为S3C2440与S3C2410有很多相同之处，所以这里选择三星的S3C2410(System Type→ARM System Type→/Samsung S3C2410)，如图6-2所示。配置完退出并保存，检查内核目录中的include/linux/version.h和include/ linux/autoconf.h文件是不是生成了，这是编译glibc时要用到的，如果这两个文件存在，说明生成了正确的头文件。

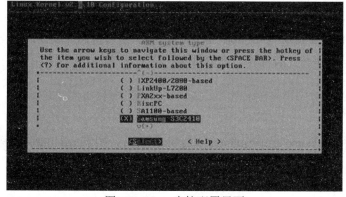

图6-2　Linux内核配置界面

复制头文件到交叉编译工具链的目录，首先需要在/home/arm/armlinux/tools/arm-linux目录下建立工具的头文件目录include，然后复制内核头文件到此目录下，具体操作如下。

```
# mkdir –p $TARGET_PREFIX/include
# cp –r $PRJROOT/kernel/linux-2.6.15/include/linux $TARGET_PREFIX/include
# cp –r $PRJROOT/kernel/linux-2.6.15/include/asm-arm $TARGET_PREFIX/include/asm
```

5. 编译安装boot-trap gcc

这一步主要是建立arm-linux-gcc工具，注意这个gcc没有glibc库的支持，所以只能用于编译内核、BootLoader等不需要C库支持的程序，后面创建C库也要用到这个编译器，所以创建它主要是为创建C库做准备。如果只想编译内核和BootLoader，安装完这个就可以到此结束。安装命令如下。

```
# cd $PRJROOT/build-tools
# tar –xvzf gcc-4.1.0.tar.gz
# mkdir build-gcc
# cd gcc-4.1.0
```

由于是第一次安装ARM交叉编译工具，没有支持glibc库的头文件，所以需要修改t-linux文件。用vi或者gedit打开文件。

```
# vi gcc/config/arm/t-linux
```

在gcc/config/arm/t-linux文件中给变量TARGET_LIBGCC2_CFLAGS增加操作参数选项-Dinhibit_libc和-D_gthr_ posix_h来屏蔽使用头文件，否则一般默认会使用/usr/include头文件。将TARGET_LIBGCC2-CFLAGS=-fomit-frame-pointer -fPIC改为TARGET_LIBGCC2-CFLAGS=-fomit-frame-pointer -fPIC -Dinhibit_libc -D_gthr_posix_h。

修改完t-linux文件后保存，紧接着执行配置操作，命令如下。

```
# cd build-gcc
# ../ build-gcc /configure --target=$TARGET --prefix=$PREFIX --enable-languages=c
--disable-threads --disable-shared
```

其中"--enable-languages=c"表示只支持C语言，"--disable-threads"表示去掉thread功能，这个功能需要glibc的支持。"--disable-shared"表示只进行静态库编译，不支持共享库编译。

接下来执行编译和安装操作，命令如下。

```
# make
# make install
```

安装完成后，在/home/arm/armlinux/tools/bin下查看，如果arm-linux-gcc等工具已经生成，表示boot-trap gcc工具已经安装成功。

6. 建立glibc库

glibc是GUN C库，它是编译Linux系统程序很重要的组成部分。安装glibc-2.3.2版本之前推荐先安装以下工具。

- GNU make 3.79或更新。
- GCC 3.2或更新。
- GNU binutils 2.13或更新。

首先解压glibc-2.3.2.tar.gz和glibc-linuxthreads-2.3.2.tar.gz源代码，操作如下。

```
# cd $PRJROOT/build-tools
# tar -xvzf glibc-2.3.2.tar.gz
# tar -xzvf glibc-linuxthreads-2.3.2.tar.gz --directory=glibc-2.3.2
```

然后进行编译配置，glibc-2.3.2配置前必须新建一个编译目录，否则在glibc-2.3.2目录下不允许进行配置操作，此处在$PRJROOT/build-tools目录下建立名为build-glibc的目录，配置操作如下。

```
# cd $PRJROOT/build-tools
# mkdir build-glibc
# cd build-glibc
# CC=arm-linux-gcc ../glibc-2.3.2/configure --host=$TARGET --prefix="/usr"
--enable-add-ons --with-headers=$TARGET_PREFIX/include
```

其中"CC=arm-linux-gcc"是把CC(Cross Compiler)变量设成刚编译完的gcc，用它来编译glibc。"--prefix="/usr""定义了一个目录，用于安装一些与目标机器无关的数据文件，默认情况下是/usr/local目录。"--enable-add-ons"告诉glibc用linuxthreads包，在上面已经将它放入glibc源代码目录中，这个选项等价于"-enable-add-ons=linuxthreads"。"--with-headers"告诉glibc linux内核头文件的目录位置。

配置完后就可以编译和安装glibc了，具体操作如下。

```
# make
# make install
```

7. 编译安装完整的gcc

由于第一次安装的gcc没有交叉glibc的支持，现在已经安装了glibc，所以需要重新编译来支持交叉glibc。并且上面的gcc也只支持C语言，现在可以让它同时支持C语言和C++语言。具体操作如下。

```
# cd $PRJROOT/build-tools/gcc-4.1.0
# ./configure --target=arm-linux --enable-languages=c，c++ --prefix=$PREFIX
# make
# make install
```

安装完成后会发现在$PREFIX/bin目录下又多了arm-linux-g++、arm-linux-c++等文件。

```
# ls $PREFIX/bin
arm-linux-addr2line        arm-linux-g77          arm-linux-gnatbind      arm-linux-ranlib
arm-linux-ar               arm-linux-gcc          arm-linux-jcf-dump      arm-linux-readelf
arm-linux-as               arm-linux-gcc-4.1.0    arm-linux-jv-scan       arm-linux-size
arm-linux-c++              arm-linux-gccbug       arm-linux-ld             arm-linux-strings
arm-linux-c++filt          arm-linux-gcj          arm-linux-nm            arm-linux-strip
arm-linux-cpp              arm-linux-gcjh         arm-linux-objcopy       grepjar
arm-linux-g++              arm-linux-gcov         rm-linux-objdump        jar
```

8. 制作交叉调试器

交叉调试器不是工具链的必须工具，但是它与工具链配套使用，gdb的调试能力和BUG修正也因为版本的不同而不同，建议尽量使用最新的版本，这样可以避免后面编译过程中出现BUG。本文选择了gdb-6.5。

```
#tar –jxf gdb-6.5.tar.bz2
#mkdir build-gdb
# cd build-gdb
#../gdb-6.5/configure \
>--target=arm-linux \
>--prefix=/home/arm/crosstool/toolchain
```

9. 测试交叉编译工具链

到此为止，已经介绍完了如何用分步构建的方法建立交叉编译工具链。下面通过一个简单的程序测试刚刚建立的交叉编译工具链，看是否能够正常工作。写一个最简单的例子hello.c源文件，代码如下。

```
#include <stdio.h>
int main()
{
    printf("Hello，world!\n");
    return 0;
}
```

通过以下命令进行编译，编译后生成名为hello的可执行文件，通过file命令可以查看文件的类型。当显示以下信息时表明交叉工具链正常安装了，通过编译生成ARM体系可执行的文件。注意，通过该交叉编译链编译的可执行文件只能在ARM体系下执行，不能在基于x86的普通PC上执行。

```
# arm-linux-gcc –o hello hello.c
# file hello
hello: ELF 32-bit LSB executable，  ARM，  version 1 (ARM)，  for GNU/Linux 2.4.3，
dynamically linked (uses shared libs)，  not stripped
```

上面介绍了有关分步构建交叉编译链的具体步骤，可以看出过程比较复杂。下面介绍如何通过Crosstool脚本工具实现一次编译，生成交叉编译工具链。该方法相对于上面的分步构建方法要简单得多，并且出错的机会也非常少，建议大多数情况下使用。

6.3　用Crosstool工具构建交叉工具链

Crosstool是由美国人Dan Kegel开发的一套可以自动编译不同匹配版本的gcc和glibc，并作测试的脚本程序。它也是一个开源项目，下载地址是http://kegel.com/crosstool。用Crosstool构建交叉工具链要比上述的分步编译容易得多，并且也方便许多。用Crosstool生成交叉编译工具遇到的问题比手动编译出的问题少，但是需要一定的Shell脚本知识来修改bash shell文件。对于仅仅为了工作需要构建交叉编译工具链的读者，建议使用此方法。

6.3.1　准备工具

首先给出需要的资源列表，如表6-3所示。读者可到指定的下载地址下载需要的工具包。

表6-3　Crosstool所需资源

安　装　包	下　载　地　址
crosstool-0.43.tar.gz	http://kegel.com/crosstool
linux-2.6.15.tar.gz	ftp.kernel.org
binutils-2.16.tar.bz2	ftp.gnu.org
gcc-4.1.0.tar.gz	ftp.gnu.org
glibc-2.3.2.tar.gz	ftp.gnu.org
glibc-linuxthreads-2.3.2.tar.gz	ftp.gnu.org
linux-libc-headers-2.6.12.0.tar.bz2	ftp.gnu.org

从网上下载所需资源文件linux-2.6.15.tar.gz、binutils-2.16.tar.bz2. gcc-4.1.0.tar.gz、linux-libc-headers-2.6.12.0.tar.bz2、glibc-linuxthreads-2.3.2.tar.gz和glibc-2.3.2.tar.gz，然后将这些工具包文件放在新建的/home/arm/downloads目录下，最后在/home/arm目录下解压crosstool-0.43.tar.gz，命令如下。

```
# cd /home/arm
# tar –xvzf crosstool-0.43.tar.gz
```

6.3.2　基本过程

使用Crosstool构建交叉编译工具链的制作过程和上一节中分步构建过程的原理相似，由于Crosstool是以shell的形式编译的，所以只需要以下几步：建立脚本文件、建立配置文件、执行脚本文件。主要步骤如下。

(1) 准备工作：下载好所需要的软件包、准备好内核头文件、组织好目录。

(2) 建立脚本文件：修改针对ARM9架构的脚本文件。

(3) 建立配置文件：主要用于定义配置文件、定义生成编译工具链的名称以及定义编译选项等。

(4) 执行脚本文件：执行建立好的脚本文件，编译交叉编译工具。

(5) 添加环境变量：将生成的编译工具链接路径添加到上一节中介绍到的环境变量PATH上去。

6.3.3 详细步骤

用Crosstool工具构建交叉工具链的详细步骤如下。

1. 建立脚本文件

现在开始分析，因为我们的开发板是基于arm9架构的，所以要创建的是ARM9TDMI的arm-linux-gcc，对应的shell模板就应该是demo-arm9tdmi.sh。修改demo-arm9tdmi.sh文件：

```
gedit demo-arm9tdmi.sh
```

修改后的demo-arm9tdmi.sh脚本的内容如下。

```
#!/bin/sh
# This script has one line for each known working toolchain
# for this architecture. Uncomment the one you want.
# Generated by generate-demo.pl from buildlogs/all.dats.txt

set –ex
TARBALLS_DIR=$HOME/downloads
RESULT_TOP=/opt/crosstool
export TARBALLS_DIR RESULT_TOP
GCC_LANGUAGES="c，c++"
export GCC_LANGUAGES

# Really，you should do the mkdir before running this，
# and chown /opt/crosstool to yourself so you don't need to run as root.
mkdir -p $RESULT_TOP

#eval 'cat arm9tdmi.dat gcc-3.2.3-glibc-2.2.5.dat' sh all.sh –notest
#eval 'cat arm9tdmi.dat gcc-3.2.3-glibc-2.3.2.dat' sh all.sh –notest
…
#eval 'cat arm9tdmi.dat gcc-4.1.0-glibc-2.3.2.dat' sh all.sh –notest
eval 'cat arm9tdmi.dat gcc-4.1.0-glibc-2.3.2-tls.dat' sh all.sh –notest

echo Done.
```

注意，其中斜体部分就是我们修改的内容。TARBALLS_DIR指定源码的路径，否则Crosstool在制作交叉编译工具时会自己使用wget下载制作过程中所需要的"材料"，并将下载的这些"材料"放在这个目录下。它使用了一个环境变量$HOME，因为Crosstool限制在root

权限下不能执行，笔者使用的用户名是arm，对应的文件夹应为/home/arm。因为使用wget下载速度慢，加上笔者的虚拟机没有连接网络，所以，我们应该在Windows下使用下载工具事先下载这些"材料"。

```
RESULT_TOP=/opt/crosstool:
# Really，you should do the mkdir before running this,
# and chown /opt/crosstool to yourself so you don't need to run as root.
```

这个是最后的交叉工具的目的地址，需要注意的是，这里要求先在root权限下创建/opt/crosstool，作为crosstool的"工作目录"。然后将这个目录的所有者变更给arm，命令如下。

```
su
mkdir /opt/crosstool
chown arm !$        # (!$代表前一个命令最后的参数，这里相当于chown arm /opt/crosstool)
su arm
```

另外就是：

```
eval 'cat arm9tdmi.dat gcc-4.1.0-glibc-2.3.2-tls.dat' sh all.sh --notest:
```

以上都注释掉了，当然也可以选择你所希望的gcc+glibc组合。下面分析arm9tdmi.dat、gcc-4.1.0-glibc-2.3.2-tls.dat和all.sh这几个文件。

2．建立配置文件

在demo-arm9tdmi.sh脚本文件中需要注意demo-arm9tdmi.dat和gcc-4.1.0-glibc-2.3.2.dat两个文件，这两个文件作为Crosstool编译的配置文件。其中demo-arm9tdmi.dat文件的内容如下，主要用于定义配置文件、定义生成编译工具链的名称以及定义编译选项等。

首先打开arm9tdmi.dat。

```
gdeit arm9tdmi.dat
```

然后编辑(注意斜体表示)。

```
KERNELCONFIG=`pwd`/arm.config   # 内核的配置
TARGET=arm-linux-               # 编译生成的工具链名称
GCC_EXTRA_CONFIG="--with-cpu=arm9tdmi --enable-cxx-flags=-mcpu=arm9tdmi"
TARGET_CFLAGS="-O"              # 编译选项
```

TARGET=arm-9tdmi-linux-gnu是目标，我们经常看到arm-linux-gcc或其他交叉编译工具的名称，实际上都是通过这个控制的，按大多数人的习惯，我们将这个改成"TARGET=arm-linux"。

gcc-4.1.0-glibc-2.3.2-tls.dat的文件内容如下，该文件主要定义编译过程中所需要的库以及它定义的版本，如果在编译过程中发现有些库不存在，Crosstool会自动在相关网站上下载，该工具在这点上相对比较智能，也非常有用。

```
BINUTILS_DIR=binutils-2.16.1
GCC_CORE_DIR=gcc-3.3.6
GCC_DIR=gcc-4.1.0
GLIBC_DIR=glibc-2.3.2
LINUX_DIR=linux-2.6.15.4
LINUX_SANITIZED_HEADER_DIR=linux-libc-headers-2.6.12.0
GLIBCTHREADS_FILENAME=glibc-linuxthreads-2.3.2
GDB_DIR=gdb-6.5
```

中间有以下两句。

```
mkdir -p $BUILD_DIR
sh getandpatch.sh
```

也就是说，下载"材料"的脚本就是这个getandpath.sh了。

```
gedit getandpath.sh
```

这个文件的内容也较多，需要下载的文件和下载地址主要如下。

```
binutils-2.16.1.tar.bz2 ftp://ftp.gnu.org/gnu/binutils/binutils-2.16.1.tar.bz2
gcc-3.3.6.tar.bz2        ftp://ftp.ntu.edu.tw/pub/gnu/gnu/gcc/gcc-3.3.6/gcc-3.3.6.tar.bz2
gcc-4.1.0.tar.bz2        ftp://ftp.ntu.edu.tw/pub/gnu/gnu/gcc/gcc-4.1.0/gcc-4.1.0.tar.bz2
glibc-2.3.2.tar.bz2      ftp://ftp.ntu.edu.tw/pub/gnu/gnu/glibc/glibc-2.3.2.tar.bz2
linux-2.6.15.4.tar.bz2   ftp://ftp.kernel.org/pub/linux/kernel/v2.6/linux-2.6.15.4.tar.bz2
linux-libc-headers-2.6.12.0.tar.bz2
http://ep09.pld-linux.org/~mmazur/linux-libc-headers/linuxlibc-headers-2.6.12.0.tar.bz2
glibc-linuxthreads-2.3.2.tar.bz2    ftp://ftp.ntu.edu.tw/pub/gnu/gnu/glibc/glibc-linuxthreads-2.3.2.tar.bz2
gdb-6.5.tar.bz2          ftp://ftp.ntu.edu.tw/pub/gnu/gnu/gdb/gdb-6.5.tar.bz2
```

由于先前已经下载好了"材料"，因此这个文件可以不管。接下来，就可以执行脚本文件进行交叉工具的编译了。

3. 执行脚本

将Crosstool的脚本文件和配置文件准备好之后，开始执行demo-arm9tdmi.sh脚本来编译交叉编译工具。具体执行命令如下。

```
# cd crosstool-0.43
# ./ demo-arm9tdmi.sh
```

经过数小时的漫长编译之后，会在/opt/crosstool目录下生成新的交叉编译工具，其中包括以下内容。

arm-linux-addr2line	arm-linux-g++	arm-linux-ld	arm-linux-size
arm-linux-ar	arm-linux-gcc	arm-linux-nm	arm-linux-strings
arm-linux-as	arm-linux-gcc-4.1.0	arm-linux-objcopy	arm-linux-strip
arm-linux-c++	arm-linux-gccbug	arm-linux-objdump	fix-embedded-paths

| arm-linux-c++filt | arm-linux-gcov | arm-linux-ranlib |
| arm-linux-cpp | arm-linux-gprof | arm-linux-readelf |

4. 添加环境变量

将生成的编译工具链的路径添加到环境变量PATH上去，添加的方法是在系统文件/etc/bash.bashrc的最后添加下面一行，如图6-3所示。

```
export PATH=/opt/crosstool/gcc-4.1.0-glibc-2.3.2/arm-linux/bin:$PATH
```

图6-3 在bashrc文件中添加环境变量

设置完环境变量，也就意味着交叉编译工具链已经构建完成，然后就可以用上一节中的方法测试刚刚建立的工具链，此处就不再赘述。

其他架构交叉编译工具的方法跟此类似，读者可以举一反三地自己动手试试。

6.4 使用现成的交叉工具

如果读者只想使用工具开发嵌入式Linux系统,那么就完全没必要花大量的时间和精力自己编译交叉编译工具。很多公司和网站免费提供现成的交叉工具。这些工具可以通过网络直接得到。

下面讲解现成交叉工具的使用。

首先解压交叉工具打包文件，在Ubuntu下选中文件，单击右键，选择"Extract Here"，系统会自己调用tar解压，这点跟Windows下的压缩文件工具winrar非常类似，操作非常简单。或者使用命令行解压，例如输入命令：

```
tar zxvf crosstool.tar.gz
```

或者：

```
tar jxvf crosstool.tar.bz2
```

甚至使用如下格式：

```
tar xvf crosstool.tar.gz或tar xvf crosstool.tar.bz2
```

解压完之后，将其复制到某个目录下，一般可以放到"/usr/local/arm"目录下，也可以放到其他目录下，关键是接下来必须设置环境变量，否则当使用命令"arm-linux-gcc"时，系统会提示找不到应用程序。环境变量的设置跟上节的设置一样。

设置好环境变量之后，需要测试是否生效，输入如下命令。

```
arm-linux-gcc -v
```

如果系统输出如图6-4所示的内容，说明设置正确，交叉编译工具已经能够使用。

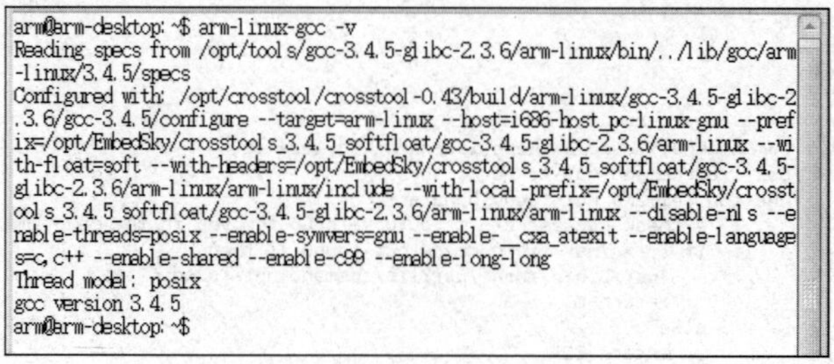

图6-4　设置正确提示

如果系统输出如图6-5所示的内容，则说明设置失败，读者最好重新检查各个步骤，直至交叉编译工具生效为止。

图6-5　设置失败提示

思考与练习

一、填空题

1. 交叉开发工具链就是_____。每次执行工具链软件，通过带有不同的参数，可以实现_____、_____、_____或者_____等不同的功能。

2. Linux经常使用的工具链软件有_____、_____、_____和Gdb。

3. 分布构建交叉编译工具链的制作过程需要以下几步：_____、_____、__和_____。

4. 使用Crosstool构建交叉编译工具链的制作过程需要以下几步：准备工作、_____、_____、_____、_____和编译gdb调试器。

5. 使用Crosstool构建交叉编译工具链的过程中需要配置文件，其主要作用是定义配置文件、_____以及_____等。

二、选择题

1. ( )是二进制程序处理工具，包括连接器、汇编器等目标程序处理的工具。

   A. Gcc   B. Binutils   C. Glibc   D. Gdb

2. 构建交叉编译器的第一个步骤是( )。

   A. 下载工具   B. 编译所需文件

   C. 实现平台连接   D. 确定目标平台

3. 分析以下代码

```
# export PRJROOT=/home/arm/armlinux
# export TARGET=arm-linux
# export PREFIX=$PRJROOT/$TARGET
```

其中，变量PREFIX代表的路径为( )。

   A. /home/arm/armlinux   B. /home/arm/armlinux/arm-linux

   C. /home/arm/arm-linux   D. /home/arm/arm-linux/armlinux

4. Binutils是GNU工具之一，它包括连接器、汇编器和其他用于目标文件和档案的工具，它是二进制代码的处理维护工具。其中包括( )命令，它是把一些目标和归档文件结合在一起，重定位数据，并连接符号引用。

   A. ld   B. gprof

   C. ar   D. as

5. 分布构建交叉编译链的过程中有两次编译Gcc，其中第二次进行编译的作用是( )。

   A. 获得newlib库的支持   B. 获得glibc库的支持

   C. 获得uClibc库的支持   D. 获得c库的支持

三、简答题

1. 构建交叉工具链有哪几种方法？

2. 简述分步构建交叉编译链的主要步骤。

3. 简述用Crosstool构建交叉编译链的主要步骤。

第7章 Bootloader详解及移植

上一章里我们详细介绍了有关交叉编译环境的建立，前面介绍的所有内容其实都是在为嵌入式开发做准备，包括软硬件搭建、交叉编译环境构建等。从这章开始，我们开始正式进入嵌入式Linux开发的世界。本章将详细介绍有关Bootloader及其移植的相关内容。Bootloader是在整个系统开始启动后，在操作系统内核启动前执行的一段程序，其主要功能是：初始化硬件和建立内存映射等，为操作系统内核的启动准备必要的硬件环境。它是每个嵌入式系统都必需的一部分。本章我们将详细介绍以下有关Bootloader的内容：Bootloader基本原理、操作模式、启动流程和种类，后面将重点介绍针对GT2440平台著名的Vivi以及使用很广泛的U-Boot这两种Bootloader。相信通过本章的学习，读者对Bootloader会有深刻的了解。

本章重点：
- Bootloader的模式
- Bootloader的种类
- Vivi的运行过程
- Vivi的配置编译
- Vivi的命令使用
- Bootloader程序调试与刻录

7.1 嵌入式Bootloader简介

Bootloader，亦称引导加载程序，是系统加电后运行的第一段软件代码。它是整个系统执行的第一步，所以它的地位在整个嵌入式软件系统中是非常重要的。

7.1.1 Bootloader功能

不仅在嵌入式系统中有Bootloader，在通常的PC机系统中，其引导加载的程序是由BIOS和位于硬盘MBR中的OS Bootloader完成的，这里的OS Bootloader常见的有LILO和GRUB等。BIOS在完成硬件检测和资源分配后，将硬盘MBR中的Bootloader读到系统的RAM中，然后将控制权交给OS Bootloader。Bootloader的主要运行任务就是将内核映像从硬盘上读到RAM中，然后跳转到内核的入口点去运行，也即开始启动操作系统。

出于对经济性、价格方面的考虑，虽然一些嵌入式CPU中会嵌入一段短小的启动程序，但是通常并没有像BIOS那样的固件程序，所以相对于PC机上的OS Bootloader所做的工作，嵌入式系统的Bootloader不仅要完成将内核映像从硬盘上读到RAM中，然后引导启动操作系统内核，还需要完成BIOS所做的硬件检测和资源分配工作。可见，嵌入式系统中的Bootloader比PC机中的Bootloader更强大，功能更多。

　　例如，在一个基于ARM920T Core的嵌入式系统中(如S3C2440)，系统在上电或复位时通常都从地址0x00000000处开始执行，而以处理器为核心的嵌入式系统，通常都有某种类型的固态存储设备(如EEPROM、FLASH等)被映射到这个预先设置好的地址上。在系统加电复位后，处理器将首先处理Bootloader程序。因此Bootloader是系统加电后、操作系统内核或用户应用程序运行之前，首先运行的一段代码，通过这段代码，可以初始化硬件设备，建立内存空间的映射图(有的CPU没有内存映射功能)，从而将系统的软硬件环境设定在一个合适的状态，为最终调用操作系统内核，运行用户程序准备好正确的环境。对于嵌入式系统，尽管有的使用操作系统，有得不使用操作系统(比如功能简单仅包括应用程序的系统)，但在系统启动时，都必须运行Bootloader，为系统运行准备好软硬件环境。

7.1.2　基于Bootloader软件架构

　　由于嵌入式系统平台是一种软硬件结合的平台。它和普通的单片机系统最大的区别就是嵌入式系统平台上具有专用的嵌入式操作系统，如前面介绍的Linux操作系统、Wince操作系统、VxWorks操作系统等。由于具有专用的操作系统支持，所以在嵌入式系统平台上开发应用软件和在普通PC机上一样方便、快捷。但是所有这些软件，包括应用软件和操作系统软件，它们都离不开Bootloader，从图7-1可以看出Bootloader在嵌入式软件架构中的作用。通常一个嵌入式系统软件架构可以分为四个层次：用户应用程序、文件系统、嵌入式操作系统内核和引导加载程序(即Bootloader)。

图7-1　嵌入式系统软件架构

从底往上各层次完成的主要功能如下。
- 引导加载程序：固化在硬件Flash上的一段引导代码，用于完成硬件的一些基本配置，引导嵌入式操作系统内核启动。
- 嵌入式操作系统内核：包括特定于某嵌入式硬件平台的定制操作系统内核以及内核的启动参数等。
- 文件系统：包括根文件系统和建立于Flash内存设备上的文件系统。通常用ram disk或yaffs作为文件系统，包括固化在固件(Firmware)中的boot代码(可选)和Bootloader两大部分。

● 用户应用程序：特定于用户的应用程序，有时在用户应用程序和内核层之间可能还
  会包括一个嵌入式图形用户界面。常用的嵌入式GUI有：MicroWindows、MiniGUI、
  QT/ Embeded等。

7.1.3　Bootloader的操作模式

一般Bootloader包含两种不同的操作模式：启动加载模式(Bootloading)和下载模式
(Downloading)。其实对于开发人员，这种区分是非常重要的，但是对于最终的用户来说，就
不需要这么区分了。我们只需要知道Bootloader的作用是用来加载操作系统就可以了，当然就
不会存在所谓的启动加载模式和下载工作模式的区别了。

● 启动加载模式(Bootloading)又称自主模式，是指Bootloader从目标机上的某个固件存
  储设备上将操作系统加载到RAM中运行，整个过程没有用户的介入。这种模式是
  Bootloader的正常工作模式。当最终发布嵌入式产品时，Bootloader就被默认在这种
  模式下。
● 下载模式(Downloading)下，目标机上的Bootloader将通过串口或者网络或者USB等其
  他通信手段从主机下载文件，比如下载内核镜像、根文件系统镜像等，从主机下载
  的文件通常首先被Bootloader保存到目标机的RAM中，然后被Bootloader写到目标机
  的Flash内固态存储设备中。Bootloader的这种模式通常在第一次安装内核与根文件系
  统时使用。此外，以后的系统更新也会使用Bootloader这种工作模式。工作于这种模
  式下的Bootloader通常都会向它的中断用户提供一个简单的命令接口。

7.1.4　Bootloader的依赖性

这里我们需要分析Bootloader的依赖性，主要是为了让读者有这样一个概念：并不是所
有的Bootloader都是通用的，在嵌入式领域Bootloader对于不同的硬件体系结构是完全不同的。

首先，由于Bootloader中包含上电时的初始化硬件操作，所以毫无疑问Bootloader必须依
赖于硬件实现。每种不同的体系结构的处理器都有不同的Bootloader与之匹配。不过现在也出
现了支持多种体系结构的Bootloader，并且这也是目前的发展趋势。如U-Boot，最初只支持
PowerPC，现在已经能很好地支持PowerPC、ARM、MIPS、x86等多种体系结构。

其次，除了依赖硬件处理器的体系结构以外，Bootloader实际上也依赖具体的嵌入式板
级设备的配置，对于两块不同的嵌入式板卡来说，即使它们采用同一个处理器，要想让在一
块板上的Bootloader在另一块上也能运行，通常也需要对它的参数、源码等进行修改。所以在
嵌入式领域，真正的通用型Bootloader其实是不存在的，于是出现了多种引导程序(如
ARMBoot、RedBoot、Vivi以及前面提到的U-Boot等)。尽管如此，我们仍然可以对Bootloader
归纳出一些通用的引导流程。只有掌握了Bootloader的工作原理和开发流程，读者才有可能编
写出自己专用的Bootloader。

7.1.5　Bootloader的启动方式

Bootloader的主要功能是引导操作系统启动，它的启动方式一般有网络启动、磁盘启动

和Flash启动三种方式，具体描述如下：

1. 网络启动方式

在网络启动方式下，Bootloader通过以太网接口远程下载Linux内核映像或者文件系统，如图7-2所示。这种方式的开发板不需要配置较大的存储介质，跟无盘工作站有点类似。但是使用这种启动方式之前，需要把Bootloader安装到板上的EPROM或者Flash中。交叉开发环境就是以网络启动方式建立的。这种方式对于嵌入式系统开发来说非常重要。当然，采用这种启动方式也有一定的前提条件。

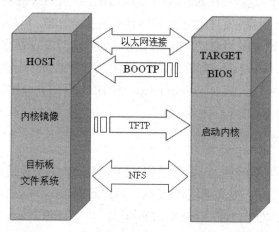

图7-2 网络启动方式

目标板有串口、以太网接口或者其他连接方式。串口一般可以作为控制台，同时可以用来下载内核影像和RAMDISK文件系统。但是，串口通信传输速率过低，不适合用来挂接NFS文件系统。所以以太网接口成为通用的互连设备，一般的开发板都可以配置10Mb/s以太网接口。对于PDA等手持设备来说，以太网的RJ-45接口显得大了些，而USB接口，特别是USB的迷你接口，尺寸非常小。对于开发的嵌入式系统，可以把USB接口虚拟成以太网接口来通信。

开发主机和开发板两端都需要相应接口的驱动程序。如果采用串口，则两端要安装串口的驱动程序，如果采用USB等高速的接口形式，则开发主机和开发板两端同样需要先安装驱动程序。

另外，还要在服务器上配置启动相关网络服务。Bootloader下载文件一般都使用TFTP网络协议，还可以通过DHCP的方式动态配置IP地址。DHCP/BOOTP服务为Bootloader分配IP地址，配置网络参数，然后才能够支持网络传输功能。如果Bootloader可以直接设置网络参数，就可以不使用DHCP，而是用TFTP服务，TFTP服务同样为Bootloader客户端提供文件下载功能，把内核映像和其他文件放在指定目录下。这样Bootloader可以通过简单的TFTP协议远程下载内核映像到内存。

大部分引导程序都能够支持网络启动方式。例如，BIOS的PXE(Preboot Execution Environment)功能就是网络启动方式。U-Boot也支持网络启动功能。

2. 磁盘启动方式

磁盘启动方式主要用在PC机的BIOS中，比如传统的Linux系统运行在台式机或者服务器上，这些计算机一般都使用BIOS引导，并且使用磁盘作为存储介质。如果进入BIOS设置菜单，可以探测处理器、内存、硬盘等设备，可以设置BIOS从软盘、光盘或者某块硬盘启动。但BIOS并不直接引导操作系统。这样在硬盘的主引导区，还需要一个Bootloader。这个Bootloader可以通过磁盘启动方式从磁盘文件系统中把操作系统引导起来。

　　Linux传统上是通过LILO(Linux Loader)引导的，后来又出现了GNU的软件GRUB(GRand Unified Bootloader)。GRUB是GNU计划的主要Bootloader。GRUB最初是由Erich Boleyn为GNU Mach操作系统撰写的引导程序。后来由Gordon Matzigkeit和Okuji Yoshinori接替Erich的工作，继续维护和开发GRUB。这两种Bootloader广泛应用在x86的Linux系统上。大家的开发主机可能就使用了其中一种，熟悉它们有助于配置多种系统引导功能。另外，GRUB能够使用TFTP和BOOTP或者DHCP通过网络启动，这种功能对于系统开发过程很有用。

　　除了传统的Linux系统上的引导程序以外，还有其他一些引导程序，也可以支持磁盘引导启动。例如：LoadLin可以从DOS下启动Linux，还有ROLO、LinuxBIOS、U-Boot也支持这种功能。

3. Flash启动方式

　　Flash启动方式通常有两种，一种是直接从Flash启动，另一种是将压缩的内存映像文件从Flash(为节省Flash资源、提高速度)中复制、解压到RAM，再从RAM启动。Flash存储介质有很多类型，包括NOR Flash、NAND Flash等。其中NOR Flash使用最为普遍。

　　因为NOR Flash支持随机访问，所以代码可以直接在Flash上执行。Bootloader一般是存储在Flash芯片上的，Linux内核映像和RAMDISK也是存储在Flash上的。通常需要把Flash分区使用，每个区的大小应该是Flash擦除大小的整数倍。如图7-3所示是Bootloader和内核映像以及文件系统的分区表。

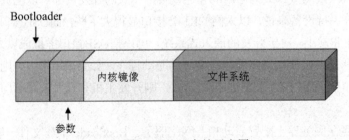

图7-3　Flash存储示意图

　　Bootloader一般放在Flash的低端或者顶端，这是根据处理器的复位向量设置的，要使Bootloader的入口位于处理器上电执行第一条指令的位置。接下来是分配参数区，这里可以作为Bootloader的参数保存区域。再下来是内核映像区。Bootloader引导Linux内核，就是要从这个地方把内核映像解压到RAM中去，然后跳转到内核映像入口执行。最后是文件系统区，如果使用Ramdisk文件系统，则需要Bootloader把它解压到RAM中；如果使用YAFFS2文件系统，将直接挂接为根文件系统。

　　最后还可以分出一些数据区，这要根据实际需要和Flash的大小来考虑。这些分区是开发者定义的，Bootloader一般直接读写对应的偏移地址。到了Linux内核空间，可以配置成MTD

设备来访问Flash分区。但是，有的Bootloader也支持分区的功能，例如：Redboot可以创建Flash分区表，并且内核MTD驱动可以解析出Redboot的分区表。

除了NOR Flash，还有NAND Flash、Compact Flash、DiskOnChip等。这些Flash具有芯片价格低、存储容量大的特点。但是这些芯片一般通过专用控制器的I/O方式来访问，不能随机访问，因此引导方式跟NOR Flash也不同。在这些芯片上，需要配置专用的引导程序。通常，这种引导程序起始的一段代码就把整个引导程序复制到RAM中运行，从而实现自举启动，这跟从磁盘上启动有些相似。

7.1.6 Bootloader启动流程

打开电源时，系统会去执行ROM(较多的是Flash)里面的Bootloader启动代码。启动代码是用来初始化电路以及用来为高级语言编写的软件做好运行前准备的一小段汇编语言。在商业实时操作系统中，启动代码部分一般被称为板级支持包，英文缩写为BSP。它的主要功能就是电路初始化和为高级语言编写的软件运行做准备。Bootloader启动的具体流程如图7-4所示，主要的过程如下。

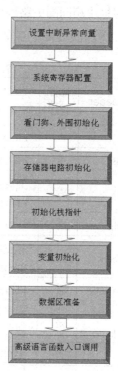

图7-4 Bootloader启动流程

- 启动代码的第一步是设置中断和异常向量。
- 完成系统启动所必需的最小配置，某些处理器芯片包含一个或几个全局寄存器，这些寄存器必须在系统启动的最初进行配置。
- 设置看门狗，用户设计的部分外围电路如果必须在系统启动时初始化，就可以放在这一步。
- 配置系统所使用的存储器，包括Flash、SRAM和DRAM等，并为它们分配地址空间。如果系统使用了DRAM或其他外设，就需要设置相关的寄存器，以确定其刷新频率、数据总线宽度等信息，并初始化存储器系统。有些芯片可通过寄存器编程初始化存储器系统，而对于较复杂系统集成通常由MMU来管理内存空间。
- 为处理器的每个工作模式设置栈指针，ARM处理器有多种工作模式，每种工作模式都需要设置单独的栈空间。
- 变量初始化，这里的变量指的是在软件中定义的已经赋好初值的全局变量，启动过程中需要将这部分变量从只读区域(也就是Flash)复制到读写区域中，因为这部分变量的值在软件运行时有可能重新赋值。还有一种变量不需要处理，就是已经赋好初值的静态全局变量，这部分变量在软件运行过程中不会改变，因此可以直接固化在只读的Flash或EEPROM中。
- 数据区准备，对于软件中所有未赋初值的全局变量，启动过程中需要将这部分变量所在区域全部清零。

● 最后一步是调用高级语言入口函数,比如main函数等。

系统启动代码完成基本软硬件环境初始化后,在有操作系统的情况下,启动操作系统、启动内存管理、设置任务调度、加载驱动程序等,最后执行应用程序或等待用户命令;对于没有操作系统的系统,直接执行应用程序或等待用户命令。

7.1.7　各种Bootloader

前面已经提到,Bootloader具有很强的依赖性,包括处理器架构和具体的板卡硬件。所以,不同的CPU体系结构一般都有不同的Bootloader,当然前面也说过有些Bootloader也可以支持多种体系结构的CPU。除了依赖于CPU的体系结构外,Bootloader实际上也依赖于具体的嵌入式板级设备的配置。也就是说,对于两块不同的嵌入式板而言,即使它们是基于同一种CPU构建的,要想让运行在一块板子上的Bootloader程序也能运行在另一块板子上,通常需要修改Bootloader的源程序。

在Linux平台下,有许多现有的Bootloader可用,如表7-1所示。由于嵌入式电路板成千上万,而每块相同的电路板也可能有不同的引导配置,因此不可能在一章中对每个Bootloader都进行深入的讨论。本章将重点介绍Linux平台下最常用的几种Bootloader。

表7-1　Linux下Bootloader以及其所支持的架构

Bootloader	监控程序	说　　明	架　　构					
			X86	ARM	PowerPC	MIPS	M68k	SuperH
LILO	否	Linux主要的磁盘引导加载程序	*					
GRUB	否	LILO的GNU版后继者	*					
ROLO	否	不需要BIOS,可直接从ROM加载Linux	*					
Loadlin	否	从DOS加载Linux	*					
Etherboot	否	从ETHERNET卡启动系统的Romable loader	*					
LinuxBIOS	否	以Linux为基础的BIOS替代品	*					
Compaq的bootldr	是	主要用于Compaq iPAQ的多功能加载程序		*				
blob	否	来自LART硬件计划的加载程序		*				
PMON	是	Agenda VR3中所使用的加载程序				*		
sh-boot	否	LinuxSH计划的主要加载程序						*
U-Boot	是	以PPCBoot和ARMBoot为基础的通用加载程序	*	*	*	*		
RedBoot	是	以eCos为基础的加载程序	*	*	*	*	*	*
Vivi	是	适用于SAMSUNG公司ARM9微处理器		*				

注意:

- 表中"*"表示该Bootloader在该平台上适用。
- 不同出版物会特别区分引导加载程序和监控程序的差异: 引导加载程序只是用来启动设备以及执行主要软件的组件, 监控程序除了引导功能外, 还可以用来调试、读写内存、重新编写Flash设备、配置等的命令行接口。在本章中都称其为引导加载程序。

对于本书使用的S3C2440开发板, U-Boot和Vivi是两种推荐使用的Bootloader, 其中:

- U-Boot支持大多CPU, 可以烧写EXT2.JFFS2文件系统映像, 支持串口下载、网络下载, 并提供大量的命令。相对于Vivi, 它的使用更复杂, 但是可以用来更方便地调试程序。
- Vivi是Mizi公司针对SAMSUNG的ARM架构CPU专门设计的, 基本上可以直接使用, 命令简单方便。不过其初始版本只支持串口下载, 速度较慢。在网上出现了各种改进版本: 支持网络功能、USB功能、烧写YAFFS文件系统映像等。

下面, 我们就来详细介绍这两种Bootloader, 首先来看Vivi。

7.2　Vivi

Vivi是韩国mizi公司开发的, 适用于ARM系列产品的一种Bootloader。

7.2.1　Vivi简介

跟其他的Bootloader一样, Vivi也有两种工作模式: 启动加载模式和下载模式。启动加载模式可以在一段时间后自行启动Linux内核, 这段时间可以自行设定, 启动加载模式是Vivi的默认模式。在下载模式下, Vivi为用户提供一个命令行接口, 通过接口可以使用Vivi提供的一些命令, 关于Vivi的常见命令, 我们将在下一节介绍。Vivi主要完成的工作如下。

- 检测目标板。
- 下载代码并保存到Flash中。
- 初始化硬件。
- 将代码从Flash复制到RAM中并且启动代码。

7.2.2　Vivi体系架构

Vivi是一个源代码开放的Bootloader, 并且它的代码组织形式与Linux非常类似, 因此熟悉Linux源代码结构的读者, 会比较容易理解Vivi代码的组织结构。Vivi的代码包括arch、init、lib、drivers和include等几个目录, 共200多个文件, 如图7-5所示。

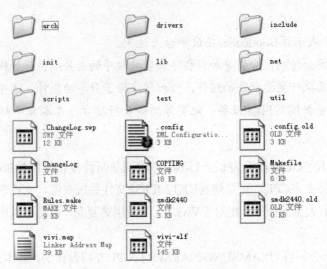

图7-5　Vivi源代码的主要目录

- arch：此目录包括了所有Vivi支持的目标板架构的代码文件，通过不同的子目录进行组织，例如其中就有s3c2440子目录。
- include：头文件的公共目录，存放Vivi所有源码的头文件，其中的s3c2440.h定义了这块处理器的一些寄存器。include_platform/GT2440.h定义了与开发板相关的资源配置参数，我们往往只修改这个文件就可以配置目标板的参数，如波特率、引导参数、物理内存映射等。
- drivers：其中包括了引导内核需要的设备的驱动程序，包括MTD和串口两个部分，MTD目录下分map、nand和nor三个目录。
- init：存放Vivi初始化代码文件。这个目录只有main.c和version.c两个文件。和普通的C程序一样，Vivi将从main函数开始执行。
- lib：存放Vivi实现的库函数文件和一些平台公共的接口代码，比如time.c里的udelay()和mdelay()等。
- scripts：存放Vivi的脚本配置文件。
- test：存放一些测试代码文件。
- net：存放一些网卡驱动的文件。
- util：存放一些存储单元的文件。

7.2.3　Vivi的运行过程分析

Vivi作为一种Bootloader，其运行过程分成两个阶段，如图7-6所示。

- 第一阶段的代码在Vivi/arch/s3c2440/head.s中定义，大小不超过10 KB，它包括从系统上电后在0x00000000地址开始执行的部分。这部分代码运行在Flash中，它包括对S3C2440的一些寄存器、时钟等的初始化，然后跳转到第二阶段执行。

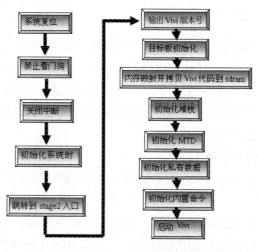

图7-6　Vivi运行过程

- 第二阶段的代码在Vivi\init\main.c中，主要进行一些开发板初始化、内存映射和内存
  管理单元初始化等工作，最后会跳转到boot_or_Vivi()函数中，接收命令并进行处理。
  需要注意的是在Flash中执行完内存映射后，会将Vivi代码复制到SDRAM中执行。

Bootloader的这两个阶段在代码中具体是通过stage1和stage2两部分来实现的：stage1的代
码通常用汇编语言来实现，主要用来初始化硬件设备、复制Bootloader的stage2到RAM空间、
设置C程序堆栈等；stage2的代码通常用C语言来实现，以便于实现更复杂的功能，并取得更
好的代码可读性和可移植性。但是与普通C语言应用程序不同的是，在编译和链接Bootloader
程序时，不能使用glibc库中的函数。因此，如果从那里跳转进main函数，把main函数的起始
地址作为整个stage2执行映像的入口点存在两个缺点：无法通过main函数传递函数参数，并
且无法处理main函数返回的情况。

为了解决这个问题，一般比较通用的是利用"弹簧床"的方法，也就是用汇编语言写一
段trampoline小程序，并将这段程序作为stage2可执行映像的执行入口点，然后在trampoline汇
编小程序中用CPU跳转指令跳入main函数中去执行。当main函数返回时，CPU执行路径再次
回到trampoline程序。简而言之，这种方法的思想就是：用这段trampoline小程序来作为main
函数的外部包裹。

Vivi中的trampoline程序如下：

```
@准备调用C函数
ldr sp,    DW_STACK_START@设置堆栈指针
mov    fp,    #0              @设置fp为0
mov a2,    #0              @设置argv为NULL
bl main                       @调用main函数
mov pc,    #FLASH_BASE   @否则，重新启动系统
```

正常情况下，程序能够正常执行完毕，但是如果出错了，就回到最后一条语句重新启动
系统。下面详细分析Vivi的两个启动阶段。

1. Vivi的第一阶段

这是Bootloader一开始就执行的操作，其目的是为stage2的执行以及随后的kernel的执行准备好一些基本的硬件环境。它通常包括以下步骤。

(1) 屏蔽所有的中断。为中断提供服务通常是OS设备驱动程序的责任，因此在Bootloader的执行全过程中可以不必响应任何中断。中断屏蔽可以通过写CPU的中断屏蔽寄存器或状态寄存器(比如ARM的CPSR寄存器)来完成。

(2) 设置CPU的速度和时钟频率。

(3) RAM初始化。包括正确地设置系统的内存控制器的功能寄存器以及各内存库控制寄存器等。

(4) 初始化LED。通过GPIO驱动LED，其目的是表明系统的状态是OK还是Error。如果板子上没有LED，也可以通过初始化UART向串口打印Bootloader的Logo字符信息来完成这一点。

(5) 关闭CPU内部指令/数据cache。

这一阶段的实现，依赖于与CPU的体系结构相关的硬件初始化的代码，包括禁止中断、初始化串口、复制自身到RAM等。相关代码集中在head.S(\Vivi\arch\s3c2440目录下)。下面我们详细分析里面的代码，看看究竟里面都是如何实现的。

程序首先装载中断向量表，现在的中断处理机制都是采用每一种中断对应着一个中断向量的形式来实现。比如说，系统发生了IRQ中断，其中断向量地址为0x00000018，那么PC要执行的指令就是0x00000018。只要在这个地址放一个跳转指令，程序就自动跳转到实际功能代码的实现区域。以下是代码的具体实现：

```
Head.S:
#include "config.h"
#include "linkage.h"
#include "machine.h"
@ Start of executable code                              ; 装载中断向量表
ENTRY(_start)
ENTRY(ResetEntryPoint)
@
@ Exception vector table (physical address = 0x00000000)  ; 异常向量表物理地址
@
@ 0x00: Reset                                           ; 复位
    b       Reset
@ 0x04: Undefined instruction exception                 ; 未定义的指令异常
UndefEntryPoint:
    b       HandleUndef
@ 0x08: Software interrupt exception                     ; 软件中断异常
SWIEntryPoint:
    b       HandleSWI
@ 0x0c: Prefetch Abort (Instruction Fetch Memory Abort)  ; 内存操作异常
PrefetchAbortEnteryPoint:
```

```
        b        HandlePrefetchAbort
@ 0x10: Data Access Memory Abort                    ; 数据异常
DataAbortEntryPoint:
        b        HandleDataAbort
@ 0x14: Not used                                    ; 未使用
NotUsedEntryPoint:
        b        HandleNotUsed
@ 0x18: IRQ(Interrupt Request) exception            ; 慢速中断处理
IRQEntryPoint:
        b        HandleIRQ
@ 0x1c: FIQ(Fast Interrupt Request) exception       ; 快速中断处理
FIQEntryPoint:
        b        HandleFIQ
```

下面是固定位置存放环境变量，Vivi中的这些magic number，大部分是没有使用的。在0x2C处，设计一个magic number，组成的格式如下：bit[31:24]为platform，bit[23:16]为cpu type，bit[15:0]为machine id。有关ARCHITECTURE_MAGIC的具体定义，可查看以下文件include/platform/GT2440.h。

```
@
@ VIVI magics
@
@ 0x20: magic number so we can verify that we only put   ; 未使用
        .long    0
@ 0x24:                                                   ; 未使用
        .long    0
@ 0x28: where this Vivi was linked,  so we can put it in memory in the right place; _start
        .long    _start
@ 0x2C: this contains the platform,   cpu and machine id
        .long    ARCHITECTURE_MAGIC               ; ARCHITECTURE_MAGIC
@ 0x30: Vivi capabilities
        .long    0
#ifdef CONFIG_PM                                   ; Vivi考虑不需要使用电源管理
@ 0x34:
        b        SleepRamProc
#endif
#ifdef CONFIG_TEST
@ 0x38:
        b        hmi
#endif
@
@ Start VIVI head
@
Reset:
        @ disable watch dog timer                  ; 禁止看门狗计时器
```

```
        mov r1,   #0x53000000                    ; WTCON寄存器地址是0x53000000，清0
            mov r2,   #0x0
            str    r2,   [r1]
      #ifdef CONFIG_S3C2440_MPORT3              ; 不符合条件，跳到下面的关中断
      /**** 在/Vivi/include/autoconf.h中#undef   CONFIG_S3C2440_MPORT3******/
            mov r1,   #0x56000000                     ; GPACON寄存器地址是0x56000000
            mov r2,   #0x00000005
            str    r2,   [r1,   #0x70]                ; 配置GPHCON寄存器
            mov r2,   #0x00000001
            str    r2,   [r1,   #0x78]                ; 配置GPHUP寄存器
            mov r2,   #0x00000001
            str r2,   [r1,   #0x74]                   ; 配置GPHDAT寄存器
      #endif
            @ disable all interrupts                  ; 禁止全部中断
            mov r1,   #INT_CTL_BASE
            mov r2,   #0xffffffff
            str r2,   [r1,   #oINTMSK]                ; 关闭所有中断
            ldr    r2,   =0x7ff
            str    r2,   [r1,   #oINTSUBMSK]
             @initiali    sesystem                    ; 初始化系统时钟
            mov r1,   #CLK_CTL_BASE
      mvn r2,   #0xff000000
            str    r2,   [r1,   #oLOCKTIME]
            @ldr         r2,   mpll_50mhz
            @str         r2,   [r1,   #oMPLLCON]
      #ifndef CONFIG_S3C2440_MPORT1             ; 满足条件，向下执行
      /**** 在/Vivi/include/autoconf.h中#undef   CONFIG_S3C2440_MPORT1******/
            @ 1:2:4
            mov r1,   #CLK_CTL_BASE
            mov r2,   #0x3
            str    r2,   [r1,   #oCLKDIVN]
            mrc p15,   0,   r1,   c1,   c0,   0        ; 读控制寄存器
            orr    r1,   r1,   #0xc0000000
            mcr p15,   0,   r1,   c1,   c0,   0        ; 读控制寄存器
            @ now,    CPU clock is 200 Mhz            ; CPU的频率是200MHz
            mov r1,   #CLK_CTL_BASE
            ldr    r2,   mpll_200mhz
            str    r2,   [r1,   #oMPLLCON]
      #else
            @ 1:2:2
         mov r1, #CLK_CTL_BASE
         ldr r2,   clock_clkdivn
         str r2, [r1,   #oCLKDIVN]
          mrc p15,   0,   r1,   c1,   c0,   0
```

```
        orr r1,   r1,   #0xc0000000
        mcr p15,  0,   r1,  c1,  c0,  0
        @ now,    CPU clock is 100 Mhz              ; CPU的频率是100MHz
        mov r1,   #CLK_CTL_BASE
        ldr r2,   mpll_100mhz
        str r2,   [r1,   #oMPLLCON]
#endif
        bl                                          ; 跳转到memsetup函数
/***************************
memsetup函数的实现:
ENTRY(memsetup)
@ initialise the static memory
@ set memory control registers                     ; 设置内存控制寄存器的初值
        mov r1,   #MEM_CTL_BASE
        adrl r2,   mem_cfg_val
/******************
@
@ Data Area
@
@ Memory configuration values
.align 4
mem_cfg_val:                                        ; 定义好的13*4=52个字节初值
        .long       vBWSCON                         ; 在/Vivi/include/platform/GT2440.h中赋值
/******   SDRAM从32位变成16位，需要修改vBWSCON的值  ******/
        .long       vBANKCON0
        .long       vBANKCON1
        .long       vBANKCON2
        .long       vBANKCON3
/*********   网卡控制器vBANKCON3的值可能需要修改   **************/
        .long       vBANKCON4
        .long       vBANKCON5
        .long       vBANKCON6
/****** SDRAM从32位变成16位，可能需要修改vBANKCON6的值 ******/
        .long       vBANKCON7
        .long       vREFRESH
        .long       vBANKSIZE
/****** SDRAM从64MB变成32MB，需要修改vBANKSIZE的值 ******/
        .long       vMRSRB6
        .long       vMRSRB7
*******************/
        add r3,   r1,   #52
1:      ldr    r4,   [r2],  #4
        str    r4,   [r1],  #4
        cmp r1,   r3
```

```
        bne    1b                          ; 循环操作，直到13个寄存器赋值完成
        mov pc,    lr
*****************************/
#ifdef CONFIG_PM                            ; Vivi考虑不需要使用电源管理
        @ Check if this is a wake-up from sleep
        ldr    r1,    PMST_ADDR
        ldr    r0,    [r1]
        tst    r0,    #(PMST_SMR)
        bne   WakeupStart                   ; 查看状态，判断是否需要跳转到WakeupStart
#endif
#ifdef CONFIG_S3C2440_SMDK                  ; SMDK开发板使用
        @ All LED on                        ; 点亮开发板上的LED
        mov r1,   #GPIO_CTL_BASE
        add r1,   r1,   #oGPIO_F            ; LED使用GPIOF组的管脚
ldr     r2, =0x55aa                         ; 使能EINT0、EINT1、EINT2、EINT3，
                                            ; 另四个管脚配置成输出，屏蔽EINT4、5、6、7
        str    r2,    [r1,   #oGPIO_CON]
        mov r2,    #0xff
        str    r2,    [r1,   #oGPIO_UP]     ; 静止挂起函数
        mov r2,    #0x00
        str    r2,    [r1,   #oGPIO_DAT]
#endif
#if 0
        @ SVC
        mrs    r0,    cpsr
        bic    r0,    r0,    #0xdf
        orr    r1,    r0,    #0xd3
        msr    cpsr_all,    r1
#endif
        @ set GPIO for UART                 ; 设置串口
        mov r1,    #GPIO_CTL_BASE
        add r1,    r1,    #oGPIO_H          ; 设置GPIO_H组管脚为串口

        ldr    r2,    gpio_con_uart
        str    r2,    [r1,   #oGPIO_CON]
        ldr    r2,    gpio_up_uart
        str    r2,    [r1,   #oGPIO_UP]
/***********************
@ inital values for GPIO
gpio_con_uart:
.long   vGPHCON                             ; vGPHCON在/Vivi/include/platform/GT2440.h中赋值
; #define vGPHCON                  0x0016faaa
; GPIO_H配置为nCTS0, nRTS0,   RXD0, TXD0,   RXD1,
; TXD1, nCTS1, nRTS1,
```

```
/****  三个串口都使能，可能需要修改#define vGPHCON 0x0016aaaa    ****/
gpio_up_uart:
.long      Vgphup                    ; 同上#define vGPHUP      0x000007ff
    ; The pull-up function is disabled.
***********************/
bl     InitUART                       ; 跳转到InitUART串口初始化函数
/*******@ Initialize UART
@
@ r0 = number of UART port
InitUART:
        ldr   r1,  SerBase
/******************
.align 4                              ; 默认情况下在Vivi中只初始化UART0
SerBase:
#if defined(CONFIG_SERIAL_UART0)
.long UART0_CTL_BASE                  ; 基地址在/Vivi/include/s3c2440.h中定义
#elif defined(CONFIG_SERIAL_UART1)
      .long UART1_CTL_BASE
#elif defined(CONFIG_SERIAL_UART2)
      .long UART2_CTL_BASE
#else
#error not defined base address of serial
#endif
*******************/
        mov r2,  #0x0
        str   r2,  [r1,  #oUFCON]
        str   r2,  [r1,  #oUMCON]
        mov r2,  #0x3
        str   r2,  [r1,  #oULCON]
        ldr   r2,  =0x245
        str   r2,  [r1,  #oUCON]
#define UART_BRD ((50000000 / (UART_BAUD_RATE * 16)) - 1)
        mov r2,  #UART_BRD
        str   r2,  [r1,  #oUBRDIV]
        mov r3,  #100
        mov r2,  #0x0
1:      sub r3,  r3,  #0x1
        tst   r2,  r3
        bne   1b
#if 0
        mov r2,  #'U'
        str   r2,  [r1,  #oUTXHL]
1:      ldr   r3,  [r1,  #oUTRSTAT]
        and r3,  r3,  #UTRSTAT_TX_EMPTY
```

```
                    tst    r3,    #UTRSTAT_TX_EMPTY
                    bne    1b
                    mov r2,   #'0'
                    str    r2,    [r1,   #oUTXHL]
          1:        ldr    r3,    [r1,   #oUTRSTAT]
                    and    r3,    r3,    #UTRSTAT_TX_EMPTY
                    tst    r3,    #UTRSTAT_TX_EMPTY
                    bne    1b
        #endif
                    mov pc,    lr
        **********************************************/
        #ifdef CONFIG_DEBUG_LL                    ；打印调试信息，默认未定义
                    @ Print current Program Counter
                    ldr     r1,    SerBase
                    mov r0,   #'\r'
                    bl       PrintChar
                    mov r0,   #'\n'
                    bl       PrintChar
                    mov r0,   #'@'
                    bl       PrintChar
                    mov r0,   pc
                    bl       PrintHexWord
        #endif
        #ifdef CONFIG_BOOTUP_MEMTEST
                    @ simple memory test to find some DRAM flaults.
                    bl       memtest
        #endif
        #ifdef CONFIG_S3C2440_NAND_BOOT       ；从NAND Flash启动
                    bl       copy_myself               ；跳转到copy_myself函数
        /*********************************************
        @
        @ copy_myself: copy Vivi to ram
        @
        copy_myself:
                    mov r10,   lr
                    @ reset NAND
                    mov r1,    #NAND_CTL_BASE
                    ldr    r2,    =0xf830              @ initial value
                    str    r2,    [r1,   #oNFCONF]
                    ldr    r2,    [r1,   #oNFCONF]
                    bic    r2,    r2,    #0x800                @ enable chip
                    str    r2,    [r1,   #oNFCONF]
                    mov r2,    #0xff           @ RESET command
                    strb r2,    [r1,   #oNFCMD]
```

```
            mov r3,   #0              @ wait
1:          add  r3,   r3,   #0x1
            cmp r3,   #0xa
            blt   1b
2:          ldr   r2,  [r1,  #oNFSTAT]      @ wait ready
            tst    r2,   #0x1
            beq 2b
            ldr   r2,  [r1,  #oNFCONF]
            orr   r2,   r2,  #0x800               @ disable chip
            str   r2,  [r1,  #oNFCONF]
            @ get read to call C functions (for nand_read())
            ldr    sp,   DW_STACK_START   @ setup stack pointer
            mov fp,   #0                  @ no previous frame,   so fp=0
            @ copy Vivi to RAM
            ldr    r0,   =VIVI_RAM_BASE
/*********在/Vivi/linux/platform/GT2440.h中定义
#define VIVI_RAM_BASE            (DRAM_BASE + DRAM_SIZE - VIVI_RAM_SIZE)
************************************/
            mov        r1,   #0x0
            mov r2,   #0x20000                 ; 0x20000-〉128k字节
       bl      nand_read_ll               ; nand_read_ll在/Vivi/arch/s3c2440/nand_read.c中定义
       ; r0，r1，r2分别为函数的三个参数
       ; 从NANDFlash的0地址复制128k到SDRAM指定处
            tst    r0,   #0x0
            beq ok_nand_read
#ifdef CONFIG_DEBUG_LL
bad_nand_read:
            ldr   r0,   STR_FAIL
            ldr   r1,   SerBase
            bl      PrintWord
1:   b      1b                @ infinite loop
#endif
ok_nand_read:
#ifdef CONFIG_DEBUG_LL
            ldr    r0,   STR_OK
            ldr    r1,   SerBase
            bl      PrintWord
#endif
*******************************************
@ verify
       mov r0,   #0
       ldr    r1,   =0x33f00000
       mov r2,   #0x400      @ 4 bytes * 1024 = 4K-bytes
go_next:
```

```
        ldr    r3,    [r0],   #4
        ldr    r4,    [r1],   #4
        teq    r3,    r4
        bne    notmatch
        subs           r2,    r2,    #4
        beq done_nand_read
        bne    go_next
notmatch:
#ifdef CONFIG_DEBUG_LL
        sub    r0,    r0,    #4
        ldr    r1,    SerBase
        bl     PrintHexWord
        ldr    r0,    STR_FAIL
        ldr    r1,    SerBase
        bl     PrintWord
#endif
1:     b      1b
done_nand_read:
#ifdef CONFIG_DEBUG_LL
        ldr    r0,    STR_OK
        ldr    r1,    SerBase
        bl     PrintWord
#endif
        mov pc,    r10                              ；Vivi复制到SDRAM完成，函数返回
********************************/
        @ jump to ram
        ldr    r1,    =on_the_ram
        add pc,    r1,    #0
        nop
        nop
1:     b      1b              @ infinite loop
on_the_ram:
#endif
#ifdef CONFIG_DEBUG_LL
        ldr    r1,    SerBase
        ldr    r0,    STR_STACK
        bl     PrintWord
        ldr    r0,    DW_STACK_START
        bl     PrintHexWord
#endif
        @ get read to call C functions
        ldr    sp,    DW_STACK_START@ setup stack pointer
        mov fp,    #0                       @ no previous frame,   so fp=0
        mov a2,    #0                       @ set argv to NULL
```

```
        bl      main                    @ call main
        mov pc, #FLASH_BASE             @ otherwise, reboot
@
@ End VIVI head
@
```

2. Vivi的第二阶段

正如前面所说,第二阶段的代码通常用C语言来实现,以便于实现更复杂的功能和取得更好的代码可读性和可移植性。Vivi的第二阶段从main函数开始。同一般的C语言程序一样,该函数一般位于/init/main.c文件中,总共可以分为八个步骤。

(1) 函数开始,通过putstr(vivi_banner)打印出Vivi的版本。Vivi_banner在/init/version.c文件中定义。

(2) 对开发板进行初始化(board_init函数),board_init与开发板紧密相关,这个函数在/arch/s3c2440/smdk.c文件中。开发板初始化主要完成两个功能:时钟初始化(init_time())和通用IO口设置(set_gpios())。

```
void set_gpios(void)
{
    GPACON = vGPACON;
    GPBCON = vGPBCON;
    GPBUP = vGPBUP;
    GPCCON = vGPCCON;
    GPCUP = vGPCUP;
    GPDCON = vGPDCON;
    GPDUP = vGPDUP;
    GPECON = vGPECON;
    GPEUP = vGPEUP;
    GPFCON = vGPFCON;
    GPFUP = vGPFUP;
    GPGCON = vGPGCON;
    GPGUP = vGPGUP;
    GPHCON = vGPHCON;
    GPHUP = vGPHUP;
    EXTINT0 = vEXTINT0;
    EXTINT1 = vEXTINT1;
    EXTINT2 = vEXTINT2;
}
```

其中,GPIO口在GT2440.h(\vivi\include\platform\目录下)文件中定义。

(3) 内存映射初始化和内存管理单元的初始化工作。

```
mem_map_init();
mmu_init();                            //这两个函数都在/arch/s3c2440/mmu.c文件中
void mem_map_init(void)
{
#ifdef CONFIG_S3C2440_NAND_BOOT
  mem_map_nand_boot();
#else
  mem_map_nor();
#endif
  cache_clean_invalidate();
  tlb_invalidate();
}
```

如果配置vivi时使用了NAND作为启动设备，则执行mem_map_nand_boot()，否则执行mem_map_nor()。这里要注意的是，如果使用NOR启动，则必须先把Vivi代码复制到RAM中，这个过程是由copy_vivi_to_ram()函数来完成的。代码如下：

```
static void copy_vivi_to_ram(void)
{ putstr_hex("Evacuating 1MB of Flash to DRAM at 0x",  VIVI_RAM_BASE);
  memcpy((void *)VIVI_RAM_BASE,  (void *)VIVI_ROM_BASE,  VIVI_RAM_SIZE);
}
```

VIVI_RAM_BASE、VIVI_ROM_BASE、VIVI_RAM_SIZE这些值都可以在GT2440.h中查到，并且这些值必须根据自己开发板的RAM实际大小修改。

mmu_init()函数中执行了arm920_setup函数。这段代码是用汇编语言实现的，针对arm920t核的处理器。

(4) 初始化堆栈，命名为heap_init()，具体定义在\vivi\lib\heap.c文件中。

```
int heap_init(void)
{
return mmalloc_init((unsigned char *)(HEAP_BASE),  HEAP_SIZE);
}
```

(5) 初始化MTD设备，命名为mtd_dev_init()。

```
int mtd_init(void)
{
                         int ret;
#ifdef CONFIG_MTD_CFI
                              ret = cfi_init();
#endif
#ifdef CONFIG_MTD_SMC
                              ret = smc_init();
#endif
#ifdef CONFIG_S3C2440_AMD_BOOT
```

```
                                       ret = amd_init();
#endif
                        if (ret) {
                                mymtd = NULL;
                                return ret;
                                        }
                        return 0;
}
```

这几个函数可以在/drivers/mtd/maps/s3c2440_flash.c里找到。

(6) 初始化私有数据，命令为init_priv_data()，具体定义在\vivi\lib\priv_data\rw.c文件中。

此部分的功能是把Vivi可能用到的所有私有参数都放到预先规划的内存区域，大小为48KB，基地址为0x33df0000。这48KB区域分为三个组成部分：MTD参数、Vivi参数和Linux启动命令。

(7) 初始化内置命令init_builtin_cmds()。

通过add_command函数，加载Vivi内置的几个命令。

(8) 启动boot_or_vivi()。

启动成功后，将通过vivi_shell()启动一个shell(如果配置了CONFIG_SERIAL_TERM)，此时Vivi的任务就完成了。

7.2.4 Vivi的配置与编译

Vivi有专门针对三星系列的芯片开发的配置，对于GT2440平台的开发板，Vivi提供初始配置文件。Vivi的初始配置文件位置为: /vivi/arch/def-configs/smkd2440，通过make menuconfig修改后的配置保存在这个文件中，我们也可以载入一个自己的配置文件来进行编译。

配置选项时，选择"Load an Alternate Configuration File"菜单，然后写入"arch/def-configs/GT2440"，出现的界面如图7-7所示。

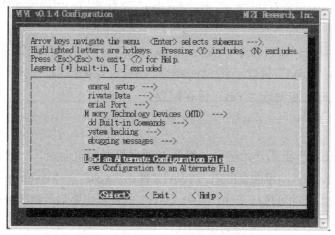

图7-7 使用GT2440初始配置文件

由于Vivi专门针对三星平台开发，因此对GT2440的开发移植基本不需要改动源代码，只需配置相关的参数，然后选择合适的平台就能完成移植工作，使用非常方便和简单。下面我们详细介绍配置编译的过程。

1. 修改Makefile文件

(1) 首先修改/vivi/Makefile里的一些变量设置：

```
LINUX_INCLUDE_DIR= /usr/local/arm/2.95.3/include
```

说明：LINUX_INCLUDE_DIR为内核头文件的对应目录，这里使用交叉编译工具自带的，也就是设置为：/usr/local/arm/2.95.3/include。

(2) 修改交叉编译工具。这里需要注意的是，编译Vivi时，最好使用2.95.3的交叉编译版本，这是因为Vivi的源码中有很多指令需要比较早的工具的支持，其中包含许多的工具中经不再使用的参数，因此将CROSS_COMPILE修改为：

```
Ø CROSS_COMPILE = /usr/local/arm/2.95.3/bin/arm-linux-
```

说明：CROSS_COMPILE为arm-linux安装的相应目录，这里最好使用默认目录，也就是：/usr/local/arm/2.95.3/bin/arm-linux。

(3) 修改ARM_GCC_LIBS，根据安装目录修改，使其与前面两个选项一致。即将ARM_GCC_LIBS修改为：

```
Ø ARM_GCC_LIBS = /usr/local/arm/2.95.3/lib/gcc-lib/arm-linux/2.95.3
```

2. 配置选项

配置选项操作步骤如下。

(1) 进入/vivi目录，输入命令"make distclean"，开始清除不需要的文件。

在编译之前将vivi里所有的"*.o"和"*.o.flag"文件删掉，以确保文件编译时没有错误或者警告发生。

(2) 进入/vivi目录，输入命令"make menuconfig"，开始选择配置。

可以使用命令"Load"装载一个写好的配置文件(如上节所述)，也可以自己修改。注意选择命令"Exit"时一定要选"Yes"保存配置。

3. 编译Vivi

输入命令"make"正式开始编译，编译时间视机器配置而定，一般都不会太长。

如果编译成功，在/vivi里面会生成三个vivi文件："vivi"、"vivi.map"和"vivi-elf"。这三个文件就是我们要的可执行文件。其中"vivi"就是后面要刻录到Flash中的Bootloader，如图7-8所示。

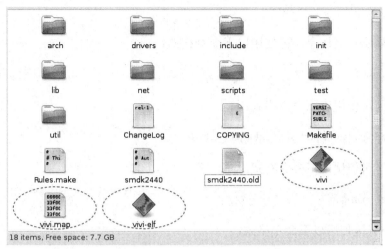

图7-8　编译后生成的Vivi文件

7.2.5　Vivi命令

前面我们说过，Vivi为用户提供了一个命令行接口，通过接口可以使用Vivi提供的一些命令。

启动Vivi时，在超级终端界面中键入除按键Enter外的任意键进入Vivi命令界面，字符提示为"vivi>"，启动Vivi前按住Esc键不放。由于Vivi启动比较快，按其他键会有字符产生，如图7-9所示。

```
VIVI version 0.1.4 (root@localhost.localdomain) (gcc version 2.95.2 20000516 (re
lease) [Rebel.com]) #0.1.4 四 6月 23 15:31:31 CST 2005
MMU table base address = 0x33DFC000
Succeed memory mapping.
NAND device: Manufacture ID: 0xec, Chip ID: 0x76 (Samsung K9D1208V0M)
Could not found stored vivi parameters. Use default vivi parameters.
Press Return to start the LINUX now, any other key for vivi
type "help" for help.
vivi> _
```

图7-9　Vivi命令行界面

下面介绍Vivi中常用的一些命令及其具体的用法。

1. load命令

功能：把二进制文件载入Flash或RAM。

语法：

如果想使用xmodom协议通过串口下载文件，可使用以下命令格式：

```
load flash partname x
```

如果想使用xmodom协议通过串口下载文件到内存中，则使用如下命令格式：

```
load ram partname or addr x
```

2. part命令

功能：对MTD分区进行相关操作，包括显示分区信息，增加、删除、复位、保存MTD

分区等。

语法：显示分区信息，可使用以下命令格式：

```
part show
```

添加分区可使用以下命令格式：

```
part add partname part_start_addr part_leng 0
```

删除分区可使用以下命令格式：

```
part del partname
```

保存part分区使用以下命令格式：

```
part save
```

3. param命令

功能：设置参数。

语法：显示配置信息使用如下命令：

```
param show
```

设置参数值使用如下命令：

```
param set paramname value
```

设置Linux启动参数使用如下命令：

```
param set linux_cmd_line "linux boot param"
```

而保存参数的设置使用以下命令：

```
param save
```

4. boot命令

功能：启动系统。

语法：

如果想启动操作系统，可输入以下命令：

```
boot boot linux
```

而如果想启动已经下载到SDRAM中的linux内核，则使用如下命令：

```
boot ram ramaddr lenth
```

5. bon命令

功能：用于对bon分区进行操作。

语法：

bon分区是nand flash设备的一种简单的分区管理方式。

对分区进行管理，可以输入以下命令：

```
bon part 0 192k 1m
```

提示：

该命令最好尽量少用。

另外，如果想查看系统对bon系列命令的帮助提示，可以输入以下命令：

```
bon help
```

6. go命令

功能：用于跳转到指定地址处执行该地址处的代码。

语法：如果想跳转到指定地址运行该处程序，则使用的命令格式如下：

```
go addr
```

以上是Vivi的常用命令，具体语法也可通过相应的help命令进行查看。

到此，我们已经详细介绍完了有关Bootloader中比较常用的Vivi。前面已经提到，对于GT2440平台，还有另外一种Bootloader也很常用，那就是U-Boot，本书限于篇幅，不再介绍，请读者查阅相关书籍和资料。

7.3 Bootloader程序的调试和刻录

调试Bootloader时，可以放在Flash里启动，也可以使用JTAG仿真器。由于使用了Nand Flash，根据S3C2440手册，它的映射地址为0x40000000地址，不需要设置就可以直接使用，而其他存储器必须先初始化。在调试中，还需要将目标机的串口与宿主机的串口进行连接。这里我们采用PC机的"超级终端"程序连接，具体方面前面的章节已有详细的介绍，这里不再赘述。

调试的基本步骤如下：

(1) 通过仿真器把执行代码放到0x00000000中。本节通过AXD把Linux内核镜像文件zImage放到目标地址SDRAM中调用。

(2) 启动目标板，执行Bootloader代码，从串口得到调试数据。如果串口得到的数据和程序中的输出数据一致，则表示Bootloader移植成功。

调试成功后，编译Bootloader工程，生成后缀名为.bin的目标代码文件，通过JTAG口或者其他方式下载到硬件开发板Flash中，完成Bootloader的刻录。

思考与练习

一、填空题

1. Bootloader，亦称引导加载程序，是_____。本章主要介绍了针对GT2440平台比较重要的两种Bootloader：_____和_____。

2. 一般Bootloader包含两种不同的操作模式：_____和_____。

3. Bootloader的主要功能是引导操作系统启动，它的启动方式一般有_____、_____和_____三种。

4. Vivi运行的第一阶段主要完成以下工作：屏蔽所有的中断、设置CPU的速度和时钟频率、_____、_____和关闭CPU内部指令/数据cache。

二、选择题

1. 在Bootloader的启动方式中，Flash启动方式通常有两种，一种是可以直接从Flash启动，另一种是可以将压缩的内存映像文件从Flash中复制、解压到(　　)，再从中启动。

  A. ROM   B. SDRAM

  C. RAM   D. Flash

2. 在各种Bootloader中，(　　)是以PPCBoot和ARMBoot为基础的通用加载程序，并且可以在ARM、PowerPC以及MIPS等多种平台上运行。

  A.Vivi   B.U-Boot

  C. RedBoot   D.s-hboot

3. 在编译Vivi之前将Vivi里所有的"*.o"和"*.o.flag"文件删掉，以确保文件编译时没有错误或者警告发生，使用的命令格式为(　　)。

  A. make distclean   B. make clean

  C. make menuconfig   D. make config

4. 编译Vivi时，如果编译成功，在/vivi里面会生成三个vivi文件，其中不包括文件(　　)。

  A. vivi   B. vivi.map

  C. vivi-elf   D. vivi.exe

5. 把二进制文件载入Flash或RAM使用的命令是(　　)。

  A. load   B.part

  C. boot   D.bon

三、简答题

1. 简述Bootloader的主要功能。

2. Vivi运行过程共有几个部分，各个部分主要完成什么工作？

3. 简述Bootloader的调试步骤。

第8章　定制内核移植

学习完有关Bootloader的内容，下面将进入嵌入式系统设计的重点之一：内核定制，有时也叫做内核移植。Bootloader是学习Linux系统移植的基础，所以建议读者在开始学习本章内容之前，一定要掌握前面Bootloader的相关知识。在任何一个具有操作系统软件的计算机系统中，操作系统是一个用来和硬件打交道并为用户程序提供有限服务集的低级支撑软件，它完成整个系统的控制工作。在嵌入式系统中，Linux的"操作系统"被称为"内核"，也可以称为"核心"。Linux内核的模块主要分为：存储管理、CPU和进程管理、文件系统、设备管理和驱动、网络通信，以及系统的初始化(引导)、系统调用等几个部分。

本章重点介绍内核的定制，这是嵌入式Linux移植的重点，也是Linux系统的精华所在。本章主要内容包括：嵌入式Linux内核源码组织、内核的配置系统、内核定制的具体过程，在完成内核移植后，将接着介绍定制的内核。为了能够使用基本的外围设备，本章主要介绍有关网卡的驱动，其他驱动后续章节会有详细介绍。嵌入式系统对内核的大小也有一定的要求，因此在本章的最后我们将介绍有关内核裁剪的具体优化方法。

本章重点：
- 内核源码组织
- 内核的定制
- Makefile
- 定制网卡驱动
- 内核裁剪

8.1　Linux内核源码组织

在本章的开始，我们首先学习如何识别Linux系统内核的版本，就像经常使用的Windows操作系统，是SP1还是SP2？首先，Linux内核也有"Beta"版，就是所谓的"测试版"。一般，可以从Linux内核版本号区分系统是Linux稳定版还是测试版。以版本2.6.38为例，2代表主版本号，6代表次版本号，38代表改动较小的末版本号。在版本号中，序号的第二位为偶数的版本表明这是一个可以使用的稳定版本，如2.6.5，而序号的第二位为奇数的版本一般有一些新的东西加入，是个不一定很稳定的测试版本，如2.3.1。这样稳定版本来源于上一个测试版升级版本号，而一个稳定版本发展到完全成熟后就不再发展。

注意：
截止目前(2013年年末)Linux Kernel内核版本已经发布到了3.13版，从稳定性和易于获取性出发，本书基于2.6.38版本进行相应的介绍。

Linux用来支持各种体系结构的源代码包含大约4500个C语言程序，存放在270个左右的子目录下，总共大约包含200万行代码，大概占用58MB磁盘空间。其文件结构图如图8-1所示，这里笔者使用的Linux系统是2.6的内核版本，与其他版本可能会有所差异。

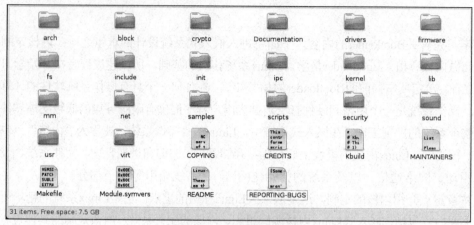

图8-1　Linux内核文件结构

在Linux基础部分，我们曾经详细讲述了Linux操作系统中的一些具体管理方法和结构组织，比如进程管理、内存管理、文件系统、驱动程序和网络等方面的内容。在这里，进入Linux的内核部分后，我们可以看到它的各个部分与内核源码的各个目录都是对应的，比如有关驱动的内容，内核中就都组织到"drive"这个目录中去，有关网络的代码都集中组织到"net"中。当然，这里有的目录包含多个部分的内容。具体各个目录的内容组成如下。

- arch：arch目录包括了所有和体系结构相关的核心代码。它下面的每一个子目录都代表Linux支持的一种体系结构，例如i386就是Intel CPU及与之兼容体系结构的子目录。
- include：include目录包括编译核心所需要的大部分头文件，例如与平台无关的头文件在include/linux子目录下。
- init：init目录包含核心的初始化代码(不是系统的引导代码)，有main.c和Version.c两个文件。
- mm：mm目录包含了所有的内存管理代码。与具体硬件体系结构相关的内存管理代码位于arch/*/mm目录下。
- drivers：drivers目录中是系统中所有的设备驱动程序。它又进一步划分成几类设备驱动，每一种有对应的子目录，如声卡的驱动对应于drivers/sound。
- ipc：ipc目录包含了核心进程间的通信代码。
- modules：modules目录存放了已建好的、可动态加载的模块。
- fs：fs目录存放Linux支持的文件系统代码。不同的文件系统有不同的子目录对应，如ext3文件系统对应的就是ext3子目录。
- Kernel：Kernel内核管理的核心代码放在这里。同时与处理器结构相关的代码都放在arch/*/kernel 目录下。

- net：net目录里是核心的网络部分代码，其每个子目录对应于网络的一个方面。
- lib：lib目录包含了核心的库代码，不过与处理器结构相关的库代码被放在arch/*/lib/目录下。
- scripts：scripts目录包含用于配置核心的脚本文件。
- documentation：documentation目录下是一些文档，是对每个目录作用的具体说明。
  一般在每个目录下都有一个depend文件和一个Makefile文件。这两个文件都是编译时使用的辅助文件。仔细阅读这两个文件，对弄清各个文件之间的联系和依托关系很有帮助。另外有的目录下还有Readme文件，它是对该目录下文件的一些说明，同样有利于我们对内核源码的理解。

8.2　内核基本配置

了解有关内核的目录结构之后，我们对整个Linux系统内核的代码组织方式有了基本的认识，但是我们还不明白整个系统的各种修改和操作是如何实现的。下面将对Linux系统中内核配置系统进行介绍，具体内容如下。

8.2.1　内核配置系统

ARM-Linux内核的配置系统由三个部分组成，分别是Makefile、配置文件和配置工具，它们之间的关系如图8-2所示。后缀名为.in的文件为提供选项的文件，通过配置工具配置之后生成配置文件，最后按照选项来调用源码编译成待刻录到目标板的镜像文件zImage。整个过程都是由Makefile文件来调用管理的。

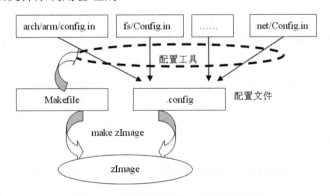

图8-2　内核配置系统三部分关系图

Linux内核在PC上以文件的形式存在(保存成磁盘文件形式)，就是所谓的"镜像文件"。Linux内核镜像文件最终要刻录到目标板的Flash中。

Linux内核镜像文件有两种：一种是非压缩版本，叫做Image；另一种是它的压缩版本，叫做zImage。zImage是Image经过压缩形成的，所以它的大小比Image小。为了能使用zImage这个压缩版本，必须在它的开头加上解压缩的代码，将zImage解压缩之后才能执行，因此它的执行速度比Image慢。但考虑到嵌入式系统的存储空容量一般都比较小，内核要常驻内存，采用zImage可以占用较少的存储空间，因此牺牲一点性能上的代价也是值得的，所以一般嵌入式系统均采用压缩的内核镜像文件，即zImage。

下面具体介绍这些文件。

1. Makefile

Makefile是Linux系统中非常重要的一个组成部分，我们前面也有所介绍。因为在几乎每一个子目录下都会有Makefile文件。其中位于根目录下的Makefile文件是总纲式Makefile文件，其他任何Makefile文件都直接或间接被它调用。Makefile文件定义了各个目录下文件如何被编译，并最终形成zImage文件。当然zImage文件的产生还要借助.config文件，它会告诉Makefile文件哪些文件被编译进内核，哪些源文件没有被用户选中，并不需要被编译进内核文件中。

2. 配置文件

在ARM-Linux系统中，配置文件存放在各个子目录下，它们通常被称为config.in、Config.in、config或者Config文件，其中后缀名in表示的是提供选项，而后缀名config则表示选择了某些选项之后的配置文件。这些文件大概有几十个，其中存放在arch/arm目录下的config.in文件为总纲领式配置文件，其他config.in文件都是直接或间接被该文件调用。这些配置文件按照一定的格式编写，用户通过特定的工具可以读这些配置文件来进行ARM-Linux系统的配置，最终配置的选项结果存放在内核根目录.config文件中。

3. 配置工具

配置工具一般包括配置命令解释器和配置用户界面。前者主要是对配置脚本中使用的配置命令进行解释；而后者则是提供基于字符界面、Ncurses图形界面以及X windows图形界面的用户配置界面，各自对应于Make config、Make menuconfig和Make xconfig。

这些配置工具都使用脚本语言，如Tcl/Tk、Perl编写的(也包含一些用C编写的)代码。这里我们并不对配置系统本身进行分析，而是重点介绍如何使用配置系统。所以除非是配置系统的维护者，一般的内核开发者无需了解它们的原理，只需要知道如何编写Makefile和配置文件就可以了。

8.2.2　Makefile

Makefile是分布在Linux内核源码的各个层次目录中，定义Linux内核的编译规则。其主要作用是根据配置的情况，构造出需要编译的源文件列表，然后分别编译，并把目标代码链接到一起，最终形成Linux内核二进制文件。

1. Makefile概述

由于Linux内核源代码是按照树形结构组织的，所以Makefile也被分布在目录树中。Linux内核中的Makefile以及与Makefile直接相关的文件有：
- Makefile：顶层Makefile，是整个内核配置、编译的总体控制文件。
- .config：内核配置文件，包含由用户选择的配置选项，用来存放内核配置后的结果。

- arch/*/Makefile：位于各种CPU体系目录下的 Makefile，其中"*"表示不同的平台，如arch/arm/Makefile是针对arm平台的Makefile。
- 各个子目录下的Makefile：比如drivers/Makefile，负责所在子目录下源代码的管理与编译。
- Rules.make：规则文件，被所有的Makefile使用。

用户通过make config配置，产生后缀名为.config的文件。顶层Makefile读入.config中的配置选择。顶层Makefile有两个主要的任务：产生vmlinux文件和内核模块文件module。顶层Makefile通过递归地进入到内核的各个子目录中，分别调用位于这些子目录中的Makefile。至于到底进入哪些子目录，取决于内核的配置。在顶层Makefile中，有下面一段代码：

```
include arch/$(ARCH)/Makefile
```

表示包含了特定CPU体系结构下的Makefile，即包含了与平台相关的信息。

位于各个子目录下的Makefile同样也根据.config给出的配置信息，构造出当前配置下需要的源文件列表，并在文件的最后有下面一段代码：

```
include $(TOPDIR)/Rules.make
```

Rules.make文件起着非常重要的作用，它定义了所有Makefile共用的编译规则。比如，如果需要将本目录下所有的C程序编译成汇编代码，需要在Makefile中有以下的编译规则：

```
%.s: %.c
$(CC) $(CFLAGS) -S $< -o $@
```

而在其他子目录下都有同样的要求。需要在各自的Makefile中包含上面的代码，这是一件很麻烦的事情，需要手动在所有的Makefile中添加代码。而通过Rules.make文件，在Linux内核中则把此类的编译规则统一放置到Rules.make中，并在各自的Makefile中包含Rules.make，这样就避免在多个Makefile中重复同样的规则。对于上面的例子，只要在Rules.make中添加下面的规则：

```
%.s: %.c
$(CC) $(CFLAGS) $(EXTRA_CFLAGS) $(CFLAGS_$(*F)) $(CFLAGS_$@) -S $< -o $@
```

然后再将各自的Makefile包含进Rules.make就可以了。

2. Makefile中的变量

顶层Makefile定义并向环境中输出了许多变量，为各个子目录下的Makefile传递一些信息。有些变量，比如SUBDIRS，不仅在顶层Makefile中定义并且赋初值，而且在arch/*/Makefile还作了扩充。

常用的变量有以下几类：

- 版本信息有：VERSION、PATCHLEVEL、SUBLEVEL、EXTRAVERSION，KERNELRELEASE。版本信息定义了当前内核的版本，比如VERSION=2，PATCHLEVEL=4，SUBLEVEL=18，EXTRAVERSION=-rmk7，它们共同构成内核

的发行版本KERNELRELEASE：2.4.18-rmk7。

- CPU体系结构：ARCH在顶层Makefile的开头，用ARCH定义目标CPU的体系结构，比如ARCH：=arm等。许多子目录的Makefile要根据ARCH的定义选择编译源文件的列表。
- 路径信息：TOPDIR、SUBDIRS。TOPDIR定义了Linux内核源代码所在的根目录。例如，各个子目录下的Makefile通过$(TOPDIR)/Rules.make就可以找到Rules.make的位置。SUBDIRS定义了一个目录列表，在编译内核或模块时，顶层Makefile就是根据SUBDIRS来决定进入哪些子目录。SUBDIRS 的值取决于内核的配置，在顶层Makefile中SUBDIRS赋值为kernel drivers mm fs net ipc lib；根据内核的配置情况，在arch/*/Makefile中扩充了SUBDIRS的值。

(1) 内核组成信息：HEAD、CORE_FILES、NETWORKS、DRIVERS、LIBS。Linux内核文件vmlinux是由以下规则产生的：

```
vmlinux: $(CONFIGURATION) init/main.o init/version.o linuxsubdirs
    $(LD) $(LINKFLAGS) $(HEAD) init/main.o init/version.o \
        --start-group \
        $(CORE_FILES) \
        $(DRIVERS) \
        $(NETWORKS) \
        $(LIBS) \
        --end-group \
        -o vmlinux
```

可以看出，vmlinux是由HEAD、main.o、version.o、CORE_FILES、DRIVERS、NETWORKS和LIBS组成的。这些变量(如HEAD)都用来定义连接生成vmlinux的目标文件和库文件列表。其中，HEAD在arch/*/Makefile中定义，用来确定被最先链接进vmlinux的文件列表。比如，对于ARM系列的CPU，HEAD定义为：

```
HEAD：= arch/arm/kernel/head-$(PROCESSOR).o \arch/arm/kernel/init_task.o
```

表明 head-$(PROCESSOR).o 文件和 init_task.o 文件需要最先被链接到 vmlinux 中。PROCESSOR表示具体的CPU类型，这里为armv或armo，实际情况中要取决于目标的CPU类型。CORE_FILES、NETWORK、DRIVERS和LIBS都在顶层Makefile中定义，并且由arch/*/Makefile根据需要进行扩充。CORE_FILES对应着内核的核心文件，有kernel/kernel.o、mm/mm.o、fs/fs.o、ipc/ipc.o，可以看出，这些是组成内核最为重要的文件。同时，arch/arm/Makefile对CORE_FILES进行了扩充，代码如下：

```
# arch/arm/Makefile

# If we have a machine-specific directory， then include it in the build.
MACHDIR：= arch/arm/mach-$(MACHINE)
ifeq ($(MACHDIR)，$(wildcard $(MACHDIR)))
```

```
SUBDIRS+= $(MACHDIR)
CORE_FILES : = $(MACHDIR)/$(MACHINE).o $(CORE_FILES)
endif

HEAD : = arch/arm/kernel/head-$(PROCESSOR).o \
        arch/arm/kernel/init_task.o
SUBDIRS+= arch/arm/kernel arch/arm/mm arch/arm/lib arch/arm/nwfpe
CORE_FILES : = arch/arm/kernel/kernel.o arch/arm/mm/mm.o $(CORE_FILES)
LIBS : = arch/arm/lib/lib.a $(LIBS)
```

(2) 编译信息：CPP、CC、AS、LD、AR、CFLAGS、LINKFLAGS。

在Rules.make中定义的是编译的通用规则，具体到特定的场合，需要明确给出编译环境，编译环境在以上的变量中定义。针对交叉编译的要求，定义了CROSS_COMPILE。比如：

```
CROSS_COMPILE = arm-linux-
CC = $(CROSS_COMPILE)gcc
LD = $(CROSS_COMPILE)ld
......
```

CROSS_COMPILE定义了交叉编译器前缀arm-linux-，表明所有的交叉编译工具都是以"arm-linux-"开头的，所以在各个交叉编译器工具之前，都加入了 $(CROSS_COMPILE)，以组成一个完整的交叉编译工具文件名，比如arm-linux-gcc。

CFLAGS定义了传递给C编译器的参数。

LINKFLAGS是链接生成vmlinux时，由链接器使用的参数。LINKFLAGS在arm/*/ Makefile中定义，比如：

```
# arch/arm/Makefile

LINKFLAGS : =-p -X -T arch/arm/vmlinux.lds
```

(3) 配置变量CONFIG_*。

.config文件中有许多配置变量等式，用来说明用户配置的结果。例如：

```
CONFIG_MODULES=y
```

表明用户选择了Linux内核的模块功能。.config被顶层Makefile包含后，就形成许多的配置变量，每个配置变量具有确定的值，包括以下几种情况。

- y表示本编译选项对应的内核代码被静态编译进Linux内核。
- m表示本编译选项对应的内核代码被编译成模块。
- n表示不选择此编译选项。

如果根本就没有选择，那么配置变量的值为空。

3. Rules.make变量

前面讲过，Rules.make是编译规则文件，所有的Makefile中都会包括Rules.make。

Rules.make文件定义了许多变量，最为重要是编译、链接列表变量，具体包括以下变量。

- O_OBJS、L_OBJS、OX_OBJS、LX_OBJS：本目录下需要编译进Linux内核vmlinux
  的目标文件列表，其中OX_OBJS和LX_OBJS中的"X"表明目标文件使用了
  EXPORT_SYMBOL输出符号。
- M_OBJS、MX_OBJS：本目录下需要被编译成可装载模块的目标文件列表。同样，
  MX_OBJS中的"X"表明目标文件使用了EXPORT_SYMBOL输出符号。
- O_TARGET、L_TARGET：每个子目录下都有一个O_TARGET或L_TARGET。

Rules.make首先从源代码编译生成O_OBJS和OX_OBJS中所有的目标文件，然后使用
$(LD)-r把它们链接成一个O_TARGET或L_TARGET。O_TARGET以.o结尾，而L_TARGET
以.a结尾。

4. 子目录下的Makefile

子目录Makefile用来控制本级目录以下源代码的编译规则。接下来通过一个例子来讲解
子目录Makefile的组成。

```
#
# Makefile for the linux kernel.
#
# All of the (potential) objects that export symbols.
# This list comes from 'grep -l EXPORT_SYMBOL *.[hc]'.

export-objs    := tc.o
# Object file lists.
obj-y          :=
obj-m          :=
obj-n          :=
obj-           :=
obj-$(CONFIG_TC) += tc.o
obj-$(CONFIG_ZS) += zs.o
obj-$(CONFIG_VT) += lk201.o lk201-map.o lk201-remap.o

# Files that are both resident and modular: remove from modular.
obj-m          := $(filter-out $(obj-y),   $(obj-m))
# Translate to Rules.make lists.

L_TARGET := tc.a
L_OBJS         := $(sort $(filter-out $(export-objs),   $(obj-y)))
LX_OBJS        := $(sort $(filter    $(export-objs),   $(obj-y)))
M_OBJS         := $(sort $(filter-out $(export-objs),   $(obj-m)))
MX_OBJS        := $(sort $(filter    $(export-objs),   $(obj-m)))

include $(TOPDIR)/Rules.make
```

下面我们具体分析这段代码，Makefile文件中主要包含以下几个部分。

(1) 注释

注释是指对Makefile的说明和解释，由#开始。

(2) 编译目标定义

类似于obj-$(CONFIG_TC)+=tc.o的语句，用来定义编译的目标，是子目录Makefile中最重要的部分。编译目标定义那些在本子目录下，需要编译到Linux内核中的目标文件列表。为了只在用户选择了此功能后才编译，所有的目标定义都融合了对配置变量的判断。

前面说过，每个配置变量取值范围是：y、n、m和空，obj-$(CONFIG_TC)分别对应着obj-y、obj-n、obj-m、obj-。如果CONFIG_TC配置为y，那么tc.o就进入了obj-y列表。obj-y为包含Linux内核vmlinux中的目标文件列表；obj-m为编译成模块的目标文件列表；obj-n和obj-y中的文件列表被忽略。配置系统就根据这些列表的属性进行编译和链接。

export-objs中的目标文件都使用EXPORT_SYMBOL()定义公共的符号，以便可装载模块使用。在tc.o文件的最后部分，有下面一段代码：

```
EXPORT_SYMBOL(search_tc_card);
```

表明tc.o有符号输出。

这里需要指出的是，对于编译目标的定义，存在两种格式，分别是老式定义和新式定义。老式定义就是前面Rules.make使用的那些变量，新式定义就是obj-y、obj-m、obj-n和obj-。Linux内核推荐使用新式定义，不过由于Rules.make不理解新式定义，需要在Makefile中的适配段将其转换成老式定义，这样在适配段中可以实现。

(3) 适配段

适配段的作用是将新式定义转换成老式定义。在上面的例子中，适配段就是将obj-y和obj-m转换成Rules.make能够理解的L_TARGET、L_OBJS、LX_OBJS、M_OBJS、MX_OBJS。

L_OBJS := $(sort $(filter-out $(export-objs), $(obj-y)))定义了L_OBJS的生成方式：在obj-y的列表中过滤掉export-objs(tc.o)，然后排序并去除重复的文件名。这里使用到了GNU Make的一些特殊功能，具体的含义可参考Make的文档(info make)。

8.2.3 具体的配置操作

内核源码的配置文件有自己的格式，这些文件中定义了Makefile的使用命令。下面我们详细讲解这类文件的编写格式。

1. 配置命令

除了Makefile的编写，另外一个重要的工作就是把新功能加入到Linux的配置选项中，提供此项功能的说明，让用户有机会选择此项功能。所有的这些都需要在config.in文件中用配置语言来编写配置脚本，在Linux内核中，配置命令有多种方式，如表8-1所示。

表8-1　Linux内核配置命令表

配 置 命 令	解 释 脚 本
Make config、Make oldconfig	scripts/Configure
Make menuconfig	scripts/Menuconfig
Make xconfig	scripts/tkparse

以字符界面配置(Make config)为例，顶层Makefile调用scripts/Configure，按照arch/arm/config.in来进行配置。命令执行完后产生文件.config，其中保存着配置信息。下一次再做Make config，将产生新的.config文件，原.config被改名为.config.old。

2. 配置语言

配置语言的使用简单明了，这里我们重点介绍顶层菜单、询问语句、定义语言、依赖语句、选择语句、菜单块语句等。

(1) 顶层菜单

顶层菜单是编译器要识别的第一步骤。它有固定格式，例如"mainmenu_name/prompt//prompt/"文件中，它用"'"或""""包围的字符串，"'"与""""的区别是"'...'"中可使用"$"引用变量的值。mainmenu_name设置最高层菜单的名字，它只在Make xconfig时才会显示。

(2) 询问语句

询问语句的常用格式如下：

bool	/prompt/ /symbol/
hex	/prompt/ /symbol/ /word/
int	/prompt/ /symbol/ /word/
string	/prompt/ /symbol/ /word/
tristate	/prompt/ /symbol/

询问语句首先显示一串提示符/prompt/，等待用户输入，并把输入的结果赋给/symbol/所代表的配置变量。不同的询问语句接受的输入数据类型不同，比如bool接受布尔类型(y或n)，hex接受十六进制数据。有些询问语句还有第三个参数/word/，用来给出默认值。

(3) 定义语句

定义语句一般使用define关键字定义。基本格式如下：

define_bool	/symbol/ /word/
define_hex	/symbol/ /word/
define_int	/symbol/ /word/
define_string	/symbol/ /word/
define_tristate	/symbol/ /word/

不同于询问语句等待用户输入，定义语句显式地给配置变量/symbol/赋值/word/。

（4）依赖语句

依赖语句的关键字为dep。基本格式为：

```
dep_bool        /prompt/ /symbol/ /dep/ ...
dep_mbool       /prompt/ /symbol/ /dep/ ...
dep_hex         /prompt/ /symbol/ /word/ /dep/ ...
dep_int         /prompt/ /symbol/ /word/ /dep/ ...
dep_string      /prompt/ /symbol/ /word/ /dep/ ...
dep_tristate    /prompt/ /symbol/ /dep/ ...
```

与询问语句类似，依赖语句也是定义新的配置变量。不同的是，配置变量/symbol/的取值范围将依赖于配置变量列表/dep/ ...。这就意味着：被定义的配置变量所对应功能的取舍取决于依赖列表所对应功能的选择。以dep_bool为例，如果/dep/ ...列表的所有配置变量都取值y，则显示/prompt/，用户可输入任意的值给配置变量/symbol/，但是只要有一个配置变量的取值为n，则/symbol/被强制成n。

不同依赖语句的区别在于它们由依赖条件所产生的取值范围不同。

（5）选择语句

常用的选择语句的关键字是choice，格式为：

```
choice          /prompt/ /word/ /word/
```

choice语句首先给出一串选择列表，供用户选择其中的一种。比如Linux for ARM支持多种基于ARM core的CPU，Linux使用choice语句提供一个CPU列表，供用户选择：

```
choice 'ARM system type' \
"Anakin                 CONFIG_ARCH_ANAKIN \
Archimedes/A5000        CONFIG_ARCH_ARCA5K \
Cirrus-CL-PS7500FE      CONFIG_ARCH_CLPS7500 \
……
SA1100-based            CONFIG_ARCH_SA1100 \
Shark                   CONFIG_ARCH_SHARK" RiscPC
```

choice首先显示/prompt/，然后将/word/分解成前后两个部分，前部分为对应选择的提示符，后部分是对应选择的配置变量。用户选择的配置变量为 y，其余的都为n。

（6）if语句

假设语句一般用if，这跟一般的编程语句一致，格式如下：

```
if [ /expr/ ] ; then
   /statement/
   ...
fi

if [ /expr/ ] ; then
```

```
          /statement/
          ...
      else
          /statement/
          ...
      fi
```

if语句对配置变量(或配置变量的组合)进行判断,并作出不同的处理。判断条件/expr/可以是单个配置变量或字符串,也可以是带操作符的表达式。操作符有: =、!=、-o、-a等。

(7) 菜单块(menu block)语句

菜单功能使用菜单块语句定义,基本格式如下:

```
  mainmenu_option next_comment
  comment '...'
  …
  endmenu
```

在向内核增加新的功能后,需要相应的增加新的菜单,并在新菜单下给出此项功能的配置选项。comment后带的注释就是新菜单的名称。所有归属于此菜单的配置选项语句都写在comment和endmenu之间。

(8) source语句

source语句的格式如下:

```
  source /word/
```

/word/是文件名,source的作用是调入新的文件。

3. 默认配置

Linux内核支持非常多的硬件平台,对于具体的硬件平台而言,有些配置是必需的,有些配置就不是必需的。另外,新增加功能的正常运行往往也需要一定的先决条件,针对新功能,必须作相应的配置。因此,特定硬件平台能够正常运行对应着一个最小的基本配置,这就是默认配置。

Linux内核中针对每个ARCH都会有一个默认配置。在向内核代码增加新的功能后,如果新功能对于这个ARCH是必需的,就要修改此ARCH的默认配置。修改方法如下(在Linux内核根目录下):

备份.config文件:

```
  cp arch/arm/deconfig.config
```

修改.config:

```
  gedit .config
```

恢复.config文件:

```
  cp.configarch/arm/deconfig
```

如果新增的功能适用于许多ARCH，只要针对具体的ARCH，重复上面的步骤就可以了。

4．帮助文件

大家都有这样的经验，在配置Linux内核时，遇到不懂含义的配置选项，可以查看它的帮助，从中可得到选择性的建议。

所有配置选项的帮助信息都在Documentation/Configure.help中，它的格式为：

```
<description>
<variable name>
<help file>
```

<description>给出本配置选项的名称，<variable name>对应配置变量，<help file>对应配置帮助信息。在帮助信息中，首先简单描述选项的功能，其次说明选择了此功能后会有什么效果，不选择又有什么效果。

8.2.4　添加自己的代码

对于一个开发者来说，将自己开发的内核代码加入到Linux内核中，需要有三个步骤。首先，确定把自己开发的代码放入到内核中的位置；其次，把自己开发的功能增加到Linux内核的配置选项中，使用户能够选择该功能；最后，构建子目录Makefile，根据用户的选择，将相应的代码编译到最终生成的Linux内核中去。下面，我们就通过一个简单的例子——test driver，结合前面学到的知识，来说明如何向Linux内核中增加新的功能。具体步骤如下。

1．组织目录结构

第一步需要组织好文件的目录结构，直接复制驱动源码test driver并放置在drivers/test/目录下，完成之后，可以通过下面的命令查看，如果结果如下，表示已经成功放置：

```
$cd drivers/test
$tree
.
|-- Config.in
|-- Makefile
|-- cpu
|    |-- Makefile
|    `-- cpu.c
|-- test.c
|-- test_client.c
|-- test_ioctl.c
|-- test_proc.c
|-- test_queue.c
`-- test
     |-- Makefile
     `-- test.c
```

2. 配置文件

第二步开始具体的文件配置，首先配置drivers/test/目录：drivers/test/Config.in。
新建Config.in文件，具体内容如下：

```
#
# TEST driver configuration
#
mainmenu_option next_comment
comment 'TEST Driver'

bool 'TEST support' CONFIG_TEST
if [ "$CONFIG_TEST" = "y" ]; then
    tristate 'TEST user-space interface' CONFIG_TEST_USER
    bool 'TEST CPU ' CONFIG_TEST_CPU
fi

endmenu
```

说明：由于test driver对于内核来说是新的功能，所以首先创建一个菜单TEST Driver。然后显示"TEST support"，等待用户选择；接下来判断用户是否选择了TEST Driver，如果是(CONFIG_TEST=y)，则进一步显示子功能：用户接口与CPU功能支持；由于用户接口功能可以被编译成内核模块，所以这里的询问语句使用了tristate(因为tristate的取值范围包括y、n和m，m对应着模块)。

然后配置arch/arm目录下的arch/arm/config.in，在arch/arm/config.in文件的最后添加下面的代码：

```
source drivers/test/Config.in
```

即将上面讲到的TEST Driver子功能配置纳入到Linux内核的配置中。

3. Makefile配置

下面进行各个目录之下的Makefile文件的配置。
(1) drivers/test/Makefile，具体配置如下：

```
#         drivers/test/Makefile
#
#         Makefile for the TEST.
#

SUB_DIRS     :=
MOD_SUB_DIRS := $(SUB_DIRS)
ALL_SUB_DIRS := $(SUB_DIRS) cpu

L_TARGET := test.a
```

```
export-objs := test.o test_client.o

obj-$(CONFIG_TEST)                += test.o test_queue.o test_client.o
obj-$(CONFIG_TEST_USER)           += test_ioctl.o
obj-$(CONFIG_PROC_FS)             += test_proc.o

subdir-$(CONFIG_TEST_CPU)         += cpu

include $(TOPDIR)/Rules.make

clean:
        for dir in $(ALL_SUB_DIRS); do make -C $$dir clean; done
        rm -f *.[oa] .*.flags
```

drivers/test目录下最终生成的目标文件是test.a。在test.c和test-client.c中使用EXPORT_SYMBOL输出符号，所以test.o和test-client.o位于export-objs列表中。然后，根据用户的选择(具体来说，就是配置变量的取值)，构建各自对应的obj-*列表。由于TEST Driver中包含一个子目录cpu，当CONFIG_TEST_CPU=y(即用户选择了此功能)时，需要将cpu目录加入到subdir-y列表中。

(2) drivers/test/cpu/Makefile，按照前面介绍的makefile的编写规则，编写如下代码：

```
#          drivers/test/cpu/Makefile
#
#          Makefile for the TEST CPU
#

SUB_DIRS      :=
MOD_SUB_DIRS := $(SUB_DIRS)
ALL_SUB_DIRS := $(SUB_DIRS)

L_TARGET := test_cpu.a

obj-$(CONFIG_test_CPU) += cpu.o

include $(TOPDIR)/Rules.make

clean:
        rm -f *.[oa] .*.flags
```

(3) drivers/Makefile，同时在drivers下编写makefile文件，具体内容如下：

```
......
subdir-$(CONFIG_TEST) += test
......
```

```
include $(TOPDIR)/Rules.make
```

在drivers/Makefile中加入"subdir-$(CONFIG_TEST)+=test",使得在用户选择TEST Driver
功能后,内核编译时能够进入test目录。

(4) 顶层Makefile,具体配置如下:

```
……
DRIVERS-$(CONFIG_PLD) += drivers/pld/pld.o
DRIVERS-$(CONFIG_TEST) += drivers/test/test.a
DRIVERS-$(CONFIG_TEST_CPU) += drivers/test/cpu/test_cpu.a

DRIVERS := $(DRIVERS-y)
……
```

在顶层Makefile中加入"DRIVERS-$(CONFIG_TEST)+=drivers/test/test.a"和"DRIVERS-
$(CONFIG_TEST_CPU) += drivers/test/cpu/test_cpu.a"。如果用户选择了TEST Driver,那么
CONFIG_TEST和CONFIG_TEST_CPU都是y,test.a和test_cpu.a就都位于DRIVERS-y列表中,
同时也被放置在DRIVERS列表中。我们在前面曾经提到过,Linux内核文件vmlinux的组成中
包括DRIVERS,因此test.a和test_cpu.a最终可被链接到vmlinux中。

8.3　内　核　定　制

一般操作系统的内核从体系结构角度,可以划分为两种:微内核体系结构、单内核体系
结构。微内核体系结构只在内核中包括了一些基本的内核功能,其他部分在用户内存空间运
行,这种结构需要在各层之间进行调用,因此会有一定的消耗,使执行效率不如单内核体系
结构高。而单内核体系结构中,内核的所有部分都集中在一起,这样能使系统的各部分直接
沟通,有效地缩短任务之间的切换时间,提高了系统的响应速度,实时性好并提高了CPU的
利用率,但在系统比较大的时候体积也比较大。

Linux系统采用的是单内核体系结构,其内核体积比较大,可能不能满足嵌入式系统的小
容量、有限的资源的要求。因此在实际使用中,需要非常精细地对系统的内核进行定制,选
择需要的模块,舍弃不需要的模块,这样才能实现以最小的体积实现需要的功能,适应整个
嵌入式系统的需求。

下面详细介绍内核定制的步骤。

8.3.1　获取源码

源码的获取有很多途径,我们可以从http://www.kernel.org/获取,这是Linux内核的官方
网站,该网站定期发布最新的内核,以修补Linux内核在使用中的各种漏洞,读者可以根据需
要下载适合自己的版本。这里使用目前最新的内核Linux 2.6.38进行介绍。

8.3.2　移植过程

Linux内核的移植过程比较繁琐，具体步骤如下。

1. 解压内核文件

单击右键，选择"extract here"命令可以解压文件；也可以在终端中输入如下命令：

```
tar xfv linux-2.6.38.tar.bz2
```

然后进入内核目录，输入如下命令：

```
cd linux-2.6.38
```

2. 修改机器码

内核的机器码必须跟Bootloader中一致，不管是u-boot还是Vivi。在GT2440使用的u-boot的机器码是9999，这里需要修改机器码，否则会出现不能启动的情况。机器码保存在内核源码的"arch/arm/tools/mach-types"文件中，大概为379行，把原来的数字改为"9999"即可。也可以修改u-boot中的机器码，在"\include\asm-arm\mach-types.h"文件中，找到"#define MACH_TYPE_S3C2440 168"，将其中的数字"168"改成与Linux内核一致的机器码，注意，这个机器码应是没有使用的，否则会在编译中提示冲突。然后保存即可。

3. 修改内核源码根目录下的Makefile文件

内核的编译是根据Makefile文件中的内容进行的，所以首先需要修改根目录下的Makefile文件。更改目标代码的类型，并为编译内核指定一个编译器。修改后的详细内容显示如下：

```
#ARCH            ?= arm
#CROSS_COMPILE       ?=arm-linux-
```

ARCH是指架构，这里选择arm架构，所以修改成"#ARCH ?=arm"；CROSS_COMPILE是指编译器，由于要在开发版上运行，需要使用交叉编译器，所以改为："#CROSS_COMPILE ?=arm-linux-"。

4. 修改"arch/arm/plat-s3c24xx/common-smdk.c"文件

修改Nand Flash的分区信息和Nand Flash的硬件信息。这个文件需要修改两处，具体为：
(1) 找到smdk_default_nand_part，修改后的内容显示如下：

```
static struct mtd_partition smdk_default_nand_part[] = {
    [0] = {
            .name        = "arm2440_uboot",
            .size        = 0x00040000,
            .offset      = 0x00000000,
    },
    [1] = {
```

```
        .name       = "arm2440_kernel",
        .offset     = 0x0004C000,
        .size       = 0x00200000,
    },
    [2] = {
        .name       = "arm2440_yaffs2",
        .offset     = 0x0024C000,
        .size       = 0x03DB0000,
    }
};
```

注意：

此处的分区一定也要与Bootloader的分区一致。

(2) 修改Nand Flash的读写匹配时间，修改common-smdk.c文件刚刚修改后的大概140行左右的smdk_nand_info结构体，修改后内容显示如下：

```
static struct s3c2410_platform_nand smdk_nand_info = {
    //改动下面这3个数字，默认是20、60、20
    .tacls      = 10,
    .twrph0     = 25,
    .twrph1     = 10,
    .nr_sets    = ARRAY_SIZE(smdk_nand_sets),
    .sets       = smdk_nand_sets,
};
```

5. 修改时钟频率

修改平台的时钟频率，以满足GT2440的工作频率。修改内核源码，否则在超级终端中会出现乱码。这里需要修改"arch/arm/mach-s3c2440/mach-GT2440.c"文件，修改后的内容显示如下：

```
......
static void __init GT2440_map_io(void)
{
    s3c24xx_init_io(GT2440_iodesc, ARRAY_SIZE(GT2440_iodesc));
    s3c24xx_init_clocks(12000000);
    s3c24xx_init_uarts(GT2440_uartcfgs, ARRAY_SIZE(GT2440_uartcfgs));
}
```

6. 增加Yaffs2文件系统的支持

Yaffs2是Aleph1公司的工程师Charles Manning开发的NAND Flash文件系统。其和Yaffs1主要差异还是在于页读写size的大小，Yaffs2可支持到2KB/页，远高于Yaffss1的512 Bytes, 因此对大容量NAND flash更具优势。

解压Yaffs2并以打补丁的方式将其加入Linux内核。最新的Yaffs2源代码包可以从http://www.yaffs.net/获得。具体操作命令如下：

```
#cd yaffs2
#./patch-ker.sh c /(linux内核路径)(注意：c与路径之间有一个空格)
```

7. 配置内核

先复制S3C2440开发版的默认配置到内核根目录下，以简化配置过程，使用如下命令：

```
# make menuconfig
```

显示结果如图8-3所示。

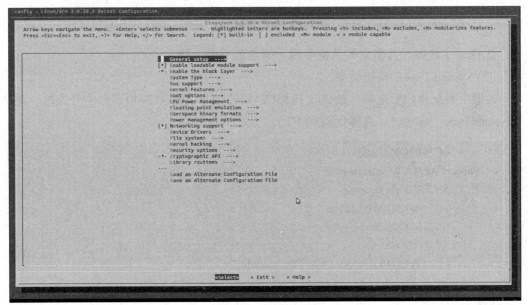

图8-3　内核配置菜单

由于我们使用的是基于S3C2440的开发版，所以在设置时，可以使用配置模板进行初始配置，在终端中输入命令：

```
make s3c2440_defconfig
```

接下来，我们可以在这个模板设置之上进行下一步的设置。下面是Linux内核的几个主要配置选项，详细说明如下。

(1) General setup：设置常规选项

在这里可以制定特定的内核常规选项，比如网络支持，网络支持是Linux内核的重要组成部分，这些选项通常是打开的。现在的Linux发行版以ELF格式作为它们的"内核核心格式"，这是系统库(System Libraries)的标准格式。"ELF"是"a1out"格式的继承，几乎所有Linux程序都使用ELF库，有些老的程序仍然需要"a1out"格式支持。主要选项如下。

● Networking support：网络支持。

- PCI support：PCI支持。
- PCI access mode：PCI存取模式，可供选择的有BIOS、Direct和Any。
- Support for hot-pluggable devices：热插拔设备支持。但Linux支持的不是太好，可不选。
- PCMCIA/CardBus support：PCMCIA CardBus支持，有PCMCIA就必选了。
- System VIPC：允许程序通信和同步。
- BSD Process Accounting：保持诸如进程异常结束这类行为产生的错误代码。
- Sysctl support：允许程序修改某些内核选项而不需要重新编译内核或者重新启动计算机。
- Power Management support：电源管理支持。
- Advanced Power Management BIOS support：高级电源管理BIOS的支持。

这里要配置的选项如下。

```
Configure standard kernel features (for small systems)   --->
```

选择这个选项，否则文件系统中的一些选项不会出现。

(2) System Type：系统类型

这里主要配置CPU选项，使之支持S3C2440的CPU以及GT2440平台的开发板。进入"System Type"选项后，具体代码如下：

```
        S3C2410 DMA support
    Support ARM920T processor
        S3C2410 Machines --->
            GT2410/A9M2410
        S3C2440 Machines --->
          GT2440
          GT2440 with S3C2440 CPU module
```

注意：

可以看到，系统大部分使用标注了S3C2410的选项，这是因为S3C2410和S3C2440的很多寄存器等和设置是完全相同的。

(3) Boot options：引导选项

选择Boot options选项后，将以下的代码：

```
(root=/dev/hda1 ro init=/bin/bash console=ttySAC0) Default kernel command string
```

改成如下的代码：

```
(noinitrd root=/dev/mtdblock2   console=ttySAC0，115200 init=/linuxrc )
```

可能不同的目标板的设置会不一样，GT2440的目标板一般是从Nand Flash中加载文件系统，其中mtdblock2是存放Linux文件系统的分区。

(4) Enable loadable module support：对模块的支持

启动动态载入额外模块的功能，系统默认为Y，建议选择该功能。找到如下的选项：

```
Module unloading
Automatic kernel module loading
```

这里需要选择这两个选项，剩下的可以不选择。第一个选项"Module unloading"的功能是能够卸载加载的模块功能。而启用第二个选项"Automatic kernel module loading"就可以通过Kernel程序的帮助功能，在需要的时候自动载入或卸载那些可载入式的模块。

(5) Device Drivers：设备驱动

进入这个选项后，将显示如下的代码。

```
<*> Memory Technology Device (MTD) support
    MTD partitioning support
    <*> NAND Device Support --->
        <*>   NAND Flash support for S3C2410/S3C2440 SoC
        [ ]   S3C2410 NAND Hardware ECC      //去掉该选项
Network device support --->
    Ethernet (10 or 100Mbit) --->
        <*>   DM9000 support
< > Real Time Clock --->                     //去除该选项
```

这里我们需要去掉两个选项：S3C2410 NAND Hardware ECC 和Real Time Clock。

(6) File systems：文件系统

```
Miscellaneous filesystems --->
    <*>YAFFS2 file system support
```

进入该选项后，这里会列举很多的文件系统，我们需要设置文件系统为"YAFFS2"，选择该选项即可。如果不选此选项，则编译时会出现"Kernel panic: VFS: Unable to mount root fs on unknown-block(31，2)"的错误提示。

8. 编译

配置好编译选项之后就可以编译内核了，输入以下命令：

```
make zImage
```

之后，系统就开始编译内核。一般编译内核需要一定的时间，十几分钟到几十分钟不等，具体视个人机器而定。编译结束之后，会在"/arch/arm/boot/"目录下面和根目录下面生成一个名为"zImage"的内核镜像文件，如图8-4所示。这就是我们要刻录到目标板的二进制内核镜像文件。同时在根目录中生成另外3个文件，如图8-5所示。

vmlinux、System.map和initrd-x.x.x.img这三个文件是Linux内核编译之后可以生成的三种镜像文件格式。这里笔者选择了前面两种格式，所以只生成了前面两种。第三种也可以在配置的时候设置选择生成。这三个镜像文件之间略有不同，下面详细说明各种格式的文件特性。

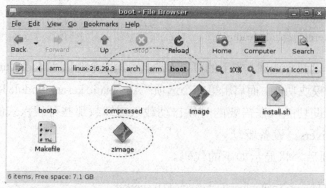

图8-4　Boot目录下生成的内核镜像文件

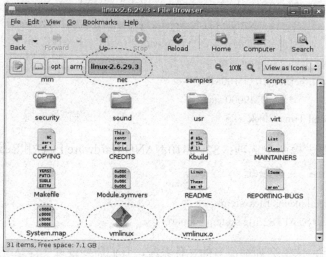

图8-5　根目录下生成的内核镜像文件

(1) vmlinux

vmlinux是可引导的、压缩的内核。"vm"代表"Virtual Memory"。Linux支持虚拟内存,不像老的操作系统比如DOS有640KB内存的限制。Linux能够使用硬盘空间作为虚拟内存,因此得名为"vm"。vmlinux是可执行的Linux内核。一般可以通过以下两种方式来建立vmlinux。

- 编译内核时通过"make zImage"创建(如本书所述)。zImage适用于小内核的情况,它的存在是为了向后的兼容性。
- 编译内核时通过命令"make bzImage"创建。bzImage是压缩的内核镜像,需要注意bzImage不是用bzip2压缩的,bzImage中的bz容易引起误解,bz表示"big zImage"。bzImage中的b是"big"的意思。zImage(vmlinux)和bzImage(vmlinux)都是用gzip压缩的。它们不仅是一个压缩文件,而且在这两个文件的开头部分内嵌有gzip解压缩代码,所以不能用"gunzip"或"gzip –dc"解包vmlinux。

内核文件中包含一个微型的gzip用于解压缩内核并引导它。两者的不同之处在于,老的zImage解压缩内核到低端内存(第一个640KB),bzImage解压缩内核到高端内存(1MB以上)。如果内核比较小,那么可以采用zImage或bzImage,这两种方式引导的系统运行时是相同的。大的内核采用bzImage,不能采用zImage。vmlinux是未压缩的内核,vmlinuz是vmlinux的压缩文件。

(2) System.map

System.map是一个特定内核的内核符号表。它是当前运行的内核的System.map链接。它由"nm vmlinux"产生，并且可将不相关的符号滤除掉。

对于本节中的例子，编译内核时，System.map创建在根目录下"./System.map"。相当于执行了以下命令：

```
nm /boot/vmlinux > System.map
```

在根目录下的Makefile文件中，也会有如下的代码。

```
nm vmlinux | grep -v '\(compiled\)\|\(\.o$$\)\|\( [aUw] \)\|\(\..ng$$\)\|\(LASH[RL]DI\)' | sort > System.map
```

然后将其复制到/boot目录下，使用如下命令：

```
cp System.map /boot/System.map
```

下面我们介绍Linux符号表的概念。

在进行程序设计时，都会需要各种各样的符号，比如常量名、变量名、函数名等。例如，在Windows程序设计中，我们可以使用"intNumber"作为整型的一个变量名。而在Linux系统中，一般不采用这种命名方式，而是通过变量或函数的地址来识别变量或函数名。比如某个变量的物理地址为0x4FA003400，则变量的引用就使用4FA003400。但是，程序员一般更喜欢使用像intNumber这样的名字，而不喜欢像4FA003400这样的名字，因为后者要比前者不容易记忆又难于理解。

这里嵌入式Linux的内核主要是用C语言编写的，通过编译器或者链接器可以使用像intNumber这样的符号来标记变量，但当内核运行时，其使用的却是像4FA003400这样的物理地址。也就是说，我们既需要标记变量的符号，又需要标记变量的物理地址，两者同时需要。在Linux中，可以通过符号表来完成，符号表是所有符号连同它们的地址的列表。Linux符号表使用两个文件：

- /proc/ksyms
- System.map

这两个文件的区别为："/proc/ksyms"是一个"proc file"，在内核引导时创建，它并不真的是一个文件，它只不过是内核数据的表示，这从它的文件大小是"0"可以看出。然而，System.map是存在于文件系统的实际文件。

当编译一个新内核时，各个符号名的地址要发生变化，旧的System.map包含的是错误的符号信息。每次内核编译时产生一个新的System.map，我们应当用新的System.map取代旧的System.map。

有关产生System.map文件的原因，这里只简单地举几个例子来说明System.map的重要性。

- 少数驱动需要System.map解析符号，如果没有在编译内核时创建System.map，它们就不能正常工作。
- Linux的内核日志守护进程klogd为了执行名称-地址解析，需要使用System.map。这里我们可以用帮助命令看一下有关klogd命令，使用如下命令：

```
$man klogd
```

从中读者会发现，如果没有将System.map作为一个变量的位置给klogd，那么它将按照下面的顺序，在三个地方查找System.map。

/boot/System.map

/System.map

/usr/src/linux/System.map

(3) initrd-x.x.x.img

initrd是"initial ramdisk"的简写。initrd一般被用来临时引导硬件到实际内核vmlinuz能够接管并继续引导的状态。例如ubuntu的initrd.img主要用于加载ext3等文件系统及scsi设备的驱动。

例如，若使用的是scsi硬盘，而内核vmlinuz中并没有这个scsi硬件的驱动，那么在装入scsi模块之前，内核不能加载根文件系统，但scsi模块却存在，它存储在根文件系统的/lib/modules下，就因为没有驱动而无法引导。为了解决这个问题，可以引导一个能够读实际内核的initrd内核并用initrd修正scsi引导问题。initrd.img是用gzip压缩的文件，initrd实现加载一些模块和安装文件系统等功能。

initrd映象文件是使用mkinitramfs创建的。mkinitramfs实用程序能够创建initrd映象文件。这个命令是Ubuntu专有的，其他Linux发行版或许有相应的命令。这是个很方便的实用程序，具体情况请看帮助"$man mkinitramfs"中的命令。

8.4 内核裁剪

内核裁剪就是为了适应嵌入式系统的小体积、小存储的特点，在内核的大小方面进行裁剪。内核编译之前，通过配置内核的选项参数进行设置，将不需要的功能删掉，保留系统需要的部分，这样就在一定程度上缩小了生成的镜像文件大小。下面是笔者总结的几个裁剪之处，供读者参照。

8.4.1 取消虚拟内存的支持

虚拟内存一般并不需要，可以直接删除。进入"General setup"菜单项，取消选择"Support for paging of anonymous memory(swap)"项即可。具体命令显示如下：

```
General setup --->
[ ] Support for paging of anonymous memory (swap)
```

8.4.2 取消多余的调度器

我们一般使用的调度器是默认的IO调度器，所以可以删除其他调度器。进入"Enable the block layer"菜单项，再进入子菜单项"IO Schedulers"，取消选择"Anticipatory I/O scheduler"、"Deadline I/O scheduler"和"CFQ I/O scheduler"三项即可。具体命令显示如下：

```
-*- Enable the block layer --->
IO Schedulers --->
< > Anticipatory I/O scheduler
<*> Deadline I/O scheduler
< > CFQ I/O scheduler
Default I/O scheduler (Deadline) --->
```

8.4.3　取消对旧版本二进制执行文件的支持

对旧版本二进制执行文件的支持这项功能一般也是多余的，可以删除。进入"Userspace binary formats"菜单项，取消选择"Kernel support for a.out and ECOFF binaries"选项即可。具体命令显示如下：

```
Userspace binary formats --->
< > Kernel support for a.out and ECOFF binaries
```

8.4.4　取消不必要的设备的支持

一般也删除不需要的设备支持驱动，这里比较多，具体的命令显示如下，读者按照这些命令操作即可。

```
Device Drivers --->
<*> Memory Technology Device (MTD) support --->
[*] MTD partitioning support
< > RedBoot partition table parsing

RAM/ROM/Flash chip drivers --->
< > Detect flash chips by Common Flash Interface (CFI) probe
< > Detect non-CFI AMD/JEDEC-compatible flash chips
< > Support for RAM chips in bus mapping
< > Support for ROM chips in bus mapping
< > Support for absent chips in bus mapping
< > Parallel port support --->

[ ] Block devices --->
< > ATA/ATAPI/MFM/RLL support --->
Input device support --->
[*] Keyboards --->
< > AT keyboard
Character devices --->
[ ] Non-standard serial port support
Serial drivers --->
< > 8250/16550 and compatible serial support
*** Non-8250 serial port support ***
<*> Samsung S3C2410/S3C2440/S3C2442/S3C2412 Serial port support
[*] Support for console on S3C2410 serial port
[ ] Legacy (BSD) PTY support
```

```
SPI support --->
[ ] SPI support
< > Hardware Monitoring support --->
```

8.4.5　取消不需要的文件系统的支持

对多余的文件系统，我们也会将其删除以减小内核的大小。有关Linux文件系统的概念，我们将会在下一章进行具体介绍。这里读者只按照下面的命令显示操作即可。

```
File systems --->
< > Second extended fs support
< > Ext3 journalling file system support
< > Ext4dev/ext4 extended fs support development (EXPERIMENTAL)
Miscellaneous filesystems --->
< > Journalling Flash File System v2 (JFFS2) support
```

完成以上的优化配置后，内核镜像会由之前的1.9MB缩减到1.7MB左右。

思考与练习

一、填空题

1. ARM-Linux内核的配置系统由三个部分组成，它们分别是_____、_____和_____。

2. 配置工具一般包括配置_____和_____，前者的主要作用是对配置脚本中使用的配置命令进行解释；而后者则是提供基于字符界面、基于Ncurses图形界面以及基于X Window图形界面的用户配置界面。

3. Makefile文件中主要包含_____、_____和_____。

4. Linux内核常用的配置命令有make oldconfig、_____、_____和_____。其中以字符界面配置的命令是_____。

5. 内核编译结束之后，会在"/arch/arm/boot/"目录下面和根目录下面生成一个名为_____的内核镜像文件。

二、选择题

1. Linux内核中的Makefile以及与Makefile直接相关的文件不包括(　)。
   A. Rules.make　　　　　　　　　　　B. 子目录下的Makefile
   C. 后缀名为.in　　　　　　　　　　　D. 后缀名为.config

2. 用户通过make config配置后，产生了后缀名为(　)的文件。
   A. config　　　　　　　　　　　　　B. in
   C. config.in　　　　　　　　　　　　D. in.config

3. Rules.make文件定义了许多变量，最重要的是编译、链接列表变量，但不包括(　)变量。
   A. MX_OBJS　　　　　　　　　　　B. O_TARGET

C. O_OBJS　　　　　　　　　　　　　D. O_OBJL

4. 在内核配置过程中，如果需要设置Networking support这个选项，进入的菜单项是(　　)。

A. General setup　　　　　　　　　　B. File system

C. Boot options　　　　　　　　　　　D. Device derives

5. 在Linux系统中，既需要标记变量的符号，又需要变量的物理地址，两者同时需要的时候可以采用符号表的方式，其对应的文件为(　　)。

A. vmlinux　　　　　　　　　　　　　B. System.map

C. vmlinuz　　　　　　　　　　　　　D. initrd-x.x.x.img

三、简答题

1. Linux内核的源码是如何组织的？主要的目录文件有哪些？

2. 如何向Linux内核中增加新的功能？具体步骤有哪些？

3. 简述内核移植的具体步骤。

4. 为什么要进行内核裁剪？

第9章 嵌入式Linux文件系统

文件系统是指一个物理设备上的任何文件组织和目录,主要用来存储Linux运行所必需的信息,构成了Linux系统上所有数据的基础。Linux系统中的文件不仅包括普通的文件和目录,另外每个和设备相关的实际实体也都被映射为一个文件,例如磁盘、终端、打印机、网卡等。这些设备文件称为特殊文件。所以可以这么说,Linux下的文件又担负着操作系统服务和设备的统一接口。在本章,我们将详细介绍有关Linux的文件系统,主要内容包括:基于Flash存储的几种常见的文件系统,基于RAM存储的文件系统,构建根文件系统的方法,以及多种文件系统的创建等。通过本章的学习,读者应该熟悉Linux的文件系统,并且掌握如何对文件系统进行定制移植。

本章重点:

- 基于Flash存储的文件系统
- 基于RAM存储的文件系统
- 定制根文件系统
- 创建基本文件系统

9.1 嵌入式Linux的文件系统

Linux支持多种文件系统,包括ext2、ext3、vfat、ntfs、iso9660、Jffs、Yaffs/Yaffs2、Romfs和NFS等,为了对各类文件系统进行统一管理,Linux引入了虚拟文件系统,为各类文件系统提供了一个统一的操作界面和应用编程接口。

9.1.1 文件系统结构

Linux下的文件系统结构如图9-1所示,Linux的文件系统主要分为三个层次。

1. 上层用户的应用程序对文件系统的系统调用

用户空间包含了一些应用程序和GNU C库(glibc),用来为文件系统调用提供用户接口,比如打开、读取、写入和关闭等。系统调用接口就像是交换器,负责将系统调用从用户空间发送到内核空间中的适当端点。系统调用实际上是通过调用内核虚拟文件系统提供的统一接口来完成各种设备的使用。

2. 虚拟文件系统

虚拟文件系统(Virtual File System, VFS)就是把各种具体的文件系统的公共部分抽取出来，形成一个抽象层，是系统内核的一部分。VFS位于用户程序和具体的文件系统之间，为用户程序提供了标准的文件系统调用接口。对具体的文件系统，它通过一系列的对不同文件系统公用的函数指针来实际调用具体的文件系统函数，完成实际的各种不同操作。通过这种方式，VFS就可以对用户屏蔽底层文件系统的实现细节。

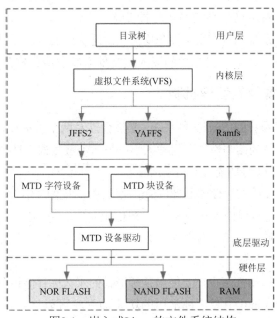

图9-1 嵌入式Linux的文件系统结构

3. 挂载到VFS中的各种实际文件系统

实际文件系统很多，对这个文件系统VFS提供了很好的通用接口，使系统屏蔽不同文件系统对于应用程序的差异性。各种具体的文件系统操作都可以按照自己的方式实现，比如Yaffs文件系统和JFFS2系统都有各自的实现方式。目前已经稳定支持的文件系统包括ext、ext2、ext3、vfat、iso9660、proc、NFS、Jffs、Jffs2、SMB、ReiserFS、Yaffs、Cramfs、Romfs等。

系统启动时，第一个必须挂载的是根文件系统。若系统不能从指定设备上挂载根文件系统，则系统会出错而退出启动。之后可以自动或手动挂载其他的文件系统。通过用户手动挂载，可以在当前的系统中挂载不同的文件系统，从而实现一个系统中同时存在不同的文件系统的情况。

9.1.2 文件系统特性

不同的文件系统类型有不同的特点，要根据存储设备的硬件特性、系统需求有选择地采用。在嵌入式Linux的应用中，主要的存储设备为RAM(DRAM、SDRAM)和ROM(常采用Flash存储器)，常用的基于存储设备的文件系统类型包括Jffs2、Yaffs、Cramfs、Romfs、Ramdisk、Ramfs/Tmpfs等。

由于嵌入式设备具有一些特殊性，使得嵌入式文件系统除了满足一般文件系统的基本要求外，还有一些自身的特性，具体如下。

- 文件系统面对的存储介质特殊。
- 文件系统有快速恢复的特殊要求。
- 物理文件系统的多样性和动态可装配性。
- 需要文件系统具有跨操作平台的安全性。
- 文件系统要能满足整个系统的实时性要求。

另外，嵌入式文件系统还具有安全性和均衡负载这样的要求，而日志型文件系统可以很好地解决安全性的问题。目前，日志型的嵌入式文件系统已成为嵌入式文件系统的主流。

9.1.3　系统存储设备及其管理机制

构建适用于嵌入式系统的Linux文件系统，必然会涉及两个关键点，一是文件系统类型的选择，它关系到文件系统的读写性能、尺寸大小；另一个就是根文件系统内容的选择，它关系到根文件系统所能提供的功能及尺寸大小。

在嵌入式设备中，使用的存储器是像Flash闪存芯片、小型闪存卡等专为嵌入式系统设计的存储装置。Flash闪存是目前嵌入式系统中广泛采用的主流存储器，主要特点是按整体/扇区擦除和按字节编程，具有低功耗、高密度、小体积等优点。目前，主要有NOR和NAND两种类型。

所有嵌入式系统的启动都至少需要使用某种形式的永久性存储设备，它们需要合适的驱动程序，当前在嵌入式Linux中有三种常用的块驱动程序可以选择，分别是以下三类。

1. Blkmem驱动层

Blkmem驱动是为uClinux专门设计的，也是最早的一种块驱动程序之一，现在仍然有很多嵌入式Linux操作系统选用它作为块驱动程序，尤其是在uClinux中。它相对来说是最简单，而且只支持建立在NOR型Flash和RAM中的根文件系统。使用Blkmem驱动，建立Flash分区配置比较困难，这种驱动程序为Flash提供了一些基本的擦除/写操作。

2. RAMdisk驱动层

RAMdisk驱动层通常应用在标准Linux中无盘工作站的启动，对Flash存储器并不提供任何的直接支持，RAMdisk就是在开机时，把一部分的内存虚拟成块设备，并且把之前准备好的档案系统镜像解压缩到该RAMdisk环境中。当在Flash中放置一个压缩的文件系统时，可以将文件系统解压到RAM，使用RAMdisk驱动层支持一个保持在RAM中的文件系统。

3. MTD驱动层

为了尽可能避免针对不同的技术使用不同的工具，以及为不同的技术提供共同的能力，Linux内核纳入了MTD(Memory Technology Device)子系统。它提供了一致且统一的接口，让底层的MTD芯片驱动程序无缝地与较高层接口组合在一起。JFFS2、Cramfs、YAFFS等文件系统都可以被安装成MTD块设备。MTD驱动也可以为那些支持CFI接口的NOR型Flash闪存提供支持。虽然MTD可以建立在RAM上，但它是专为基于Flash的设备而设计的。MTD包含特定Flash闪存芯片的驱动程序，开发者要选择适合自己系统的Flash闪存芯片驱动。Flash闪存芯片驱动向上层提供读、写、擦除等基本的操作，MTD对这些操作进行封装后向用户层提供MTD char和MTD block类型的设备。

MTD驱动层也支持在一块Flash闪存上建立多个分区，每一个分区作为一个MTD block设备，可以把系统软件和数据等分配到不同的分区上，同时可以在不同的分区采用不同的文件系统格式。这一点非常重要，正是由于这一点才为嵌入式系统多文件系统的建立提供了灵活性。

9.1.4　基于Flash闪存的文件系统

Flash闪存作为嵌入式系统的主要存储媒介，有其自身的特性。Flash闪存的写入操作只能把对应位置的"1"修改为"0"，而不能把"0"修改为"1"(擦除就是把对应存储块的内容恢复为1)。因此，一般情况下，向Flash闪存写入内容时，需要先擦除对应的存储区间，这种擦除是以块(block)为单位进行的。

目前，Flash闪存主要有NOR和NAND两种技术，两者的比较如表9-1所示。Flash存储器的擦写次数有限，NAND闪存还有特殊的硬件接口和读写时序。因此，必须针对Flash的硬件特性设计符合应用要求的文件系统，对于传统的文件系统如ext2等，Flash是不适合用作其存储介质的。

NOR型闪存可以直接读取芯片内储存的数据，因而速度比较快，但是价格较高。NOR型芯片的地址线与数据线是分开的，所以NOR型芯片可以像SRAM一样连在数据线上，对NOR芯片可以"字"为基本单位操作，因此传输效率很高，应用程序可以直接在Flash闪存内运行，不必再把代码读到系统RAM中运行。它与SRAM的最大不同在于写操作需要经过擦除和写入两个过程。

NAND型闪存芯片共用地址线与数据线，内部数据以块为单位进行存储，直接将NAND芯片作为启动芯片比较难。NAND闪存是连续存储介质，适合存放大文件。例如，擦除NOR器件时是以64～128KB的块进行的，执行一个写入/擦除操作的时间为5秒；擦除NAND器件是以8～32KB的块进行的，执行相同的操作最多只需要4毫秒。

NAND器件的单元尺寸几乎是NOR器件的一半，由于生产过程更为简单，NAND器件的结构可以在给定的模具尺寸内提供更高的容量，也就相应的降低了价格，NOR主要应用在代码存储介质中，而NAND适合于数据存储。

表9-1　NOR闪存与NAND闪存比较

NOR闪存	NAND闪存
接口时序同SRAM，易使用	地址/数据线复用，数据位较窄
读取速度较快	读取速度较慢
擦除速度慢，以64～128KB的块为单位	擦除速度快，以8～32KB的块为单位
写入速度慢(因为一般要先擦除)	写入速度快
随机存取速度较快，支持XIP(eXecute In Place，芯片内执行)，适用于代码存储。在嵌入式系统中，常用于存放引导程序、根文件系统等	顺序读取速度较快，随机存取速度慢，适用于数据存储(如大容量的多媒体应用)。在嵌入式系统中，常用于存放用户文件系统等
单片容量较小，1～32MB	单片容量较大，8～128MB，提高了单元密度
最大擦写次数为10万次	最大擦写次数为100万～1000万次

在Linux系统中，文件系统是针对存储器分区而言的，而非存储芯片。这是因为，Flash可以以分区为单位拆开或者合并使用，例如，一块Flash闪存芯片可以被划分为多个分区，各分区可以采用不同的文件系统，而两块Flash闪存芯片也可以合并为一个分区使用，采用同一个文件系统。前面已经提到，Linux系统中的文件系统一般都是基于Flash闪存和RAM存储的。下面我们就来看基于Flash存储常见的文件系统。

1. JFFS2(Journalling Flash File System 2)

JFFS2，即日志闪存文件系统版本2，主要用于NOR型闪存，基于MTD驱动层。JFFS2是RedHat公司基于JFFS开发的闪存文件系统，最初是针对RedHat公司的嵌入式产品eCos开发的嵌入式文件系统，所以JFFS2也可以用在Linux、uCLinux中。而其前身JFFS文件系统最早是由瑞典Axis Communications公司基于Linux 2.0的内核为嵌入式系统开发的文件系统。JFFS2是可读写的、支持数据压缩、基于哈希表的日志型文件系统，并提供了崩溃/掉电安全保护，提供"写平衡"支持，具有支持多种节点类型，提高了对Flash的利用率等优点的文件系统。目前，JFFS2文件系统是Flash设备上最为流行的文件系统格式。但是，JFFS2也存在不容忽视的缺点，就是当文件系统已满或者接近满时，JFFS2的运行会非常的慢，主要是因为要收集垃圾，使得JFFS2的运行速度大大放慢。

目前JFFS3正在开发中，我们将这些统称为JFFSx。关于JFFSx系列文件系统的详细使用文档，可参考MTD补丁包中的mtd-jffs-HOWTO.txt。JFFSx不适合用于NAND闪存，主要是因为NAND闪存的容量一般较大，这样会导致JFFSx为维护日志节点所占用的内存空间迅速增大，另外，JFFSx文件系统在挂载时需要扫描整个Flash的内容，以找出所有的日志节点，建立文件结构，对于大容量的NAND闪存会耗费大量的时间。

2. Yaffs(Yet Another Flash File System)

Yaffs/Yaffs2是专为嵌入式系统使用NAND型闪存而设计的一种日志型文件系统。与JFFS2文件系统相比，它减少了一些功能，比如不支持数据压缩等，所以速度更快，挂载时间很短，对内存的占用较小。另外，它还是跨平台的文件系统，除了Linux和eCos，还支持WinCE、pSOS和ThreadX等操作系统。

Yaffs/Yaffs2自带NAND芯片的驱动，并为嵌入式系统提供了直接访问文件系统的API，用户可以不使用Linux中的MTD与VFS，直接对文件系统操作。当然，Yaffs也可与MTD驱动程序配合使用。

Yaffs与Yaffs2的主要区别在于，前者仅支持小页(512Bytes) NAND闪存，后者则可支持大页(2KB)NAND闪存。同时，Yaffs2在内存空间的占用、垃圾回收速度、读/写速度等方面均有大幅提升。由于JFFS2在Nand闪存上表现不稳定，更适合于NOR内存，所以相对于大容量的Nand闪存，Yaffs是更好的选择。

3. Romfs(ROM File System)

Romfs是一种简单的、紧凑的、只读的、传统型文件系统。它不支持动态擦写保存，按顺序存放数据，因而只支持应用程序以XIP(eXecute In Place，片内运行)方式运行，在系统运行时，这种运行方式节省RAM空间。uClinux操作系统通常采用Romfs文件系统。

这里简要地介绍XIP(片内运行)，XIP就是WinCE XIP KERNEL，是CE的核心部分。XIP是eXecute In Place的缩写，在微软的CE定义中，这块区域是以非压缩格式存放的，不需加载，由Bootloader直接调用执行。

4. Cramfs(Compressed ROM File System)

Cramfs是Linux的创始人Linus Torvalds参与开发的一种只读的压缩文件系统。它也基于MTD驱动程序。在Cramfs文件系统中，每一页(4KB)被单独压缩，可以随机页访问，其压缩比高达2:1，为嵌入式系统节省大量的Flash存储空间，使系统可通过更低容量的内存存储相同的文件，从而降低系统成本。

Cramfs文件系统以压缩方式存储，在运行时解压缩，所以不支持应用程序以XIP方式运行，所有的应用程序要求被复制到RAM中去运行，但这并不代表比Romfs需求的RAM空间大，因为Cramfs是采用分页压缩的方式存放档案的，在读取档案时，不会一下子就耗用过多的内存空间，而是只针对目前实际读取的部分分配内存，尚没有读取的部分不分配内存空间，当我们读取的档案不在内存时，Cramfs文件系统会自动计算压缩后的资料所存的位置，再即时解压缩到RAM中。

另外，它的速度快，效率高，其只读的特点有利于保护文件系统免受破坏，提高了系统的可靠性。由于以上特性，Cramfs在嵌入式系统中应用广泛。但是它的只读属性同时又是它的一大缺陷，使得用户无法对其内容进行扩充。

Cramfs镜像通常放在Flash闪存中，但是也能放在别的文件系统里，使用Loopback设备可以把它安装在别的文件系统里。

除了以上常用的五种文件系统之外，还有其他一些文件系统。FAT/FAT32也可用于实际嵌入式系统的扩展存储器，例如PDA、Smartphone、数码相机等的SD卡存储器。这主要是为了更好地与最流行的Windows桌面操作系统兼容。ext2也可以作为嵌入式Linux的文件系统，不过将它用于Flash闪存会有诸多弊端。

接下来介绍常见的基于RAM存储的文件系统。

9.1.5 基于RAM的文件系统

所谓的RAM驱动器，实际上是把系统内存划出一部分当作存储器使用。对于操作系统来讲，内存的存取速度远远大于磁盘或Flash闪存。所以RAM驱动器肯定要比闪存快得多。读者可以把整个应用程序都安装在RamDisk的驱动器中，然后用内存的速度运行它。

1. Ramdisk

Ramdisk正如其名，存在于RAM中，但功能如块设备。内核可以在同一时间支持多个活动的Ramdisk。因为它们的功能犹如块设备，所以Ramdisk上可以使用任何磁盘系统。由于Ramdisk上的内容将因系统的重新开机而丢失，所以Ramdisk通常会从经压缩的磁盘文件系统(如ext2)加载其内容，这就是经压缩的Ramdisk镜像。这类经压缩的Ramdisk镜像特别适合在嵌入式Linux系统初始化期间应用。也就是说，内核具备从存储设备中取出Initrd镜像作为它的根文件系统的能力。在Linux的启动阶段，Initrd提供了一套机制，可以将内核镜像和根文件系统一起载入内存。启动时，内核会确认引导选项是否有指示Initrd的存在。如果有，内核会从所选定的存储设备中取出文件系统镜像放入Ramdisk，并作为根文件系统。Initrd机制是为内核提供根文件系统的最简单方法。ext2是Ramdisk中最常用的文件系统。

Ramdisk将一部分大小固定的内存当作分区使用。它并非一个实际的文件系统，而是一种将实际的文件系统装入内存的机制，并且可以作为根文件系统。将一些经常被访问而又不会更改的文件(如只读的根文件系统)通过Ramdisk放在内存中，可以明显地提高系统的性能。

2. Ramfs/Tmpfs

Ramfs是Linus Torvalds开发的一种基于内存的文件系统，工作于虚拟文件系统(VFS)层，不能格式化，可以创建多个，在创建时可以指定其最大能使用的内存大小。实际上，VFS本质上可看成一种内存文件系统，它统一了文件在内核中的表示方式，并对磁盘文件系统进行了缓冲。

Ramfs是一个非常简单的文件系统，它输出Linux的磁盘缓存机制(页缓存和目录缓存)，作为一个大小动态的基于内存的文件系统。通常，所有的文件由Linux缓存在内存中。页的数据从保持在周围以防再次需要的后备存储(一般被挂载的是块设备文件系统)中读取，并标记为可用，以防虚拟内存系统(Virtual Memory System)需要这些内存作为别用。

类似地，在数据写回后备存储时，数据一写回文件就立即被标记为可用，但周围的缓存被保留着直至虚拟机(VM)重新分配内存。Ramfs并没有后备存储，文件写入Ramfs时像往常一样分配目录和页的缓存，但这里并没有地方可写回它们。这意味着页的数据不再标记为可用，因此当希望回收内存时，内存不能通过VM来释放。实现Ramfs所需的代码总量是极少的，因为所有的工作由现有的Linux缓存结构来完成。实际上，你现在正挂载磁盘缓存作为一个文件系统。据此，Ramfs并不是一个可通过菜单配置项来卸载的可选组件，它可节省的空间是微不足道的。

Ramfs/Tmpfs文件系统把所有的文件都放在RAM中，所以读/写操作发生在RAM中，可以用Ramfs/Tmpfs来存储一些临时性或经常要修改的数据，例如/tmp和/var目录，这样既避免了对Flash存储器的读写损耗，也提高了数据读写速度。

Ramfs/Tmpfs相对于传统的Ramdisk的不同之处主要在于：不能格式化，文件系统大小可随所含文件内容的大小变化。

Tmpfs的一个缺点是当系统重新引导时会丢失所有数据。

9.1.6   网络文件系统

NFS(Network File System，网络文件系统)是1984年由Sun开发并发展起来的一项在不同机器、不同操作系统之间通过网络共享文件的技术。NFS是一个RPC(远程过程调用)服务，它的目的是为了在不同的系统间使用，所以它的通信协议与主机及作业系统无关。当用户想使用某个远程文件时，只要运行挂载命令"mount"，就可以将远程的文件系统安装在自己的文件系统下。这样一来，对远程文件的操作和对本地文件的操作将没有什么区别，极大地方便了用户对远程文件的使用。

在嵌入式Linux中，编译的环境和运行的环境是不一样的，所以需要使用交叉编译工具。开发的一般过程是首先在PC机上运行交叉编译工具编译好程序，然后再将镜像文件刻录到目标开发板上的Flash闪存中去，而对于需要频繁调试的应用程序，如果每次都需要刻录，那将是一件相当繁琐的工作。所以在嵌入式Linux系统的开发调试阶段，可以利用NFS技术在主机上建立基于NFS的根文件系统，挂载到嵌入式设备，这样可以很方便地修改根文件系统的内容。具体使用方法我们将在本章后面的章节中进行介绍。

以上讨论的都是基于存储设备的文件系统(Memory-based File System)，它们都可用作Linux的根文件系统。实际上，Linux还支持逻辑的或伪文件系统(logical or pseudo file system)，例如procfs(proc文件系统)，以获取系统信息，以及devfs(设备文件系统)和sysfs，用于维护设备文件。

9.2　根文件系统及其定制

若要成功运行一个Linux操作系统，除了需要内核代码以外，还需要一个根文件系统。它的作用通常是存放系统运行时必要的文件(比如系统配置文件、设备文件等)和存储数据文件的外部设备。在现代的Linux操作系统中，内核代码镜像文件也保存在根文件系统中，系统引导程序会从这个根文件系统设备上把内核执行代码加载到内存中运行。下面我们将详细讲解根文件的具体内容。

9.2.1　根文件系统架构

首先介绍根文件系统的架构，在Linux根文件系统中，一般包括的子目录有/etc/、/dev/、/usr/、/usr/bin/、/bin/等。其实，根文件系统的建立需要遵循一定的规则，包括目录的位置及名字等。

1. FHS规则

用来建立根文件系统的规则被称作文件系统分类标准(Filesystem Hierarchy Standard，FHS)，该规则定义了在构建Linux根文件系统时文件和目录的名字和存放位置的标准，具体标准内容可以在http://www.debian.org/doc/packaging-manuals/fhs/fhs-2.3.html网页中找到。值得注意的是，该规则并不是强制性的，这意味着即使不遵循该规则来构建文件系统，对整个系统的正常运行也不会有实质性的影响。不过这里还是强烈建议使用该规则，它可以使Linux文件系统的布局标准化，易于用户使用。

2. 根系统目录结构

在Linux中，文件系统的结构是基于树状的，根在顶部，各个目录和文件从树根向下分支，目录树的最顶端被称为根目录，用"/"表示。Linux操作系统由一些目录和许多文件组成，例如，如图9-2所示的典型Linux文件系统的树状结构中的"/bin"目录包含二进制文件的可执行程序，"/sbin"目录用于存储管理系统的二进制文件，"/etc"目录包含绝大部分的Linux 系统配置文件，"/lib"目录存储程序运行时使用的共享库，"/dev"目录包含称为设备文件的特殊文件，"/proc"目录实际上是一个虚拟文件系统，"/tmp"目录用于存储程序运行时生成的临时文件，"/home"目录是用户起始目录的基础目录，"/var"目录保存要随时改变大小的文件，"/usr"目录及其子目录对Linux系统的操作非常重要，它保存着系统上的一些最重要的程序以及用户安装的大型软件包。

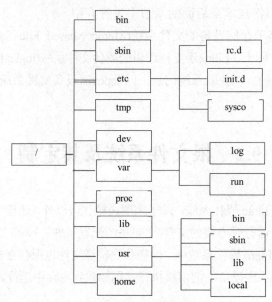

图9-2　典型Linux文件系统的树状结构

典型Linux文件系统的各个目录的详细说明如表9-2所示。

表9-2　根文件系统顶层目录的说明

目　录	说　明
/	Linux系统根目录
/bin	存放用户的可执行程序，例如ls、cp，也包含其他的Shell，如bash等
/boot	包含vmlinuz、initrd.img等启动文件
/dev	接口设备文件目录，如硬盘hda
/etc	有关系统设置与管理的文件
/etc/x11	X-Windows System的设置目录
/home	一般用户的主目录，如FTP目录等
/lib	包含执行/bin和/sbin目录的二进制文件时所需的共享函数库library
/mnt	各项装置的文件系统加载点，例如，/mnt/cdrom是光驱的加载点
/opt	提供空间较大的且固定的应用程序存储文件使用
/proc	命令查询的信息与这里的相同，都是系统内核与程序执行的信息
/root	管理员的主目录
/sbin	lilo等系统启动时所需的二进制程序

(续表)

目　　录	说　　明
/tmp	存放暂存盘的目录
/usr	存放用户使用的系统命令和应用程序等信息
/usr/bin	存放用户可执行程序，如grep、mdir等
/usr/doc	存放各式程序文件的目录
/usr/include	保存提供C语言加载的header文件
/usr/include/X11	保存提供X Windows程序加载的header文件
/usr/info	GNU程序文件目录
/usr/lib	函数库
/usr/lib/X11	函数库
/usr/local	提供自行安装的应用程序位置
/usr/man	存放在线说明文件目录
/usr/sbin	存放经常使用的程序，如showmount
/usr/src	保存程序的原始文件
/usr/X11R6/bin	存放X Windows System的执行程序
/var	Variable，具有变动性质的相关程序目录，如log

9.2.2　定制工具Busybox

定制根文件系统的方法很多，最常用的是使用Busybox来构建。它能使用户迅速方便地建立一套相对完整、功能丰富的文件系统，其中包括大量常用的应用程序。

Busybox将许多常用的UNIX命令和工具结合到一个单独的可执行程序中。它集成压缩了Linux的许多工具和命令。虽然与相应的GNU工具比较起来，Busybox所提供的功能和参数略少，但在比较小的系统或者嵌入式系统中，这些已经够用了。下面详细介绍有关Busybox定制根文件系统。

1. Busybox简介

Busybox最初是由Bruce Perens在1996年为Debian GNU/Linux安装盘编写的一个程序。其目标是在一张软盘上创建一个可引导的GNU/Linux系统，以用作安装盘和急救盘。一张软盘可以保存大约1.4～1.7MB的内容，因此这里没有多少空间留给Linux内核以及相关的用户应用程序使用。其实标准Linux工具都可以共享很多共同的元素，例如，很多基于文件的工具(比如grep和find)都需要在目录中搜索文件的代码。当这些工具被合并到一个可执行程序中时，它们就可以共享这些相同的元素，这样可以产生更小的可执行程序。实际上，Busybox可以将大约3.5MB的工具包装成大约200KB大小。这就为可引导的磁盘和使用Linux的嵌入式设备提供了更多功能。我们可以对2.4和2.6版本的Linux内核使用Busybox。

Busybox的文件结构如图9-3所示。

```
alloy@ubuntu:~/GT2440/busybox-1.22.0$ ls
applets     configs        editors    libbb      Makefile.custom  printutils  shell
applets_sh  console-tools  examples   libpwdgrp  Makefile.flags   procps      sysklogd
arch        coreutils      findutils  LICENSE    Makefile.help    README      testsuite
archival    debianutils    include    loginutils miscutils        runit       TODO
AUTHORS     docs           init       mailutils  modutils         scripts     TODO_unicode
Config.in   e2fsprogs      INSTALL    Makefile   networking       selinux     util-linux
```

图9-3　Busybox文件结构

2. Busybox原理

Busybox在设计上充分考虑了硬件资源受限的特殊工作环境。它采用一种很巧妙的办法来减小了自己的体积。所有的命令都通过“插件”的方式集中到一个可执行文件中，在实际应用过程中通过不同的符号链接来确定到底要执行哪个操作。例如，最终生成的可执行文件为Busybox，当为它建立一个符号链接ls的时候，就可以通过执行这个新命令实现列目录的功能。采用单一执行文件的方式最大限度地共享了程序代码，甚至连文件头、内存中的程序控制块等其他操作系统资源都共享了，对于资源比较紧张的嵌入式系统来说非常合适。下面这个简单的例子说明了Busybox的内部实现原理。

```
// test.c
#include <stdio.h>

int main( int argc, char *argv[] )
{
    int i;
    for (i = 0 ; i < argc ; i++) {
        printf("argv[%d] = %s\n", i, argv[i]);
    }
    return 0;
}
```

在这个定义中，参数“argc”表示传递进来的参数的个数，也就是参数数量，而“argv”是一个字符串数组，代表从命令传递进来的参数，也就是参数向量。argv的索引“0”是从命令行调用的程序名。调用这个程序会显示所调用的第一个参数是该程序的名字。我们可以对这个可执行程序重新进行命名，此后再调用就会得到该程序的新名字。另外，我们可以创建一个到可执行程序的符号链接，在执行这个符号链接时，就可以看到这个符号链接的名字，具体命令如下。

```
$ gcc -Wall -o test test.c
$ ./test arg1 arg2
argv[0] = ./test
argv[1] = arg1
argv[2] = arg2

$ mv test newtest
$ ./newtest arg1
argv[0] = ./newtest
```

```
argv[1] = arg1

$ ln -s newtest linktest
$ ./linktest arg
argv[0] = ./linktest
argv[1] = arg
```

这里，Busybox使用了符号链接以便使一个可执行程序看起来像很多程序一样。对于Busybox中包含的每个工具来说，都会这样创建一个符号链接，这样就可以使用这些符号链接来调用Busybox。Busybox然后通过argv[0]调用内部工具。

3. 配置、编译Busybox

可以从Busybox的Web站点上(http://www.busybox.net)下载最新版本的Busybox，最新的版本是1.22.0。与大部分开放源码程序一样，它是以一个压缩的tar包形式发布的，可以使用如下命令将其转换成源代码树。具体步骤如下。

(1) 解压

将下载下来的Busybox源文件解压。方法跟kernel源文件的解压相同。单击右键，选择"extract here"命令，或者在终端进入到该文件所处的目录之下，输入以下命令。

```
# tar xjvf busybox-1.12.4.tar.bz2
```

上一章我们熟悉了Linux内核的编译过程，在这里，细心的读者会发现menuconfig与配置Linux内核的内容所使用的目标几乎相同。实际上，它们都采用了相同的基于ncurses的应用程序。这意味着可以借鉴使用编译Linux内核的知识来裁减并编译Busybox。

(2) 修改Makefile文件

打开源码，修改Makefile文件，把164行的CROSS_COMPILE修改为以下内容。

```
CROSS_COMPILE?= arm-linux-
```

把189行的ARCH修改为如下内容。

```
ARCH ?= arm
```

即将编译器修改为使用交叉编译器，目标程序为arm架构。这在前面两章都有说明，不再赘述。

(3) 配置选项

接下来我们要配置编译选项，在Busybox根目录下输入以下命令。

```
# make menuconfig
```

会出现如图9-4所示的配置菜单，在其中选择想要的命令工具。

配置选项主要是选择我们需要的应用程序，其中主要的配置选项如下。

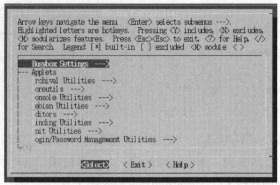

图9-4　Busybox配置

Busybox Settings --->

General Configuration --->

Buffer allocation policy (Allocate with Malloc) --->

[*] Show verbose applet usage messages

[*] Store applet usage messages in compressed form

[*] Support --install [-s] to install applet links at runtime

[*] Enable locale support (system needs locale for this to work)

[*] Support for --long-options

[*] Use the devpts filesystem for Unix98 PTYs

[*] Support writing pidfiles

[*] Runtime SUID/SGID configuration via /etc/busybox.conf

[*] Suppress warning message if /etc/busybox.conf is not readable

(/proc/self/exe) Path to BusyBox executable

Build Options --->

[*] Build BusyBox as a static binary (no shared libs)

[*] Build with Large File Support (for accessing files > 2 GB)

Installation Options --->

[ ] Don't use /usr

Applets links (as soft-links) --->

(./_install) BusyBox installation prefix

Busybox Library Tuning --->

(6) Minimum password length

(2) MD5: Trade Bytes for Speed

[*] Faster /proc scanning code (+100 bytes)

[*] Command line editing

(1024) Maximum length of input

[*] vi-style line editing commands

(15) History size

[*] History saving

[*] Tab completion

[*] Fancy shell prompts

(4) Copy buffer size, in kilobytes

[*] Use ioctl names rather than hex values in error messages

```
[*] Support infiniband HW
Linux Module Utilities --->
(/lib/modules) Default directory containing modules
(modules.dep) Default name of modules.dep
[*] insmod
[*] rmmod
[*] lsmod
[*] modprobe
--- Options common to multiple modutils
[ ] Support version 2.2/2.4 Linux kernels
[*] Support tainted module checking with new kernels
[*] Support for module.aliases file
[*] Support for module.symbols fileLinux System Utilities --->
```

注意：

读者也可以将配置保存，操作方法：首先退回到根配置单，选择"Save Configuration to an Alternate File"选项，保存刚刚的配置为config_arm。

(4) 编译

接下来就可以对Busybox进行编译，Busybox包括几个编译选项，可以编译和调试正确的Busybox。具体如表9-3所示。

表9-3 Busybox提供的make选项

make目标	说　明
Help	显示make选项的完整列表
Defconfig	启用默认的(通用)配置
Allnoconfig	禁用所有的应用程序(空配置)
Allyesconfig	启用所有的应用程序(完整配置)
Allbareconfig	启用所有的应用程序，但是不包括子特性
Config	基于文本的配置工具
Menuconfig	N-curses(基于菜单的)配置工具
All	编译Busybox二进制文件和文档(./docs)
Busybox	编译Busybox二进制文件
Clean	清除源代码树
Distclean	彻底清除源代码树
Sizes	显示所启用的应用程序的文本/数据大小

在定义配置时，只输入make就可以真正编译Busybox二进制文件了，具体命令如下。

```
# make
```

　　默认情况下，这会创建一个新的本地子目录"_install"，其中包含了基本的Linux环境。在这个根目录中会有一个linuxrc文件，它是Busybox文件的链接，该文件在构建安装盘或急救盘(允许提前进行模块化的引导)时非常有用。同样是在这个根目录中，有一个包含操作系统二进制文件的"/sbin"子目录，还有一个包含用户二进制文件的"/bin"目录。

　　(5) 安装

　　最后我们可以将编译好的程序安装到目录中，在终端输入以下命令。

```
# make install
```

　　这个命令的实质是复制文件到"_install"目录下。安装完成后会在_install文件下生成四个文件夹和文件，如图9-5所示。

图9-5　_install文件夹下的安装文件

　　在构建软盘发行版或嵌入式初始RAM磁盘时，可以将这个"_install"目录迁移到目标环境中。另外还可以使用"make"程序的"PREFIX"选项将安装目录重定向到其他位置。例如，下面的代码就是使用"/opt/busybox"根目录来安装这些符号链接，而不是使用"./_install"目录，输入以下命令。

```
# make PREFIX=/opt/busybox
# make install
```

　　这里也可以在配置菜单中修改，依次选择"Busybox Settings"|"Installation Options"|"(./_install) BusyBox installation prefix"命令，将prefix路径设置为/opt/busybox，具体如图9-6所示。

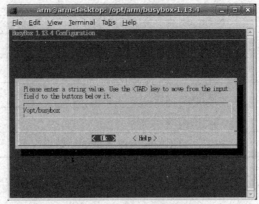

图9-6　修改prefix路径

　　修改安装目录之后，生成的文件将被安装到新设置的文件中，例如，我们设置路径为"/opt/busybox"，那么，在/opt/busybox目录下将生成如图9-7所示的几个文件。

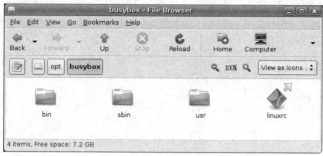

图9-7　/opt/busybox目录下生成的文件

从两个目录中我们可以看到，它们的文件其实是一样的。

4. 添加新命令

　　通过上面的分析大家可以感受到Busybox具有非常优异的扩展能力，在其中添加新的命令非常容易。下面就举例说明如何在Busybox中添加排序命令。

（1）添加源代码到Busybox中

　　这里比较重要的是按照命令的类型将源码安排在Busybox不同的子目录下面，假设为网络命令，通常会安排在networking子目录下，如果是编辑软件，则安排在editors目录下较为合适，此处因为是排序命令，故安排在miscutils目录下。具体命令如下。

```
#cd      miscutils
#vi      addcmd.c

#include "busybox.h"
#include <stdio.h>
void bubble(int a[ ], int n)
{
        int I, j;
        for(i=0;i<n-1;i++)
                for(j=0;j<n-1-i;j++)
                {
                        if(a[j]>a[j+1])
                        {
                                int tmp;
                                tmp=a[j];
                                a[j]=a[j+1];
                                a[j+1]=tmp;
                        }
                }
}
int bubble_main(int argc, char *argv[])
```

```
{
        int i;
        int a[10]={1，54，20，30，40，60，23，33，98，2};
        printf("a bubble command in busybox is called!\n");
        bubble(a，10);
        for(i=0;i<10;i++)
                printf("%4d"，a[i]);
        printf("\n");
        return 0;
}
```

(2) 修改Config.in

为了能够在图形界面下让用户选择是否添加该命令，对./miscutils/Config.in文件添加如下内容。

```
config CONFIG_ADDCMD
  bool "addcmd"
  default n
  help
        addcmd is a new test command，which sorts data through bubble algorithm!
```

注意：

通过config关键字配置一个新选项CONFIG_ADDCMD，这个新选项的属性被定义为bool型，其值可以为y或为n，默认情况下为 n，最后help添加了该命令选项的帮助文档。

(3) 修改Makefile.in

为了能够编译新添加进的源码文件，必须在./miscutils/Makefile.in文件中进行相应的修改，在该文件的合适位置添加如下内容。

```
MISCUTILS-$(CONFIG_ADDCMD)      += addcmd.o
```

这里要提醒读者注意的是，此处不需要直接修改Makefile，因为在Makefile中已经包含了Makefile.in，因此把要添加的内容直接存放在Makefile.in文件中即可。

(4) 更新applets.h文件

在Busybox源码头文件所在的目录(为include目录)下找到applets.h文件，该文件包含了所有的命令定义，因此需要修改该文件，使得其包含addcmd命令的定义。在添加下述代码时，必须按照第一个参数的字母顺序找到合适的位置，否则将会找不到该命令。

```
#ifdef CONFIG_ADDCMD
    APPLET(addcmd, bubble_main, _BB_DIR_USER_BIN, _BB_SUID_NEVER)
#endif
```

说明：上述代码第一个参数定义了addcmd新命令名，第二个参数表示命令addcmd在Busybox源代码中对应的函数名为bubble_main，第三个参数表示在Busybox被安装后，该新命令的创建链接位于/usr/bin目录下，第四个参数表示addcmd命令是否有权设置用户id，在本例中是"no"。

(5) 添加命令帮助文档

命令帮助信息存放在./include/usage.h文件中，按照如下格式添加帮助信息。

```
#define addcmd_trivial_usage "None"
#define addcmd_full_usage    "None"
```

最后执行make menuconfig，并按如图9-8所示选择。

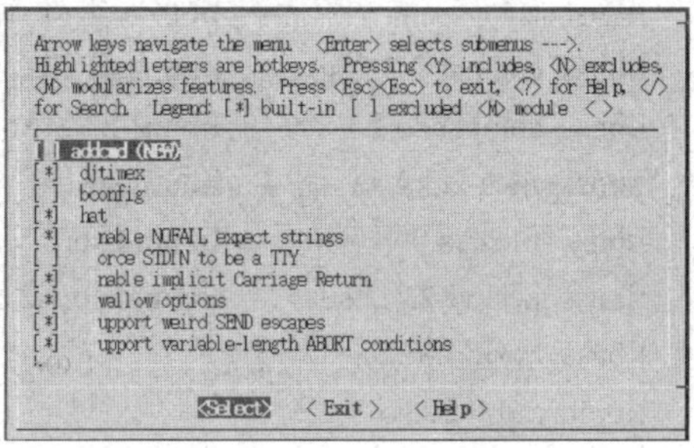

图9-8　添加addcmd命令

编译Busybox后并安装，在/usr/bin下可以找到新添加进的addcmd命令。

(6) 测试该命令

在嵌入式开发板上进行测试，输入以下命令，将显示如下输出信息。

```
# addcmd
abubble command in busybox is called!
    1   2  20  23  30  33  40  54  60  98
```

9.2.3　库文件构建

在前面的章节中曾经探讨过用户库的创建和使用。下面就结合根文件系统的创建来深入探讨嵌入式Linux系统中库的构建及简单使用。

1. Glibc库和uClibc库

Glibc是提供系统调用和基本函数的C库，比如open、malloc、printf等。所有动态链接的程序都要用到它。要手动编译出适合于自己开发板的库文件请参考第6章，该章详细介绍了嵌入式Glibc库的创建全过程。

Glibc库通常用于x86架构的Linux系统，它虽然非常完备，但是却非常庞大，对于嵌入式系统来说，使用它意味着内存的消耗也会非常巨大，这对于资源异常有限的嵌入式设备来说是不可忍受的，因此在绝大多数情况下我们会使用uClibc库。

uClibc是一个小型的C库，应用于嵌入式 Linux 系统的开发。它基本实现了Glibc的功能，几乎所有Glibc支持的应用程序都能在uClibc上运行，这使得应用程序的移植变得相当简单，只需要使用uClibc库重新编译源代码就可以了。

库文件一般存放在"/lib"目录下，下面就是笔者所使用的嵌入式开发板上所使用到的库文件，使用以下命令。

```
#  ls  /lib
ld-2.3.2.so              libjpeg.so              libpthread.so.0
ld-linux.so.2            libjpeg.so.62           libresolv-2.3.2.so
libacl.so.1              libjpeg.so.62.0.0       libresolv.so.2
libacl.so.1.0.3          libm-2.3.2.so           librt-2.3.2.so
libc-2.3.2.so            libm.so.6               librt.so.1
libcrypt-2.3.2.so        libnsl-2.3.2.so         libSegFault.so
libcrypto.so.0.9.7a      libnsl.so.1             libthread_db-1.0.so
libcrypto.so.4           libnss_compat-2.3.2.so  libthread_db.so.1
libcrypt.so.1            libnss_compat.so.2      libutil-2.3.2.so
libc.so.6                libnss_files-2.3.2.so   libutil.so.1
libdl-2.3.2.so           libnss_files.so.2       libuuid.so.1
libdl.so.2               libnss_hesiod-2.3.2.so  libuuid.so.1.2
libgcc_s-3.3.so.1        libnss_hesiod.so.2
libgcc_s.so.1            libpthread-0.10.so
```

2. 库文件种类

在目录“/lib”下主要包含四种类型的文件。

(1) 实际的共享链接库

共享库文件名的格式为"libLIBRARY_NAME-GLIBC_VERSION.so"，其中"LIBRARY_NAME-GLIBC_VERSION"是链接库的名称，"GLIBC_VERSION"是使用的glibc套件的版本编号。比如glibc2.2.3的进程库的名称为"libpthread-0.10.so"。

(2) 主修订版本的符号链接

"libLIBRARY_NAME.so.MAJOR_REVISION"是主修订版本的符号链接的文件格式，其中".MAJOR_REVISION"是链接库的主修订版本编号。以实际的C链接库为例，其符号链接的名称为"libc.so.6"。用户程序一旦链接了特定的链接库，它将会参照引用其符号链接，程序启动时，加载器在加载程序之前，会因此加载该程序。

(3) 与版本无关的符号链接

这些符号链接的主要功能是为需要链接特定链接库的所有程序提供一个通用的条目，与主修订版本的编号或glibc所涉及的版本无关。

(4) 静态库文件

在用户编写应用程序时经常会静态使用到库文件，即在编译时就将这些库文件的内容链接到用户程序中，此类库文件就是静态库文件，其文件名格式为"libLIBRARY_NAME.a"。

值得注意的是，这些库文件并不需要全部移到嵌入式开发板上，只需要实际的共享链接库和主修订版本的符号链接即可，因为余下两种类型的文件只有在链接文件的时候才会用到，执行应用程序时并不使用它们。

3. 裁减库

不管是Glibc还是uClibc库，都没有必要将其全部复制到嵌入式系统开发板上，仅把需要用到的共享库和主修订版本的符号链接刻录到嵌入式系统开发板即可。那么我们应该如何进行取舍，如何知道应用程序通常使用哪些共享库呢？我们可以通过下面两个方法来确定。

(1) readelf工具

例如，我们构建的Busybox位于"/opt/rootfs/bin"目录下，它使用了哪些共享库？此时可以使用"readelf"命令找出，具体命令如下。

```
# arm-linux-readelf -a    busybox | grep "Shared library"
0x00000001 (NEEDED)                          Shared library: [libcrypt.so.1]
0x00000001 (NEEDED)                          Shared library: [libc.so.6]
```

从上面可以看出Busybox使用了libcrypt.so.1和libc.so.6两个库文件。

(2) arm-uclibc-ldd

如果在PC机上安装了uClibc，就可以使用uClibc安装的具有跨平台能力的"arm-uclibc-ldd"命令。这个命令也可以列出目标板二进制文件依赖哪些链接库，具体命令如下。

```
# cd    /root/Myrootfs/bin
# arm-uclibc-ldd    busybox
libcrypt.so.1 =>/opt/rootfs /lib/libc.crypt.so.1
lic.so.6=>/opt/rootfs /lib/libc.so.6
```

"=>"左边表示Busybox所需要的共享库名称，右边为该库文件在根文件系统中的实际位置。

综上所述，可以将应用程序所使用到的库全部找出来，并将其复制到相应的根文件系统的lib目录下，然后依照需要的库文件对原来的进行裁减。

9.2.4　设备文件的构建

在Linux系统中，设备是被当作文件来进行存取的，而且通常情况下存放在根文件系统的"/dev"目录下。大多数的工作站和服务器发行套件为"/dev"目录附带了内容，这个数目超过了2000条。

在标准的Linux系统中会出现非常多的条目，但是在嵌入式Linux中只需要添加有限的几个就可以了，具体添加哪些条目往往需要结合具体的设备驱动来决定。如果某设备驱动程序中使用devfs注册设备，则不要手动添加；如果以register_chrdev()来进行注册，则要手动添加这些条目，否则应用程序将无法访问到这些设备。表9-4列出了需要手动创建的设备文件条目。

表9-4　需手动创建的设备文件

设备文件名	设备类型	主设备号	次设备号	文件权限	说　　　明
mem	字符	1	1	600	物理内存存取
null	字符	1	3	666	null设备
zero	字符	1	5	666	null byte源
random	字符	1	8	644	真随机数产生器
tty0	字符	4	0	600	虚拟控制台
tty1	字符	4	1	600	虚拟控制台
ttyS0	字符	4	64	600	第1个串行口

(续表)

设备文件名	设备类型	主设备号	次设备号	文件权限	说　　明
tty	字符	5	0	666	TTY设备
console	字符	5	1	600	系统控制台设备

更详细的有关设备文件节点的文档请参阅内核源码树的"Documentation/devices.txt"文件，该文件对设备文件的名称以及主、次设备号给出了最权威的建议。

创建设备的具体命令如下。

```
# mknod –m 600 mem c 1 1
# mknod –m 666 null c 1 3
… …
```

9.2.5　根文件系统初始化

对于PC机而言，系统开机后首先进行BIOS自检，进行硬件的基本初始化，然后利用lilo或grub等启动程序进行内核的引导工作，内核被解压后将被加载到内存的合适位置，lilo(或grub)启动程序将控制权交给内核。内核启动后，逐一进行体系架构初始化、内存初始化、中断系统初始化、定时器初始化等工作，并在最后启动init程序，该程序是一个由内核启动的用户级进程，是所有其他进程的"祖先"进程。它在终结系统启动进程之前派生出各种应用进程，并时刻监视这些子进程，以在合适的时间根据系统或用户的要求启动、停止并重新启动它派生出的进程。

其实大多数Linux系统并不需要执行一个标准的init程序，例如System V init，用户甚至可以通过引导参数"init=PATH_TO_YOUR_INIT"来要求内核在初始化最后阶段完成用户特定的init程序，如内核采用下面的引导参数。

```
vivi> param set linux_cmd_line "noinitrd root=/dev/mtdblock/2 init=/linuxrc console=ttySAC0"
```

这样内核启动的最后阶段便会执行根目录下的linuxrc程序。

但是这样操作也会有缺点：首先该用户程序将是内核启动的唯一应用程序；而且应用程序如果意外中止，将会造成内核恐慌并导致系统重新引导。因此，比较安全和有用的做法通常是让根文件系统配备真正的init程序。

1. System V init

System V是UNIX系统众多版本中非常重要的一个，它由AT&T开发，于1983年发布。迄今为止共发行了四个版本，其中System V Release 4是最成功的版本，它具有UNIX共同的特性，比如完成系统应用程序初始化。

在RedHat 9.0系统中，init程序存放在/sbin目录下，它主要的用途就是根据"/etc/inittab"脚本文件启动各种应用进程，典型情况下它执行的脚本文件主要位于"/etc/rc.d"目录下，具体命令如下。

```
# ls   /etc/rc.d
```

```
init.d   rc0.d   rc2.d   rc4.d   rc6.d        rc.sysinit
rc       rc1.d   rc3.d   rc5.d   rc.local
```

其中"rc.sysinit"和"rc.local"都是脚本文件，而"init.d"下存放着诸多重要的应用程序，比如nfs、sshd等程序。目录"rcn.d"(n表示运行级别，值为0～6)下存放的文件则是用来定义每个运行级别将会执行的应用程序名，通常情况下它们都是符号链接，具体的文件则位于"init.d"目录下。

如表9-5列出了System V init的七个运行级别。

表9-5　System V init运行级别

运 行 级 别	说　　　明
0	安全中止系统运行
1	单一用户模式，不需要登录，绝大多数嵌入式系统使用此级别
2	多用户但不支持NFS，可以使用命令形式进行登录
3	多用户模式，使用命令形式登录
4	不使用
5	启动X11并以图形模式登录程序
6	安全的重启系统

2. Busybox init

前面我们已经讲到，Busybox可以作为定制根文件系统的工具。其实，Busybox还提供了与System V init类似的处理系统启动的工作。它能完成System V init绝大部分的功能，非常高效，特别适合于嵌入式系统使用。但是使用Busybox来做根文件初始化也存在着缺点，例如，它并不能提供运行级别的支持。

用Busybox构建根文件系统时，其/sbin/init程序其实是/bin/busybox文件的符号链接，从这一点我们可以看出，/bin/busybox其实是嵌入式开发板上第一个被执行的应用程序。当然在执行busybox init时，也会根据/etc/inittab文件的内容来执行。接下来让我们来看看inittab文件究竟是什么东西。

(1) inittab文件构成

inittab文件由一条条规则构成，每个规则的格式定义如下。

```
id:runlevel:action:process
```

说明：

- id用来指定所启动进程的控制tty，如果所启动的进程并不是可以交互的shell，可以将此字段空着不填。
- runlevel字段指定运行级别，但是busybox并不支持运行级别，所以此字段应该常为空。
- process字段用来指定所要启动的应用程序。
- action字段用来表示在何种情况下会执行process字段所指定的应用程序，busybox init能够识别的inittab动作类型有八种，具体定义如表9-6所示。

下面给出一个简单的inittab文件范例。

```
::sysinit:/etc/init.d/rcS
::askfirst:/bin/sh
::restart:/sbin/restart
::shutdown:/bin/umount -a -r
```

该文件将执行以下动作。

- 将/etc/init.d/rcS设置成系统的初始化文件。
- 在控制台启动一个 "askfirst" shell。
- 如果init重新启动，将再次执行/sbin/init。
- 如果系统关机，将执行umount -a -r，以卸载所有文件系统。

表9-6　Busybox init能够识别的inittab动作类型表

动　　作	结　　果
sysinit	init初始化命令脚本文件
respawn	在相应的进程中止时便重新启动
askfirst	类似于respawn，不过它的主要用途是减少系统上执行的终端应用程序的数量。它将会促使init在控制台上显示 "Please press Enter to activate this console" 的信息，并在重新启动进程之前等待用户按下Enter键
wait	告诉init必须等到相应的进程执行完毕后，才能继续向下执行
once	仅执行一次相应的进程，而且不会等待它完成便可继续向下执行
ctrlaltdel	当按下Ctrl+Alt+Delete组合键时，执行相应的进程
shutdown	当系统关机时，执行相应的进程
restart	当init重新启动时，执行相应的进程，通常为init进程本身

(2) Busybox init执行流程

Busybox init进程会依次执行如下工作。

- 为init设置信号处理进程。
- 初始化控制台。
- 剖析/etc/inittab文件。
- 执行系统初始化命令行，默认情况下系统初始化命令会存放在/etc/init.d/rcS脚本文件。
- 执行所有会导致init暂停的inittab命令(动作类型为wait)。
- 执行所有仅执行一次的inittab命令(动作类型为once)。

一旦完成以上工作，init进程便会循环执行以下工作。

- 执行所有终止时必须重新启动的inittab(动作类型为respawn)。
- 执行所有终止时必须重新启动但启动前必须先询问用户的inittab命令(动作类型为askfirst)。

注意：

如果Busybox检查/etc/inittab并不存在，它会使用默认的inittab配置，为系统重引导、系统挂起以及init重启动设置默认的动作。

3. rcS文件

rcS文件是系统初始化命令的脚本文件，里面可以存放系统启动时需要执行的一些命令，如网络设置、文件系统加载等工作。下面来看一个具体的实例。

例：在系统启动时设置网卡1的地址为192.168.0.20，网卡2的地址为192.168.1.20，并启用zebra软件和ospf软件，则可编写rcS文件如下。

```
#　以读写模式重新安装根文件系统，需要/etc/fstab
mount –n –o remount，rw /

#　配置网卡1的IP地址
/sbin/ifconfig eth0 192.168.0.20 netmask 255.255.255.0 up
/sbin/ifconfig lo 127.0.0.1 netmask 255.255.255.0 up
#　配置网卡2的IP地址
/sbin/ifconfig eth1 192.168.1.20 netmask 255.255.255.0 up

#启动zebra软件和ospf软件
/usr/local/zebra/zebra &
/usr/local/zebra/ospfd &
```

9.3　文件系统的制作

前面我们已经详细介绍了有关文件系统的基本理论知识，包括根文件系统、基于Flash设备存储的文件系统以及基于RAM设备存储的文件系统。另外对文件系统定制的一些工具做了简要的介绍，下面我们将开始具体介绍每种文件系统的制作，包括根文件系统、NFS文件系统、Cramffs文件系统、Yaffs文件系统和Ramdisk文件系统的制作的详细步骤。制作这些文件系统的目标是使之能够在嵌入式系统中运行。这将对前面我们所讲的内容进行一次实践操作，望读者能够多动手操作。

9.3.1　根文件系统的制作

根文件系统是嵌入式Linux内核启动的最后阶段加载的，下面就一步一步说明如何构建典型的根文件系统。

1. 环境准备

首先建立一个目录，存放生成的文件。我们以"/opt/rootfs"为工作目录，输入以下命令。

```
# cd　/opt
# mkdir rootfs
```

建立好目录之后，接下来编译Busybox。

2. 编译Busybox

将Busybox-1.12.4.tar.bz2复制到"/opt/arm"目录下。按9.2.2节的步骤配置编译Busybox，将文件安装到/opt/rootfs目录下。

安装完成后，在/opt/rootfs目录下存放着Busybox生成的内容，如图9-9所示。

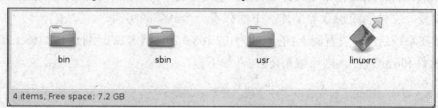

图9-9　Busybox在/opt/rootfs目录下的生成文件

从图9-9可以看出，Busybox构建出了三个目录bin、sbin、usr和符号链接文件linuxrc，每个目录中都有若干个符号链接文件，均指向bin目录下的Busybox文件。

3. 建立文件结构框架

在"/opt/rootfs"目录下面新建"dev"、"etc"、"home"、"lib"、"mnt"、"proc"、"root"、"sys"和"var"目录，同时在原有的"usr"目录下面新建一个"lib"目录。

新建的目录如图9-10所示。

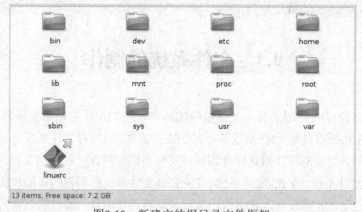

图9-10　新建立的根目录文件框架

4. 添加库

将已经定制好的库移到"/opt/rootfs/lib"目录下即可。必须要添加相应的库文件，否则会出现诸如下列的错误。

```
Kernel panic: No init found.    Try passing init= option to kernel.
```

5. 创建配置文件

到目前为止，还没有加载文件系统所需的各种配置文件，下面就通过Busybox来创建。在解压的Busybox源码中就提供了一个范例，可以在此基础之上进行简单的修改。

(1) 打开init.d/rcS文件进行修改，具体命令如下。

```
# mv   /opt/arm/busybox-1.12.4/example/bootfloopy/etc /opt/rootfs
# cd   /opt/rootfs /etc/init.d
# gedit rcS
```

在rcS文件中添加如下两行代码。

```
/bin/mount –n –t ramfs ramfs /tmp
/bin/mount –n –t ramfs ramfs /root
```

rcS这个脚本文件是在系统启动时自动执行的，在其中可以启动各种应用程序设置开发板。如果希望某一应用程序在开机阶段就被自动执行，则可以通过这个文件来实现。本例中修改rcS文件后的内容如下。

```
1. #! /bin/sh
2. /bin/mount -a
3. /bin/mount -n -t ramfs ramfs /tmp
4. /bin/mount -n -t ramfs ramfs /root
5. export QTDIR=/opt/qte
6. export QPEDIR=/opt/qtopia
7. export PATH=$QTDIR/bin:$QPEDIR/bin:/usr/local/sbin:/usr/local/bin:/sbin:/bin:/usr/sbin:/usr/bin:/root/bin
8. export LD_LIBRARY_PATH=$QTDIR/lib:$QPEDIR/lib:/lib
9. export LANG=zh_CN
10. export HOME=/root
11. export LD_LIBRARY_PATH=$QTEDIR/lib:$LD_LIBRARY_PATH
12. ln -s /dev/fb/0 /dev/fb0
13. ln -s /dev/touchscreen/0 /dev/h3600_ts
14. ln -s /dev/touchscreen/0 /dev/h3600_tsraw
15. if [ -e /etc/pointercal ] ; then
16. ln -s /etc/pointercal /root/pointercal
17. fi
18. echo Starting Qtopia...
19. qpe
```

程序说明：

- 第1行：注释语句。
- 第2行：挂载由/etc/fstab定义的挂载项目，在RedHat里硬盘的挂载就是在一个fstab文件中完成的。fstab文件内容如下。

```
proc   /proc  proc   defaults   0   0
```

- 第3～4行：因为我们最终弄好的文件系统是cramfs格式，而cramfs格式是一种只读的文件系统，所以此处把/tmp、/root挂载成内存盘以供临时读写，但要注意的是，内存盘的内容在系统掉电后就会消失。

- 第5~11行：设置环境变量，这些环境变量是为后面启动Qtopia图形的桌面环境做准备。
- 第12~14行：创建LCD帧缓冲设备节点的链接文件和触摸屏设备节点的链接文件，这样LCD帧缓冲设备或触摸屏设备就可以通过这些链接文件来访问。
- 第15~27行：判断/etc/pointercal文件是否存在，如果存在，则创建其链接文件"/root/pointercal"。"/etc/pointercal"文件是用于设置Qtopia桌面环境的坐标，系统启动后会调用该文件来校正触摸屏的坐标系统。
- 第18行：用echo语句输出Starting Qtopia...。
- 第19行：启动Qtopia图形的桌面环境。

(2) 进入目录"/etc"。

"/etc"目录是用来存放系统的配置文件。目录下面有如下常用的文件(主要是下面的这几个，以后要添加文件时会说明)。

- fstab：指明需要挂载的文件系统。
- group：用户组。
- inittab：init进程的配置文件。
- passwd：密码文件。
- profile：用户环境配置文件。
- mdev.conf：这里的mdev.conf文件可以是空，也可以按照一定的规则编写。
- resolv.conf：存放DNS信息的文件，访问外网时需要DNS的信息。
- init.d目录：启动文件目录，该目录下面有个"rcS"文件，里面存放了系统启动时配置以及自启动加载的进程等。
- sysconfig目录：在我们的文件系统里面，该目录下面存放了名为"HOSTNAME"的文件，该文件的内容为arm，这个就是我们在文件系统中看到的"[root@arm /]"中的arm，即用户名。
- rc.d目录：在我们的文件系统中，用来存放一些自启动所要调用的脚步等。

下面分别列出了"etc"下各个文件的内容。

fstab:

```
# device mount-point type options dump fsck order
proc /proc proc defaults 0 0
tmpfs /tmp tmpfs defaults 0 0
sysfs /sys sysfs defaults 0 0
tmpfs /dev tmpfs defaults 0 0
var /dev tmpfs defaults 0 0
```

group:

```
root:*:0:
daemon:*:1:
```

```
bin:*:2:
sys:*:3:
adm:*:4:
tty:*:5:
disk:*:6:
lp:*:7:lp
mail:*:8:
news:*:9:
uucp:*:10:
proxy:*:13:
kmem:*:15:
dialout:*:20:
fax:*:21:
voice:*:22:
cdrom:*:24:
floppy:*:25:
tape:*:26:
sudo:*:27:
audio:*:29:
ppp:x:99:
500:x:500:arm
501:x:501:arm
```

inittab：

```
# /etc/inittab
::sysinit:/etc/init.d/rcS
s3c2440_serial0 ::askfirst:-/bin/sh
::ctrlaltdel:/sbin/reboot
::shutdown:/bin/umount -a -r
```

注意：

在Busybox的参考文件中粗体部分是ttySAC0，而在s3c24xx系列芯片的串口驱动中我们用s3c2440_serial作为设备名(在内核源码的"drivers/serial/s3c2440.c"文件中)，然后又用串口0作为控制台，所以这里使用"s3c2440_serial0"。

passwd：

```
root::0:0:root:/:/bin/sh
ftp::14:50:FTP User:/var/ftp:
bin:*:1:1:bin:/bin:
daemon:*:2:2:daemon:/sbin:
nobody:*:99:99:Nobody:/:
arm:$1$8GIZx6d9$L2ctqdXbYDzkbxNURpE4z/ :502:502:Linux User，，，:/home/arm:/bin/sh
```

注意：

上面的粗体部分是密码，是不可逆转的编码，获取方法：在做好文件系统之后，使用passwd命令，然后设定密码，再打开这个文件。

profile：

```
# Ash profile
# vim: syntax=sh
# No core files by default
#ulimit -S -c 0 > /dev/null 2>&1
USER=" 'id -un' "
LOGNAME=$USER
PS1='[\u@\h \W]# '
PATH=$PATH
HOSTNAME='/bin/hostname'
export USER LOGNAME PS1 PATH
```

mdev.conf：（为空）

resolv.conf：

```
nameserver 202.96.128.166
```

sysconfig/HOSTNAME：

```
arm
```

在"/etc"目录下添加这些内容之后，基本的/etc目录就建立起来了。添加好的/etc目录如图9-11所示。

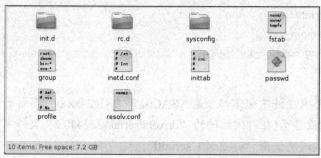

图9-11   "/etc"目录下的文件结构

接下来介绍其他目录的创建方法。

- "home"目录：存放用户文件的目录，在这里，我们建立一个名为"arm"的目录，还记得前面的passwd文件吧，里面有个用户名就是arm，对应这里的"arm"的目录。
- "lib"目录：用来存放Busybox和应用程序常用的动态链接库文件，获取库文件的方法是使用如下的命令。

```
# cp -f /opt/arm/tools/3.4.5/gcc-3.4.5-glibc-2.3.6/arm-linux/arm-linux/lib/*so* lib
```

这里复制了常用的库文件，如果需要特殊的库，需要再从相应的位置复制过来。复制后的“/lib”目录列表如图9-12所示。

```
arm@arm-desktop:/opt/rootfs/lib$ ls
ld-2.3.6.so                libm.so.6                  libpthread-0.10.so
ld-linux.so.2              libnsl-2.3.6.so            libpthread.so
libanl-2.3.6.so            libnsl.so                  libpthread.so.0
libanl.so                  libnsl.so.1                libpthread.so_orig
libanl.so.1                libnss_compat-2.3.6.so     libresolv-2.3.6.so
libBrokenLocale-2.3.6.so   libnss_compat.so           libresolv.a
libBrokenLocale.so         libnss_compat.so.2         libresolv.so
libBrokenLocale.so.1       libnss_dns-2.3.6.so        libresolv.so.2
libc-2.3.6.so              libnss_dns.so              librt-2.3.6.so
libcrypt-2.3.6.so          libnss_dns.so.2            librt.so
libcrypt.so                libnss_files-2.3.6.so      librt.so.1
libcrypt.so.1              libnss_files.so            libSegFault.so
libc.so                    libnss_files.so.2          libstdc++.so
libc.so.6                  libnss_hesiod-2.3.6.so     libstdc++.so.6
libc.so_orig               libnss_hesiod.so           libstdc++.so.6.0.3
libdl-2.3.6.so             libnss_hesiod.so.2         libthread_db-1.0.so
libdl.so                   libnss_nis-2.3.6.so        libthread_db.so
libdl.so.2                 libnss_nisplus-2.3.6.so    libthread_db.so.1
libgcc_s.so                libnss_nisplus.so          libutil-2.3.6.so
libgcc_s.so.1              libnss_nisplus.so.2        libutil.so
libm-2.3.6.so              libnss_nis.so              libutil.so.1
libmemusage.so             libnss_nis.so.2
libm.so                    libpcprofile.so
arm@arm-desktop:/opt/rootfs/lib$
```

图9-12　/lib目录下的动态链接库文件

- mnt目录：我们一般用来挂载的U盘之类的外设，这里建立目录“udisk”和“sd”，分别用来挂载U盘和SD卡。
- proc目录：提供一些目录和虚拟文件系统。
- root目录：超级用户的目录。
- sys目录：mdev可能会在下面建立某些文件。
- tmp目录：存放临时文件的目录。
- var目录：存放临时文件的目录。

9.3.2　NFS文件系统的制作

文件系统的安装随着应用环境的不同差别比较大。在嵌入式环境中，一般只要通过特殊的打包工具将文件系统打包，并刻录到非易失性存储器中就可以了。例如，对于Cramfs类型的文件系统就可以用“mkcramfs”命令生成文件系统的镜像。类似地，对于Yaffs2类型的文件系统可以用“mkyaffs2”命令生成文件系统的镜像。对于不同的文件系统，需安装不同的打包工具，我们将在后面介绍打包的详细方法。

但是在测试阶段最好不要通过上述方式，因为它并不能保证构建的根文件系统一定会正确无误，通常会出现这样那样的错误，这样频繁地刻录文件系统到nandflash器件中绝非好的办法。下面我们做一件更有意义的事情，使用NFS(网络文件系统)方式进行整个根文件系统的挂载。具体步骤如下。

1. 配置NFS

NFS的配置我们在第5章已经有很详细的介绍。本节重点介绍NFS的使用，对NFS的配置，我们简单复习一下。这里PC端和开发板两端都要进行设置：开发板端的设置前面已经做好，这里只需对PC端进行操作。

(1) 在Linux命令符下运行“setup”命令，在“system services”中选择“NFS”服务，开启PC的NFS服务，然后保存退出。

(2) 修改/etc/exports。

输入下面的命令，修改/etc/exports文件。

```
#gedit /etc/exports
```

添加如下内容，把工作目录/s3c2440/RootFilesystem添加进去。

(3) 激活portmap与NFS服务。

配置PC的IP及激活portmap和NFS服务，输入以下命令。

```
#ifconfig eth0 192.168.1.3
#service portmap start
#service nfs restart
```

(4) 为了避免每次开机时都手动启动NFS服务，把/etc/rc.d/init.d/nfsrestart添加到/etc/rc.d/rc.local中，以后PC机启动的时候就会执行文件自动开启NFS服务。

(5) 测试NFS。

将/opt/rootfs/目录通过NFS服务挂载到本机的/mnt/nfsmount目录下，如果成功挂载，则可以在/mnt/nfsmount处看到/opt/rootfs目录下的内容，此时则表明NFS配置成功。具体命令如下。

```
# mkdir/mnt/nfsmount
# mount 192.168.1.3: /opt/rootfs/mnt/nfsmount –o loop
```

2. 进行连接

连接PC和实验箱的串口线、网线、电源线，在PC的终端输入命令启动超级终端或者minicom。

按下PC的"空格键"，此时在超级终端或者minicom中，将会看到目标板进入Vivi或u-boot的命令行方式。例如，在Vivi下输入下列Vivi命令，改变Linux的启动参数，并启动Linux。具体命令如下。

```
vivi>param set linux_cmd_line "console=ttySAC0 root=/dev/nfs nfsroot= 192.168.1.3:/opt/rootfs ip=
192.168.1.6:192.168.1.3:192.168.1.3
    :255.255.255.0:armsys.hzlitai.com:eth0:off"
vivi>param save
vivi>boot
```

在boot Linux以前，输入param save命令保存这个Linux参数。接着将看到Linux成功地通过NFS把刚才建立的根文件系统挂载上。这里要留意的就是输出信息的后面几句。

```
Look up port of RPC 100003/2 on 10.0.0.8
Look up port of RPC 100005/1 on 10.0.0.8
VFS: Mounted root (nfs filesystem)
```

上面的代码可以证实两点。一就是NFS其实也是建立在RPC的基础上的，它要使用RPC服务；第二点就是Linux成功地通过NFS把刚才建立的根文件系统挂载上了。

9.3.3 Cramfs文件系统的制作

在上节，我们已经获得了一个完整的嵌入式文件系统，下面需要做的就是将该系统文件夹打包，制成Cramfs的文件系统。这里要用到cramfs1.1文件系统工具，这个工具是开源的，可以在网址http://sourceforge.net/projects/cramfs/下载。

修改根目录下的GNUmakefile文件，这里有一个小技巧，该工具可以生成两个可执行文件mkcramfs和cramfsk，如图9-13所示。将Makefile文件的CC修改为arm-linux-gcc，则可以编译嵌入式系统下可以使用的工具，如果将CC改为gcc，则生成的是PC机上使用的工具。配置好之后，在终端输入以下命令。

```
#make
```

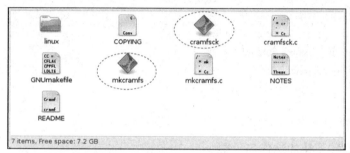

图9-13 生成的mkcramfs和cramfsk文件

具体的制作过程如下。

1. 文件系统的配置

内核的配置参数如下。

```
CONFIG_CMDLINE="root=/dev/ram0 rw initrd=0x21100000，17000000
console=ttyS0，115200 mem=64M ip=192.168.1.3 netmask=255.255.255.0"
```

我们建立的嵌入式文件系统的思路是，首先将Cramfs文件系统镜像刻录到Nand flash上，然后通过u-boot对Cramfs的支持将Cramfs加载到内核ram地址中，注意，我们的commandline中定义的长度必须大于真实的Cramfs文件系统的长度，我们默认的一个ramdisk的大小是16MB，所以我们将长度定义为17 000 000，起始地址是0x21100000。注意我们定义的地址的格式是起始地址为16进制，而长度为10进制。

嵌入式系统在内核加载成功之后，开始加载根文件系统。根文件系统加载成功之后，内核的init进程会自动地查找rcS文件，该文件位于/etc/init.d/rcS。注意内核在2.6之后，不会自动加载proc、sys等文件系统，必须要通过手动的mount操作。如果没有对这些文件系统进行mount操作，就会出现echo、telnetd等命令无法找到的故障，同时出现"can't access your tty name"的错误，出现这种问题的原因就是一些文件系统没有被正常加载。

为了保证文件系统被正常加载，我们的/etc/init.d/rcS文件如下。

```
#! /bin/sh
#该文件必须要先执行这一条指令，否则会报出下面的命令无法找到的错误！
```

```
cd /bin
echo e 'Starting System'
echo e 'Mounting some FileSystems!'
#该指令会将/etc/fstab文件中定义的文件系统按照行来加载
mount -a
#将启动信息写入/var/log/dmesg文件中，这个文件存在于nandflash中
dmesg > /var/log/dmesg
#开启telnetd服务的关键就是打开这个进程
telnetd -l /bin/login
```

/etc/fstab文件的内容如下。

```
# <file system> <mount point>    <type>    <options>            <dump>    <pass>
proc /proc proc defaults        0 0
devpts    /dev/pts    devpts    defaults    0 0
tmpfs /dev/shm    tmpfs defaults 0 0
sysfs /sys    sysfs defaults 0 0
/dev/mtdblock2    /mnt/flash2 yaffs defaults 0 0
```

之后，mount -a命令会按行来加载这些文件系统。

2. Cramfs文件系统的制作与下载

首先制作Cramfs的文件系统，使用如下命令。

```
$ ./mkcramfs /opt/rootfs/ opt/mycramfs.img
```

输出如图9-14所示的内容。

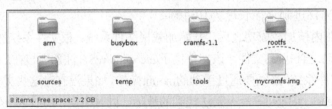

图9-14　制作Cramfs文件系统

同时，在指定目录生成mycramfs.img文件。本例中指定目录为"/opt"目录，结果如图9-15所示。

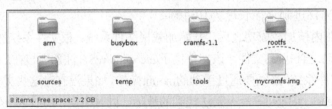

图9-15　生成的Cramfs镜像文件

使用tftp协议将这些文件镜像下载到RAM中，通过U-Boot的Nand Flash闪存操作，函数将Cramfs文件镜像刻录到Nand闪存中，然后修改U-Boot的启动参数，每次启动时自动从Nand Flash中读取Cramfs文件系统。Cramfs文件系统的镜像可以达到50%的压缩比率，效率较高，

10MB的内容被压缩为5MB。

　　首先将文件系统刻录进Flash，修改环境变量bootcmd为"bootcmd=run nf_ramdisk; run nf_kernel;run boot"，然后重启系统。

　　从最后的启动信息来看，在根文件系统加载成功之后，最先被执行的就是/etc/init.d/rcS文件，如图9-16所示，表明系统加载成功。

```
IP-Config: Incomplete network configuration information.
RAMDISK: cramfs filesystem found at block 0
RAMDISK: Loading 5340KiB [1 disk] into ram disk... done.
VFS: Mounted root (cramfs filesystem) readonly.
Freeing init memory: 100K
e Starting System
e Mounting some FileSystems!
yaffs: dev is 32505858 name is "mtdblock2"
yaffs: passed flags ""
yaffs: Attempting MTD mount on 31.2, "mtdblock2"
(none) login:
Password:
login[193]: root login  on `ttyS0'

set search library path int /etc/profile
set user path in /etc/profile
/mnt/flash2/home/
```

图9-16　启动信息

9.3.4　Yaffs文件系统的制作

　　制作Yaffs文件系统的镜像文件比较简单，但是需要用到mkyaffsimage软件，要先获得该软件。具体步骤如下。

1. 解压文件

　　解压"mkyaffsimage.tar.bz2"压缩包之后就可以得到软件mkyaffsimage了，如图9-17所示。

图9-17　解压后的mkyaffsimage软件

2. 制作镜像

　　在"/opt/mkyaffsimage"目录下面运行如下命令。

```
./mkyaffsimage /opt/rootfs/ /opt/myyaffs.img
```

　　运行之后就可以制作Yaffs文件系统的镜像了，如图9-18所示。

　　然后使用前面介绍的刻录文件系统的方法把刚刚生成的镜像文件刻录到开发板上使用，如图9-19所示。

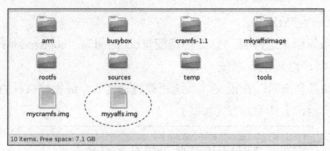

图9-18　生成的Yaffs文件镜像

```
arm@arm-desktop:/opt$ ls
arm           mkyaffsimage       myyaffs.img    rootfs.tar.gz  tools
busybox       mkyaffsimage.tar.gz ramdisk.image sources
cramfs-1.1    mycramfs.img       rootfs         temp
arm@arm-desktop:/opt$ file myyaffs.img
myyaffs.img: VMS Alpha executable
arm@arm-desktop:/opt$
```

图9-19　Yaffs镜像文件的属性

9.3.5　Ramdisk文件系统的制作

Ramdisk实际是从内存中划出一部分作为一个分区使用，换句话说，就是把内存的一部分当成硬盘使用，用户可以向里面存储文件。由于它非常灵活而且能被压缩，所以在嵌入式系统中得到了广泛的应用。使用Ramdisk非常方便，默认安装的操作系统一般都能实现。

下面详细讲解其制作过程，具体步骤如下。

1. 创建目录

首先创建一个目录，也可以使用先前建立的/opt/rootfs目录。以后所有必要的目录结构和文件全都在这，为了与前面统一，我们就使用这个目录。

注意：

如果读者不是以root登录，则需要使用sudo命令，以提高用户权限，因为有些命令必须以root权限运行。

2. 填充Ramdisk

这里要用到一个"dd"命令。"dd"是Linux/UNIX下一个非常有用的命令，作用是用指定大小的块复制一个文件，并在复制的同时进行指定的转换。在终端中输入以下命令。

```
dd if=/dev/zero of=/dev/ram1
```

"zero"是一个特殊的设备，表示全部为0的字符块。上面这条命令的意思是把系统的第一个ramdisk用全部为0的数据填充，因为ramdisk默认为4M，因此当读满8192个块(每块512位)后，/dev/ram1已被填充满，在/dev下有很多的ramdisk设备，如ram1、ram2、ram3等。填充完后，ram1就有足够的空间存放文件系统了。

3. 创建文件系统

这时就可以在这片空间上创建文件系统了。输入以下命令：

```
mkfs.ext2 –m0 /dev/arm1
```

4. 挂载

接下来将ram1挂载到文件系统中。首先建立一个挂载点，使用以下命令：

```
mkdir /mnt/ram
```

然后将刚才做好的文件系统挂载到这个挂载点上，使用如下命令：

```
mount /dev/ram1 /mnt/ram
```

复制先前我们做好的文件系统(即rootfs文件夹下文件)到ram1中。我们可以直接复制，也可使用命令。选择后者的话，命令如下：

```
cp –r /opt/rootfs/* /mnt/ram
```

需要注意的是，ramdisk类似于hda1、hdb1等块存储设备，当mount(挂载)到文件系统之后，就可以读写。但是，由于它运行于内存中，掉电之后数据会全部丢失。

复制之后的目录如图9-20所示。

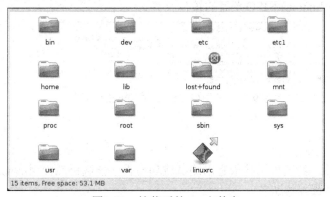

图9-20　挂载后的ram文件夹

从上图可以看出，它跟图9-10一样。说明文件系统挂载成功。

如果需要卸载ram1，可以使用如下命令：

```
umount /dev/ram1
```

注意：

卸载时，请确认当前目录不在ram1之下，否则不能卸载。卸载之后，虽然不能直接访问ram1文件夹下的数据，但却是真真实实地存在于内存中的。

5. 制作镜像

复制好必要的文件之后，就可以制作一个镜像文件，这个镜像文件跟先前我们做的Cramfs和Yaffs镜像文件一样，可以直接刻录到目标板中。

在终端输入以下命令：

```
dd if=/dev/ram1 of=/opt/ramdisk.image
```

将在/opt目录下生成一个名为ramdisk.image的镜像文件，如图9-21所示。

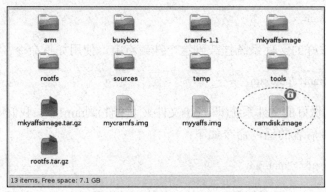

图9-21　生成的ramdisk.image镜像

可以使用file命令查看这个镜像文件的属性，得到如图9-22所示的信息。它是一个ext2文件系统，类似于Windows下ISO光盘的镜像文件。

```
arm@arm-desktop:/opt$ ls
arm            mkyaffsimage        myyaffs.img    rootfs.tar.gz  tools
busybox        mkyaffsimage.tar.gz  ramdisk.image  sources
cramfs-1.1     mycramfs.img         rootfs         temp
arm@arm-desktop:/opt$ file ramdisk.image
ramdisk.image: Linux rev 1.0 ext2 filesystem data (mounted or unclean)
arm@arm-desktop:/opt$ 
```

图9-22　使用file命令查看ramdisk的属性

6. 挂载镜像

做好镜像之后，我们可以挂载它以测试成功与否。挂载仍然使用mount命令，这里使用的参数为loop，具体命令为：

```
mount –o loop ramdisk.image /mnt/ram/
```

为了方便，我们仍然将它挂载到/mnt/ram下，因此一定要把/dev/ram1的挂载用umount卸载掉。此时，查看/mnt/ram下的内容是否与rootfs下面的内容一致。如果不一致说明出错了。当然，如果操作正确，答案是肯定的。

例如，在终端输入ls命令查看，命令如下。

```
ls /mnt/ram
```

显示如图9-23所示的结果。

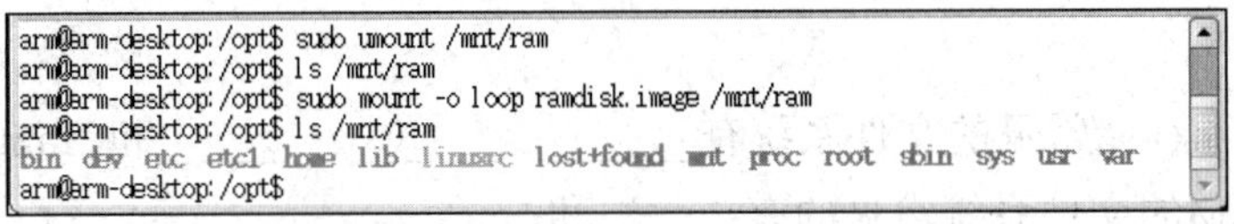

arm@arm-desktop:/opt$ sudo umount /mnt/ram
arm@arm-desktop:/opt$ ls /mnt/ram
arm@arm-desktop:/opt$ sudo mount -o loop ramdisk.image /mnt/ram
arm@arm-desktop:/opt$ ls /mnt/ram
bin dev etc etc1 home lib linuxrc lost+found mnt proc root sbin sys usr var
arm@arm-desktop:/opt$

图9-23　查看挂载的ramdisk镜像文件

这样就得到了一个完整的ramdisk文件系统的镜像。

卸载这个命令当然是使用umount，完整的命令格式如下。

```
umount /mnt/ram
```

7. 压缩

使用ramdisk文件系统的目标设备一般来说都是资源紧张的，所以在大部分情况下，不能直接将这个文件系统刻录到系统中。这个时候有两种解决方法：一是增加系统资源，比方说使用更大的内存；另一种方法就是压缩镜像。第一种方法无疑会增加设备成本，有时候它的硬件升级也不是那么方便，所以大部分情况下，我们采取第二种方法，也就是压缩镜像文件。

镜像压缩在嵌入式中应用普遍，比方说我们先前的内核也是使用压缩镜像。这里使用gzip，具体的压缩命令如下。

```
gzip –v9 ramdisk.image
```

使用gzip压缩后会得到一个与源文件同名的文件，只是添加了.gz的后缀，如图9-24所示。

arm
busybox
cramfs-1.1
mkyaffsimage
rootfs
sources
temp
tools
mkyaffsimage.tar.gz
mycramfs.img
myyaffs.img
ramdisk.image.gz
rootfs.tar.gz
14 items, Free space: 7.1 GB

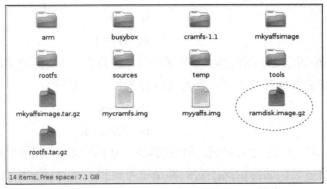

图9-24　使用gzip压缩ramdisk.image镜像

至此，一个完整的、可以使用的、紧凑的ram文件系统就做好了。使用前面介绍的方法，将bootloader(u-boot或Vivi)、内核、文件镜像刻录到目标板中，就能启动系统了。

思考与练习

一、填空题

1. Linux下的文件系统主要分为三个层次：______、______和______。
2. 当前在嵌入式Linux中有三种常用的块驱动程序可以选择，分别是______、__

和_____。

3. 基于Flash存储常见的文件系统有_____、_____、_____和Cramfs。

4. 基于RAM的文件系统常见的有_____和_____。

5. 根文件系统初始化的安全和有用的做法通常是让根文件系统配备真正的init程序，主要有_____和_____两种。

二、选择题

1. (　　)也支持在一块Flash上建立多个Flash分区，每一个分区作为一个MTD block设备，可以把系统软件和数据等分配到不同的分区上，同时也可以在不同的分区采用不同的文件系统格式。

    A. MTD驱动层　　　　　　　　　　B. Blkmem驱动层

    C. Romdisk驱动层　　　　　　　　　D. Ramdisk驱动层

2. 在Linux系统中，因为Flash可以以分区为单位拆开或者合并后使用，所以文件系统是针对于(　　)而言的。

    A. 存储芯片　　　　　　　　　　　B. 存储器分区

    C. Flash　　　　　　　　　　　　　D. RAM

3. (　　)是可读写的、支持数据压缩的、基于哈希表的日志型文件系统，并提供了崩溃/掉电安全保护，提供了"写平衡"支持，是具有支持多种节点类型，提高了对Flash的利用率等优点的文件系统。

    A. Cramfs　　　　　　　　　　　　B. Yaffs

    C. Romfs　　　　　　　　　　　　D. JFFS2

4. (　　)将一部分固定大小的内存当作分区使用。它并非一个实际的文件系统，而是一种将实际的文件系统装入内存的机制，并且可以作为根文件系统。

    A. JFFS2　　　　　　　　　　　　B. Yaffs

    C. Romfs　　　　　　　　　　　　D. Ramdisk

5. 目录"rc n.d"(n表示运行级别，值分别取0～6)下存放的文件用来定义每个运行级别将会执行的应用程序名，通常情况下它们都是符号链接，具体的文件则位于(　　)目录下。

    A. rc.local　　　　　　　　　　　B. init.d

    C. rc　　　　　　　　　　　　　　D. rc.d

三、简答题

1. 嵌入式系统中根文件系统架构是如何组织的？

2. 简述Busybox的主要作用。

3. 简述NFS文件系统的制作过程。

4. 简述Cramfs文件系统的制作过程。

第10章 嵌入式Linux驱动程序

开发基础

在嵌入式系统中,所有的上层应用程序都是在操作系统的支持下通过驱动程序的接口来访问硬件的。驱动程序是介于嵌入式系统硬件和Linux系统内核之间的软件接口,一方面向上层的应用程序提供一些标准的读写硬件的具体方法,从而实现应用程序在不需要了解具体的硬件细节的情况下实现对硬件的访问;另一方面,对底层的硬件设备的访问代码进行实现和封装,以供应用程序调用。

本章主要介绍有关Linux驱动程序的开发,包括驱动程序开发的具体概念,模块编程及简单实例,字符设备驱动程序,有关字符设备的数据结构,典型的字符设备驱动程序框架以及字符设备驱动程序扩展等内容。通过本章的学习,读者可以了解驱动程序和内核以及应用程序之间的关系,掌握驱动程序开发的基本知识。

本章重点:
- Linux设备管理机制
- 模块编程
- 字符设备数据结构
- 字符设备驱动程序数据结构
- 字符设备驱动程序开发流程
- 字符设备驱动程序扩展

10.1 嵌入式Linux驱动程序概述

提到驱动程序,读者并不陌生。有的读者曾在Windows环境下编写驱动程序,即使没有,也肯定安装过驱动程序。所谓驱动程序,就是一种特殊的"应用程序",它不同于一般的应用程序,可以直观地看到程序的运行结果,但是却为一般的运行程序提供了必要的底层连接。如果没有驱动程序,大部分的应用程序都不能正常运行,少了声卡驱动程序,我们就不能听见声音,缺少显示驱动程序,就不能看见图像。所以说,驱动程序也是针对特定的硬件设备而编写的程序,它提供了对硬件的基本操作。如果没有驱动程序,硬件也就无法工作了。

10.1.1 Linux驱动程序工作原理

操作系统是通过各种驱动程序来驱驭硬件设备的,它为用户屏蔽了各种各样的设备,驱动硬件是操作系统最基本的功能, 并且为此提供统一的操作方式。设备驱动程序是内核的一部分，硬件驱动程序是操作系统的最基本组成部分，在Linux内核源程序中占60%以上。对于Linux操作系统来说，驱动程序是介于硬件和Linux内核之间的软件接口，驱动程序通过对硬件的操作，使得硬件的特殊部分发生响应。驱动程序隐藏了硬件设备工作的细节，上层的应用程序通过一套标准的调用来操作硬件而不关心硬件本身。驱动程序就是将这些调用映射到与实际硬件设备相关的操作，如读操作、写操作等。

设备驱动程序在操作系统内核中最接近硬件设备，是操作系统内核和底层硬件设备之间的接口。也就是说，操作系统内核通过调用这些接口函数来完成对底层硬件设备的使用。应用程序怎样使用底层的硬件平台呢？前面讲过，在操作系统和应用程序之间也有很多接口函数，这些接口函数为应用程序使用操作系统内核提供了窗口，我们称这些接口函数为系统调用。

系统调用是操作系统内核和应用程序之间的接口，设备驱动程序是操作系统内核和机器硬件之间的接口。它们都有一个共同的特点：屏蔽了底层的某个具体服务的实现细节，比如，系统调用屏蔽了操作系统内核某个具体功能的实现细节，设备驱动程序则屏蔽了底层硬件设备的细节。

具体来说，在Linux中设备是被当做文件来进行处理的。上层的应用程序需要操作硬件时，只需要获得设备的文件描述符，然后通过系统调用open()、read()、write()、ioctl()、close()等来操作设备，这与一般普通的文件操作非常类似。应用程序无需关心硬件的细节。应用程序发出系统调用指令后，会从用户态转换为内核态，通过内核将系统调用函数转换成对物理设备的操作。如图10-1所示为应用程序使用底层的设备接口示意图，从图中可以看出，设备驱动层起到了承上启下的作用。

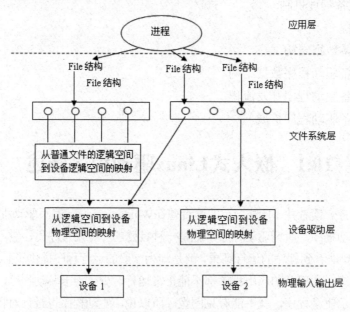

图10-1　应用程序使用底层设备接口示意图

前面的章节也提到过，Linux内核中采用可加载的模块化设计(Loadable Kernel Modules, LKMs)，一般情况下编译的Linux内核是支持可插入式模块的，也就是将最基本的核心代码编译在内核中，其他代码可以放在内核中，也可以编译为内核的模块文件。

常见的驱动程序是作为内核模块动态加载的，比如声卡驱动程序和网卡驱动等，而Linux最基础的驱动程序，如CPU、PCI总线、TCP/IP协议、APM(高级电源管理)、VFS等则直接编译在内核文件中。有时也把内核模块叫做驱动程序，只不过驱动程序内容不一定是硬件罢了，比如ext3文件系统的驱动程序。因此，加载驱动程序时就是加载内核模块。

10.1.2　Linux驱动程序功能

作为程序开发者，从图10-1可以看出，处于设备驱动层的Linux驱动程序为应用程序提供了访问硬件设备的编程接口(Application Programming Interface，API)，它是整个设备驱动的核心内容。驱动程序主要提供以下功能。

- 应用程序通过驱动程序安全有效地访问硬件。
- 驱动程序作为嵌入式系统的中间层软件，隐藏了底层的细节，从而提高了软件的可移植性和可复用性。
- 驱动程序文件节点可以方便地提供访问权限控制。

从下层驱动程序开发人员的角度来看，Linux驱动程序则通过直接操控硬件的软件来完成下面的功能。

- 对设备初始化和释放。
- 直接读写硬件寄存器来控制硬件。
- 把数据从内核传送到硬件和从硬件读取数据。
- 操作设备缓冲区设备。
- 操作输入、输出设备，如键盘、打印机等。
- 读取应用程序传送给设备文件的数据，回送应用程序请求的数据。
- 检测和处理设备出现的错误。

10.2　设备驱动程序的基础知识

在进行设备驱动程序开发之前，我们有必要了解一下有关设备驱动程序的基础知识。这样的安排使读者更容易理解后面的内容，也更容易上手进行实验。

10.2.1　Linux的设备管理机制

Linux系统有一套完整的设备管理机制，下面详细介绍其基本构成部分。

1. 设备分类

Linux的一个重要特点就是将所有的设备都当做文件进行处理,这一类特殊文件就是设备文件，它们可以使用前面提到的文件、I/O相关函数进行操作，这样就大大方便了对设备的处理。它通常在"/dev"下面存在一个对应的逻辑设备节点，这个节点以文件的形式存在。

Linux系统的设备文件分为四类：块设备文件、字符设备文件、网络设备文件和杂项设备文件。

- 块设备文件：通常指需要以块(如512字节)的方式写入的设备，如IDE硬盘、SCSI硬盘、光驱等。
- 字符设备文件：通常指可以直接读写，没有缓冲区的设备，如并口、虚拟控制台等。
- 网络设备文件：通常指网络设备访问的BSD Socket接口，如网卡等。
- 杂项设备文件：通常指比较特殊的驱动程序，如IIC、USB等。

对这四种设备文件编写驱动程序时有一定的区别，下面详细分析其不同之处。

(1) 字符设备

字符设备是可以像文件一样访问的设备，字符设备驱动程序负责实现这些行为。这样的驱动程序通常会实现open、close、read和write系统调用。系统控制台和并口就是字符设备的例子，它们可以很好地用流概念描述。通过文件系统节点可以访问字符设备，例如/dev/tty1和/dev/lp1。

字符设备和普通文件系统的唯一区别是：普通文件允许在其上来回读写，而大多数字符设备仅仅是数据通道，只能顺序读写。当然，也存在这样的字符设备，可以来回读取其中的数据。

另外，字符设备驱动程序不需要缓冲，而且不以固定大小进行操作，它直接从用户进程传输数据，或者传输数据到用户进程。

(2) 块设备驱动程序

块设备是文件系统的宿主，如磁盘。在大多数UNIX系统中，只能将块设备看作多个块进行访问，一个块设备通常是1KB数据。Linux允许我们像字符设备那样读取块设备——允许一次传输任意数目的字节。块设备和字符设备只在内核内部的管理上有所区别，即在内核/驱动程序间的软件接口上有所区别。就像字符设备一样，每个块设备也通过文件系统节点来读写数据，它们之间的不同对用户来说是透明的。块设备驱动程序和字符设备驱动程序的接口是一样的，它也通过一个传统的面向块的接口与内核通信，但这个接口对用户来说是不可见的。

块设备驱动程序和字符设备驱动程序的主要区别是：在对字符设备发出读、写请求时，实际的硬件I/O一般紧接着就发生了。块设备则不然，它利用一块系统内存作为缓冲区，当用户进程对设备请求满足用户的要求时，就返回请求的数据；如果不能，就调用请求函数来进行实际的I/O操作。块设备主要是针对磁盘等慢速设备的，以免耗费过多的CPU时间来等待。

(3) 网络设备驱动程序

任何网络事务处理都是通过接口实现的，通过接口方式可以实现和其他宿主交换数据。通常接口是一个硬件设备，但也可以像loopback(回路)接口一样是软件工具。网络接口是由内核网络子系统驱动的，它负责发送和接收数据包，而且无需了解每次事务是如何映射到实际被发送的数据包的。

网络设备驱动程序在Linux系统中不像字符设备和块设备那样实现read和write等操作，而是通过套接字(Socket)等接口来实现。尽管"telnet"和"ftp"连接都是面向流的，它们使用同样的设备进行传输；但设备并没有看到任何流，仅看到数据报文。由于不是面向流的设备，所以网络接口不能像/dev/tty1那样简单地映射到文件系统的节点上。UNIX调用这些接口的方式是给它们分配一个独立的名字(如eth0)。这样的名字在文件系统中并没有对应项。内核和网络设备驱动程序之间的通信与字符设备驱动程序和块设备驱动程序与内核间的通信是完全不一样的。内核不再调用read与write，它调用与数据包传送相关的函数。

(4) 杂项设备驱动程序

杂项设备驱动程序就是比较特殊的设备驱动程序。在Linux内核的include/linux目录下有miscdevice.h文件，用户可以将其他杂项设备驱动程序定义在该文件中。

2. 设备号

在传统方式的设备管理中，除了设备类型(字符设备或块设备)以外，内核还需要一对参数(主、次设备号)才能唯一地标识设备。

设备号是一个数字，它是设备的标志。如前所述，一个设备文件(也就是设备节点)可以通过mknod命令来创建，其中指定了主设备号和次设备号。主设备号表明是某一类设备，用于标识设备对应的驱动程序，一般对应着确定的驱动程序，主设备号相同的设备使用相同的驱动程序；次设备号一般用于区分，标明不同属性(例如不同的使用方法、不同的位置、不同的操作等)，它标志着某个具体的物理设备。次设备号是一个8位数，用来区分具体设备的实例。因此，同一台机器上如果有两个相同的设备，则它们的主设备号相同，但第一个设备的次设备号为0，而第二个设备的次设备号为1。一般，高字节为主设备号，低字节为次设备号。例如，在系统中的块设备IDE硬盘的主设备号是3，而多个IDE硬盘及其各个分区分别赋予次设备号1、2、3……

设备文件通常位于"/dev"目录下，我们可以通过"ls -l /dev"命令来查看系统中的设备，在笔者的机器上显示如下。

```
arm@arm-desktop:~$ ls -l /dev
total 240
crw-rw----    1 root    audio    14,    12    2009-08-01 15:50 adsp
crw-------    1 root    video    10,   175    2009-08-01 15:50 agpgart
crw-rw----    1 root    audio    14,     4    2009-08-01 15:50 audio
drwxr-xr-x    2 root    root           620    2009-08-01 15:49 block
...
drwxr-xr-x    3 root    root           220    2009-08-01 15:50 input
crw-r-----    1 root    kmem      1,     2    2009-02-04 13:07 kmem
crw-rw----    1 root    root      1,    11    2009-08-01 15:49 kmsg
srw-rw-rw-    1 root    root             0    2009-08-01 15:50 log
...
```

上面只是列举了一部分设备，其中第一列中的字符"c"(Character)的行代表字符设备，"b"(Block)的行代表块设备。日期前面用逗号隔开的两个数字就是相应设备的主设备号和次设备号。

Linux设备列表中"/dev/adsp"、"/dev/audio"、"/dev/dmmidi"、"dsp"等一些设备的主设备号都是14，所以这些设备都是由驱动程序14管理的。现代的Linux内核允许多个驱动程序共享主设备号，但是大多数设备仍然按照"一个主设备号对应着一个驱动程序"的原则安排。

Linux设备的设备号由主、次设备号构成，如果已经知道某设备的主、次设备号，可以利用MKDEV()宏来合成设备号。该宏定义如下(位于include/linux/kdev_t.h中)：

```
#define MKDEV(ma, mi)((ma)<<8 | (mi))
```

从宏定义可以看出，设备号高位存放着设备的主设备号，低8位存放着设备的次设备号。

如果已知设备的设备号，可以利用MAJOR()和MINOR()宏将该设备的主、次设备号分离出来。该宏定义如下：

```
#define MAJOR(dev)    ((dev)>>8)
#define MINOR(dev)    ((dev) & 0xff)
```

在Linux系统下，有关主设备号的分配原则可以参看Documentation/Device.txt。

3. 内核模块

Linux驱动程序可以通过两种方式集成到内核中。

一是将其直接编译到内核。

二是将其编写成模块，在需要添加某种硬件的时候，内核可以将其调入。在配置Linux内核时，可以选择"Enable loadable module support"选项，来支持可加载内核模块。

前一种方法将驱动程序直接写入内核，其优点是用户可以随时进行调用而无需安装。但是这样会大大增加内核占用的空间，导致内核体积较大。后一种方法将驱动程序编写成模块供内核有选择性地加载，虽然会因为寻找驱动模块而增加系统资源的占用和运行时间，但是与庞大的内核所消耗的资源相比显得微不足道。另外，这种可加载的内核模块还可以为软件开发提供许多便利。当用户需要对某一硬件驱动程序进行开发或纠错时，用户可以动态地卸载旧的版本并加载新的版本，但是如果用户的驱动程序已被写入内核，则必须对内核进行重新编译，并且每次对修改后的程序进行测试时，都必须重新启动系统。显然，后者在时间和精力上的花费更大。如果将驱动程序视为可加载的内核模块进行开发和配置，用户就可以将硬件驱动程序作为一种独立的系统进行升级，而不必频繁地对内核进行改动。

通常情况下，可加载的内核模块安装在系统"/lib/modules"目录的一个子目录下。我们可以通过模块加载或者卸载命令来对模块进行管理。

表10-1列出了一些常用的模块相关命令，图10-2是在Ubuntu中使用"lsmod"命令查看系统加载的模块列表截图。嵌入式Linux系统中可能不会有这么多，但基本的模块是一致的。

表10-1　常用的模块相关命令列表

命　　令	功　　能
lsmod	列出当前系统中加载的模块，其中左边第一列是模块名，第二列是该模块的大小，第三列则是该模块使用的数量
rmmod	用于将当前模块卸载
insmod	用于加载当前模块，但insmod不会自动解决依存关系
modprobe	根据模块间依存关系以及/etc/modules.conf文件中的内容自动插入模块
mknod	用于创建相关模块

```
arm@arm-desktop:~$ ps -A
  PID TTY          TIME CMD
    1 ?        00:00:01 init
    2 ?        00:00:00 kthreadd
    3 ?        00:00:00 migration/0
    4 ?        00:00:00 ksoftirqd/0
    5 ?        00:00:00 watchdog/0
    6 ?        00:00:00 events/0
    7 ?        00:00:00 khelper
   42 ?        00:00:00 kblockd/0
   45 ?        00:00:00 kacpid
   46 ?        00:00:00 kacpi_notify
  108 ?        00:00:00 kseriod
  146 ?        00:00:00 pdflush
  147 ?        00:00:00 pdflush
  148 ?        00:00:00 kswapd0
  189 ?        00:00:00 aio/0
 1396 ?        00:00:00 ata/0
 1399 ?        00:00:00 ata_aux
 1405 ?        00:00:00 scsi_eh_0
 1408 ?        00:00:00 scsi_eh_1
 1428 ?        00:00:00 ksuspend_usbd
 1432 ?        00:00:00 khubd
 2170 ?        00:00:00 scsi_eh_2
 2402 ?        00:00:00 kjournald
 2604 ?        00:00:01 udevd
 2922 ?        00:00:00 kpsmoused
```

图10-2　Ubuntu中已经加载的模块

另外，注意Linux 2.6内核对可加载内核模块规定了新的命名方法，使用的是“.ko”扩展名，而不是Linux 2.4内核采用的“.o”扩展名。

10.2.2　驱动层次结构

Linux下的设备驱动程序是内核的一部分，运行在内核模式，也就是说设备驱动程序为内核提供了一个I/O接口，用户使用这个接口实现对设备的操作。

Linux这种输入/输出系统的各层次结构和功能如图10-3所示。

Linux设备驱动程序包含中断处理程序和设备服务子程序两部分。

设备服务子程序包含了所有与设备操作相关的处理代码。它从面向用户进程的设备文件系统中接受用户命令，并对设备控制器执行操作。这样，设备驱动程序屏蔽了设备的特殊性，使用户可以像对待文件一样操作设备。

设备控制器用两种方式获得系统服务：查询和中断。因为Linux下的设备驱动程序是内核的一部分，在设备查询期间系统不能运行其他代码，查询方式的工作效率比较低，所以只有少数设备如软盘驱动程序采用这种方式，大多数设备以中断方式向设备驱动程序发出输入/输出请求。

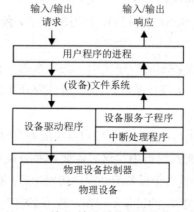

图10-3　Linux输入/输出系统层次结构和功能

10.2.3　设备驱动程序与外界的接口

每种类型的驱动程序，不管是字符设备还是块设备都为内核提供相同的调用接口，因此内核能以相同的方式处理不同的设备。Linux为每种不同类型的设备驱动程序维护相应的数据结构，以便定义统一的接口并实现驱动程序的可装载性和动态性。Linux设备驱动程序与外界的接口可以分为如下三个部分。

- 驱动程序与操作系统内核的接口：这是通过数据结构file_operations(在本书后面会有详细介绍)来完成的。
- 驱动程序与系统引导的接口：这部分利用驱动程序对设备进行初始化。
- 驱动程序与设备的接口：这部分描述了驱动程序如何与设备进行交互，这与具体设备密切相关。

它们之间的相互关系如图10-4所示。

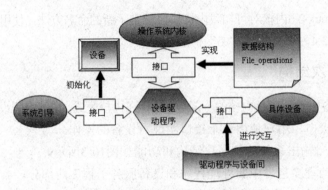

图10-4　设备驱动程序与外界的接口

10.2.4　设备驱动程序的特点

综上所述，Linux中的设备驱动程序有如下特点。

- 内核代码。设备驱动程序是内核的一部分，如果驱动程序出错，则可能导致系统崩溃。
- 内核接口。设备驱动程序必须为内核或者其子系统提供一个标准接口。比如，一个终端驱动程序必须为内核提供一个文件I/O接口；一个SCSI设备驱动程序应该为SCSI子系统提供一个SCSI设备接口，同时SCSI子系统也必须为内核提供文件的 I/O接口及缓冲区。
- 内核机制和服务。设备驱动程序使用一些标准的内核服务，如内存分配等。
- 可装载。大多数的Linux操作系统设备驱动程序都可以在需要时装载进内核，在不需要时从内核中卸载。
- 可设置。Linux操作系统设备驱动程序可以集成为内核的一部分，并可以根据需要把其中的某一部分集成到内核中，这只需要在系统编译时进行相应的设置即可。
- 动态性。在系统启动且各个设备驱动程序初始化后，驱动程序将维护其控制的设备。如果该设备驱动程序控制的设备不存在，也不影响系统的运行，此时的设备驱动程序只是多占用了一点系统内存而已。

10.2.5　驱动程序开发流程

在上一节中已经提到，设备驱动程序可以使用模块的方式被动态加载到内核中去。加载模块的方式与以往的应用程序开发有很大的不同。以往在开发应用程序时都有一个main函数作为程序的入口点，而在开发驱动程序时却没有main函数，模块在调用insmod命令时被加载，此时的入口点是init_module函数，通常在该函数中完成设备的注册。同样，模块在调用rmmod函数时被卸载，此时的入口点是cleanup_module函数，在该函数中完成设备的卸载。在设备完成注册加载之后，用户的应用程序就可以对该设备进行一定的操作，如read、write等，而驱动程序就是用于实现这些操作的，在用户应用程序调用相应的入口函数时执行相关的操作，init_module入口点函数则不需要完成其他如read、write之类的功能。

Linux驱动程序编写流程如图10-5所示。

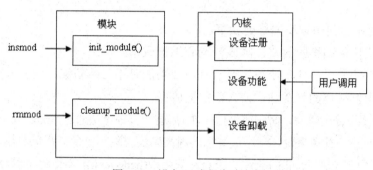

图10-5　设备驱动程序流程图

10.3　模　块　编　程

大家都知道，Linux内核是"单内核"结构，这个单内核由很多模块构成，每个模块完成内核的一部分功能，比如TCP/IP协议栈模块完成网络协议功能，文件系统模块完成文件管理功能等。使用模块的好处是可以根据用户的需要随意裁减Linux系统，使得整个系统恰好适应产品的需要。正是因为具有这样的特点，Linux被广泛应用在嵌入式产品设计中。

10.3.1　模块与内核

但是这里我们要指出的是Linux内核中的模块机制不同于微内核中的模块机制。在微内核中，模块处于用户空间；而在Linux中，模块位于内核中，用户可以通过insmod等工具将一段代码加入到内核中，也可以在不需要它的时候调用rmmod工具将其调出内核。内核和模块之间的关系如图10-6所示。

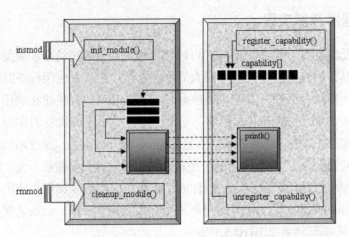

图10-6　模块和内核模型

在Linux内核中使用模块的好处如下。

● 适应模块化编程的需要,降低开发和维护成本。

● 增强系统的灵活性,使得修改一些内核功能时不必重新编译内核和重启系统。

● 降低内核编程的复杂性,使入门门槛降低。

在进行模块设计的时候,必须遵循Linux的标准,否则无法通过Linux的insmod运载工具将其加入到内核中。简单来说,一个最基本的内核模块一般都包含有两个函数,一个是初始化函数(比如下面例子中的hello_init),一个是卸载函数(hello_exit),当然也可以没有任何函数,只是提供一些变量。一般来说,模块代码中必须具有初始化函数和卸载函数,除此之外,还可以包含其他函数。宏module_init和module_exit用于注册初始化函数和卸载函数。

下面我们将对模块编程进行实践操作,通过一段简单的模块编程设计来对模块编程进行全面介绍。

10.3.2　建立模块文件

新建一个文件,保存为hello.c,在文件中输入源码。

```
/*file:    hello.c*/
#ifndef __KERNEL__
#define __KERNEL__
#endif
#ifndef MODULE
#define MODULE
#endif

#include <linux/module.h>
#include <linux/kernel.h>
#include <linux/init.h>

static int __init hello_init(void)
{
```

```
        printk("hello, embedded linux !\n");
        return 0;
}

void __exit hello_exit(void)
{
        printk("byebye !\n");
}

module_init(hello_init);
module_exit(hello_exit);

MODULE_LICENSE("GPL");
```

程序说明：

该模块主要用来说明Linux内核驱动模块程序的一些基本特点。

该内核模块主要定义了hello_init和hello_exit两个函数，并且在文件的后面用module_init和module_exit包含起来。module_init和module_exit为内核特殊的宏，用来定义模块被装载和被卸载时分别调用的函数。当模块被装载进内核时将自动调用hello_init函数，当该模块被卸载时将自动调用hello_exit函数。

最后一行用MODULE_LICENSE宏来声明该模块的许可协议，该模块声明为GPL(General Public License)许可协议。

10.3.3　编写makefile

同时，我们为这个模块程序写一个makefile文件，这个文件是基于PC机器上的模块，内容如下。

```
MODFLAGS=-Wall -DMODULE -D__KERNEL__ -DLINUX   -I/usr/src/linux-2.6.38/include -c –o
hello.o:hello.c
gcc $(MODFLAGS) $@ $<
```

程序说明：

- -D__KERNEL__：该参数告诉编译器此代码将在内核模块中运行，而不是用户进程。
- -DMODULE：该参数告诉编译器要给出适当的内核模块的定义。
- -DLINUX：从技术上讲，这个标志不是必要的。但是如果希望写一个比较正规的内核模块，且在多个操作系统上编译，这个标志将会非常方便。它可以允许你在独立于操作系统的部分进行常规的编译。

另外，此处用-I参数告诉编译器使用/usr/src/linux-2.6.38/include目录下的头文件，如果不加该参数，则gcc默认使用/usr/include下的头文件，这样会产生版本等问题。

基于S3C2440开发板上的模块，makefile内容如下。

```
MODFLAGS=-Wall -DMODULE -D__KERNEL__ -DLINUX   -I/usr/src/linux-2.6.38/include -c –o
```

```
hello.o:hello.c
arm-linux-gcc $(MODFLAGS) $@ $<
```

10.3.4　模块加载

在上面的例子中，我们生成的hello.o文件如何被搬运到内核中呢？可以使用本章表10-1中的模块相关命令，比如使用命令"insmod"加载。

在Linux内核中，每一模块都用struct module结构体变量来描述，该结构体定义如下。

```
struct module
  {
      unsigned long size_of_struct;
      struct module *next;
        const char *name;
        int (*init)(void);
        void (*cleanup)(void);
          ……
      }
```

其中：name指针指向存放模块名的缓冲区，init函数指针指向模块初始化函数，cleanup函数指针指向模块卸载函数，最后所有模块通过next指针链接成一条单向链表，一个在Linux内核中的全局变量kernel_module指向链表头。

1. insmod hello.o

当使用insmod hello.o命令加载hello模块时，内核至少完成下列几件任务。

- 将hello.o代码搬运到内核中。
- 创建struct module变量，并为相应成员变量赋值，其中name为模块名hello，init函数指针指向hello_init函数，cleanup函数指针指向hello_exit函数。
- 执行init函数指针所指向的函数，具体命令如下。

```
#insmod hello.o
```

2. 查看模块

查看模块可以使用lsmod命令，当使用lsmod命令时，将会扫描整个模块链，并将其信息输出。

3. rmmod hello

如果要卸载内核中的模块，使用rmmod命令可以完成这个工作。具体命令如下。

```
#rmmod hello.o
```

上面删除模块命令将完成下面几个任务。

- 执行cleanup函数指针所指向的函数，主要是清理干净该模块在内核中的垃圾。

- 将hello模块代码清除出内核。
- 将描述hello模块的变量从链表中删除。

10.3.5 模块的其他信息

比较常用的信息包括作者、描述、版权等，可以使用如下宏进行定义。

```
MODULE_AUTHOR("author");
MODULE_DESCRIPTION("the description");
MODULE_LICENSE("GPL");
MODULE_SUPPORTED_DEVICE("dev");          // 设备驱动程序所支持的设备
```

比较常用的Free license有"GPL"、"GPL v2"、"GPL and additional rights"、"Dual BSD/GPL"、"Dual MPL/GPL"。

10.3.6 模块参数

用户空间的应用程序可以接受用户的参数，那么将模块搬运到内核中时，也可以带进参数，只是方式有些不同而已。相关的主要宏如下。

```
MODULE_PARM(var, type);
MODULE_PARM_DESC(var, "the description of the var");
```

模块参数的类型(即MODULE_PARM中的type)有以下几种：

- b：byte(unsigned char)
- h：short
- i：int
- l：long
- s：string(char*)

这些参数最好有默认值，如果有些必要参数用户没有设置，可以通过module_init指定的init函数返回负值来拒绝模块的加载。LKM还支持数组类型的模块，如果在类型符号前加上数字n，则表示最大长度为n的数组，用"-"隔开的数字分别代表最小和最大的数组长度。

例如如下参数。

```
MODULE_PARM(var, "4i");        // 最大长度为4的整型数组
MODULE_PARM(var, "2-6i");      // 最小长度为2，最大长度为6的整型数组
```

使用insmod传入参数。

```
#insmod variable=value[, value2...] ...
```

注意：
value可以用引号括起来，也可以不用。但是"="前后不能留有空格，并且value中也不能有空格。

10.4　字符设备驱动程序

系统中最常用的就是字符型设备，特别是I/O接口的使用。同时，在驱动程序开发中，字符设备的驱动程序开发也是非常典型的一种，本节将具体介绍。

10.4.1　相关的数据结构

编写Linux字符设备驱动程序需要熟悉三个重要的数据结构：file_operations(文件操作)、file(文件)和inode(节点)。这三个数据结构被定义在"include/linux/fs.h"文件中，是编写字符设备驱动程序时经常用到的。由于用户进程通过设备文件同硬件打交道，对设备文件的操作方式，Linux同样也做出了一系列的规范。

1. file_operations

首先来了解一个非常重要的数据结构：file_operations，它存储驱动内核模块提供的对设备进行这种操作的函数指针，也就是设备驱动程序的入口点。它是一个在<linux/fs.h>中定义的struct file结构，是一个内核结构，不会出现在用户空间的程序中。它定义了常见文件 I/O 函数的入口，在2.6内核版本中，file_operations的具体定义如下。

```
struct file_operations {
  struct module *owner;
  loff_t (*llseek) (struct file *, loff_t, int);
  ssize_t (*read) (struct file *, char __user *, size_t, loff_t *);
  ssize_t (*write) (struct file *, const char __user *, size_t, loff_t *);
  ssize_t (*aio_read) (struct kiocb *, const struct iovec *, unsigned long, loff_t);
  ssize_t (*aio_write) (struct kiocb *, const struct iovec *, unsigned long, loff_t);
  int (*readdir) (struct file *, void *, filldir_t);
  unsigned int (*poll) (struct file *, struct poll_table_struct *);
  int (*ioctl) (struct inode *, struct file *, unsigned int, unsigned long);
  int (*mmap) (struct file *, struct vm_area_struct *);
  int (*open) (struct inode *, struct file *);
  int (*flush) (struct file *, fl_owner_t id);
  int (*release) (struct inode *, struct file *);
  int (*fsync) (struct file *, struct dentry *, int datasync);
  int (*aio_fsync) (struct kiocb *, int datasync);
  int (*fasync) (int, struct file *, int);
  int (*lock) (struct file *, int, struct file_lock *);
  ssize_t (*sendpage) (struct file *, struct page *, int, size_t, loff_t *, int);
  unsigned long (*get_unmapped_area)(struct file *, unsigned long, unsigned long, unsigned long, unsigned long);
  int (*check_flags)(int);
  int (*dir_notify)(struct file *filp, unsigned long arg);
  int (*flock) (struct file *, int, struct file_lock *);
};
```

从该结构体可以看出，每个成员都为函数指针，这些函数指针会指向具体设备的接口函数。下面的文字是对该数据结构主要函数的说明。

struct file_operations中的操作按顺序出现，一般情况下调用成功时返回值0，发生错误时则返回一个负的编码。

(1) struct module *owner

该成员是file_operations结构中唯一一个不是声明操作的成员，它是一个指向拥有这个模块的指针，该成员用来表示在操作还在进行时不允许卸载该模块，通常情况下都被简单初始化为THIS_MODULE。

(2) loff_t (*llseek) (struct file *，loff_t，int)

方法llseek用来修改一个文件的当前读写位置，并将新位置作为(正的)返回值返回，出错时返回一个负的返回值。如果驱动程序没有设置这个函数，相当于文件尾的定位操作失败，其他定位操作修改file结构中的位置计数器，并成功返回。

(3) ssize_t (*read) (struct file *，char __user *，size_t，loff_t *)

用来从设备中读取数据。当其为NULL指针时，将引起read系统调用返回-EINVAL("非法参数")。函数返回一个非负值表示成功地读取了多少字节。其中ssize_t为int或者long型，和平台有关。_user用来声明为用户空间。

(4) ssize_t (*write) (struct file *，const char __user *，size_t，loff_t *)

向设备发送数据。如果没有这个函数，write系统调用向调用程序返回一个-EINVAL。注意，如果返回值非负，它就表示成功写入的字节数。

(5) ssize_t (*aio_read) (struct kiocb *，const struct iovec *，unsigned long，loff_t)

该操作用来初始化一个异步的读操作，即当一个读操作还没有完成时也许这个函数已经返回。当该操作为空时，它将由read(同步)操作代替。

(6) ssize_t (*aio_write) (struct kiocb *，const struct iovec *，unsigned long，loff_t)

该操作用来初始化一个异步写操作，当该操作为空时，调用write操作。

(7) int (*readdir) (struct file *，void *，filldir_t)

对于设备节点来说，这个字段应该为NULL；它仅用于目录。

(8) unsigned int (*poll) (struct file *，struct poll_table_struct *)

该操作用来查询一个或多个文件描述符的读写是否会被阻塞。poll方法返回一位掩码用来指示是否是非阻塞的读或写操作，并且提供给内核循环调用进程sleep，直到I/O端口变为可用。如果一个设备驱动程序的poll方法为空，则设备默认为不可阻塞的可读和可写操作。

(9) int (*ioctl) (struct inode *，struct file *，unsigned int，unsigned long)

系统调用ioctl提供一种调用设备相关命令的方法(如软盘格式化一个磁道，这既不是读操作也不是写操作)。另外，内核还识别一部分ioctl命令，而不必调用fops表中的ioctl。如果设备不提供ioctl入口点，对于任何内核没有定义的请求，ioctl系统调用将返回-EINVAL。当调用成功时，返回给调用程序一个非负返回值。

(10) int (*mmap) (struct file *，struct vm_area_struct *)

mmap用来将设备内存映射到进程内存中。如果设备不支持这个方法，mmap系统调用将返回-ENODEV错误信息。

(11) int (*open) (struct inode *，struct file *)

尽管它总是操作在设备节点上的第一个操作，然而并不要求驱动程序一定要声明这个方法。如果该项为NULL，设备的打开操作永远成功，但系统不会通知驱动程序。

(12) int (*flush) (struct file *，fl_owner_t id)

该操作用来执行和等待设备未完成的操作，目前该方法很少使用，不过SCSI磁带驱动使用了它，用来确保所有写的数据在设备关闭前已被写到磁带上。如果flush为空，内核则简单地忽略应用程序的请求。

(13) int (*release) (struct inode *，struct file *)

当节点被关闭时调用这个操作。与open相仿，release也可以没有。在2.0和更早的核心版本中，close系统调用从不失败。

(14) int (*fsync) (struct file *，struct dentry *，int datasync)

刷新设备。如果驱动程序不支持，fsync系统调用返回-EINVAL。

(15) int (*fasync) (int，struct file *，int)

这个操作用来通知设备它的fasync标志的变化。如果设备不支持异步触发，该字段可以是NULL。

(16) int (*aio_fsync) (struct kiocb *，int datasync)

该操作为fsync的异步版本。

(17) int (*lock) (struct file *，int，struct file_lock *)

该操作用来对文件实行加锁，加锁对常规文件是必不可少的特性，但是设备驱动程序很少实现该操作。

(18) ssize_t (*sendpage) (struct file *，struct page *，int，size_t，loff_t *，int)

该操作用来由内核调用来发送数据，一次发送一页到对应的文件。设备驱动程序实际上不实现sendpage方法。

(19) unsigned long (*get_unmapped_area)(struct file *，unsigned long，unsigned long，unsigned long，unsigned long)

该操作用来在进程地址空间找一个合适的位置，将驱动程序映射在底层设备上的内存段中。该方法使驱动程序强制满足特殊设备的对齐请求。通常情况下，该方法设置为空。

(20) int (*check_flags)(int)

该操作循序模块检查传递给fcntl(F_SETFL…)调用的标志。通常情况下该方法设置为空。

(21) int (*dir_notify)(struct file *filp，unsigned long arg)

该操作只对文件系统有用，该方法在应用程序使用fcntl函数来请求目录改变通知时调用。设备驱动程序不需要实现dir_notify方法。

(22) int (*flock) (struct file *，int，struct file_lock *)

该操作用来对文件设备加锁，但是基本上没有驱动程序实现此操作。

结构体file_operations包含了很多操作，但是基本上用到的不多。例如Linux中断实例中的文件操作定义如下。

```
static struct file_operations key_fops
{
      owner:THIS_MODULE,
      read: key_read,
      open:key_open,
      release:key_release,
};
```

从中可以看出，该设备驱动模块只实现了read、open和release三个操作，这三个操作所对应的实现函数分别是key_read、key_open和key_release，其他操作都没有实现。

2. file

file结构即文件结构，它不同于应用程序空间的FILE指针，FILE指针定义在C库中而不会出现在内核代码中，而struct file只出现在内核代码中，从不出现在用户程序中。file结构体在Linux 2.6版本的内核中的定义如下。

```
struct file {
      struct list_head          fu_list;
      struct dentry             *f_dentry;
      struct vfsmount           *f_vfsmnt;
      const struct file_operations   *f_op;
      atomic_long_t             f_count;
      unsigned int              f_flags;
      fmode_t                   f_mode;
      int                       f_error;
      loff_t                    f_pos;
      struct fown_struct        f_owner;
      unsigned int              f_uid,  f_gid;
      struct file_ra_state      f_ra;
      u64                        f_version;
#ifdef CONFIG_SECURITY
      void                      *f_security;
#endif
      /* needed for tty driver,  and maybe others */
      void                      *private_data;

#ifdef CONFIG_EPOLL
      /* Used by fs/eventpoll.c to link all the hooks to this file */
      struct list_head          f_ep_links;
      spinlock_t                f_ep_lock;
#endif /* #ifdef CONFIG_EPOLL */
      struct address_space      *f_mapping;
#ifdef CONFIG_DEBUG_WRITECOUNT
      unsigned long f_mnt_write_state;
```

```
        #endif
    };
```

下面介绍file文件结构中的常用成员。

(1) struct dentry *f_dentry

该成员是文件对应的目录项结构。除了使用flip->f_dentry->d_inode的方法访问索引节点结构外,设备驱动程序开发人员一般无需关心dentry结构。

(2) const struct file_operations *f_op

该成员定义与文件有关联的操作集合,也就是前面介绍的文件操作。内核在执行open操作时对这个指针赋值,以后需要处理这些操作时就读这个指针。

(3) unsigned int f_flags

该成员为文件标志,如O_RDONLY(只读)、O_NONBLOCK(非阻塞)和O_SYNC(同步)。驱动程序应该检查O_NONBLOCK标志,判断是否为非阻塞操作请求。这里注意,读写权限通过f_mode成员检查而不是f_flags。

(4) fmode_t f_mode

该成员用来确定文件是可读的、可写的还是可读可写的,通过位FMODE_READ和FMODE_WRITE实现。

(5) loff_t f_pos

该成员用来确定当前的读写位置。如果需要知道当前在文件中的位置,驱动程序可以读该值,但是不应该改变该值。

(6) void *private_data

该成员是跨系统调用时保存状态信息非常有用的资源。驱动程序可以用该字段指向已分配的数据,但一定要在内核销毁file结构前在release方法中释放内存。

file文件结构代表一个打开的文件描述符,它不是专门给驱动程序使用,系统中每个打开的文件在内核中都有一个关联的struct file。它由内核在open时创建,并传递给文件上操作的任何函数,直至最后关闭。当文件的所有实例都关闭后,内核释放该数据结构。

3. inode

内核中inode(节点)结构表示具体的文件,而用file结构表示打开的文件描述符。对于单个文件,可能会有许多个表示打开的文件描述符file结构,但是它们都指向单个的inode结构,所以file结构和inode结构不同。Linux 2.6内核中,inode结构的定义具体如下。

```
struct inode {
        struct hlist_node        i_hash;
        struct list_head         i_list;
        struct list_head         i_dentry;
        unsigned long            i_ino;
        atomic_t                 i_count;
        umode_t                  i_mode;
        unsigned int             i_nlink;
```

```
        uid_t                           i_uid;
        gid_t                           i_gid;
        dev_t                           i_rdev;
        u64                             i_version;
        loff_t                          i_size;
#ifdef __NEED_I_SIZE_ORDERED
        seqcount_t                      i_size_seqcount;
#endif
        struct timespec                 i_atime;
        struct timespec                 i_mtime;
        struct timespec                 i_ctime;
        unsigned int                    i_blkbits;
        blkcnt_t                        i_blocks;
        unsigned short                  i_bytes;
        umode_t                         i_mode;
        spinlock_t                      i_lock; /* i_blocks, i_bytes, maybe i_size */
        struct mutex                    i_mutex;
        struct rw_semaphore             i_alloc_sem;
        const struct inode_operations   *i_op;
        const struct file_operations    *i_fop; /* former ->i_op->default_file_ops */
        struct super_block              *i_sb;
        struct file_lock                *i_flock;
        struct address_space            *i_mapping;
        struct address_space            i_data;
#ifdef CONFIG_QUOTA
        struct dquot                    *i_dquot[MAXQUOTAS];
#endif
        struct list_head                i_devices;
        union {
                struct pipe_inode_info  *i_pipe;
                struct block_device     *i_bdev;
                struct cdev             *i_cdev;
        };
        int                             i_cindex;

        __u32                           i_generation;

#ifdef CONFIG_DNOTIFY
        unsigned long                   i_dnotify_mask; /* Directory notify events */
        struct dnotify_struct           *i_dnotify; /* for directory notifications */
#endif

#ifdef CONFIG_INOTIFY
        struct list_head                inotify_watches; /* watches on this inode */
```

```
        struct mutex              inotify_mutex;   /* protects the watches list */
#endif

        unsigned long             i_state;
        unsigned long             dirtied_when;    /* jiffies of first dirtying */

        unsigned int              i_flags;

        atomic_t                  i_writecount;
#ifdef CONFIG_SECURITY
        void                      *i_security;
#endif
        void                      *i_private; /* fs or device private pointer */
};
```

可以看出inode结构中包含了大量有关文件的信息，但通常情况下对设备驱动程序开发有用的成员有两个：dev_t、i_rdev。

该成员表示设备文件的inode结构，它包含了真正的设备编号：struct cdev、*i_cdev。

该成员表示字符设备内核的内部结构，当inode指向一个字符设备文件时，该成员包含了指向struct cdev结构的指针，其中cdev结构是字符设备结构体。

4. device_struct

在fs/devices.c文件中，会有如下一全局变量定义。

```
static struct device_struct   chrdevs[MAX_CHRDEV];
```

实际上全局数组chrdevs是所有字符设备管理的入口，数组的下标为具体某个字符设备的设备号，每个数组元素描述了具体设备的设备驱动程序。chrdevs向量表中的每一个条目，一个device_struct数据结构包括两个元素：一个登记的设备驱动程序的名称的指针和一个指向一组文件操作的指针。块文件操作本身位于这个设备的字符设备驱动程序中，每一个都处理特定的文件操作，比如打开、读、写和关闭。

10.4.2　字符设备驱动程序开发流程

编写一个字符设备驱动程序的流程图如图10-7所示，主要有下面几步。

(1) 编写硬件接口函数。

(2) 建立文件系统与设备驱动程序的接口变量，类型为struct file_operations结构体，并初始化该变量。

(3) 注册设备到chrdevs全局数组中。

(4) 以模块方式编译驱动程序源码，并将其加载到内核中。

(5) 创建设备节点。

(6) 编写应用程序访问底层设备。

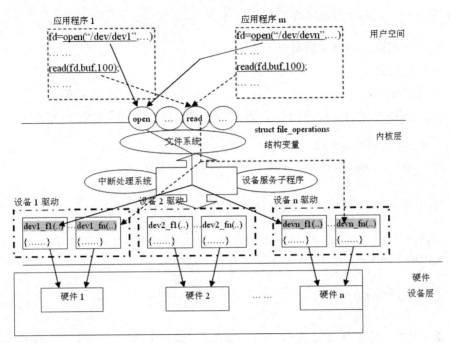

图10-7　典型的驱动程序开发流程图

1. 编写硬件接口函数

编写硬件接口函数是设备驱动程序设计的主要工作，也是重点和难点。这部分工作最核心的内容是要掌握硬件的工作原理，从本质上说，这部分内容就是前面接口部分的内容，所以基于操作系统的驱动程序设计就是在无操作系统下的硬件接口函数加上操作系统的外套。

(1) 打开设备：open函数

要使用设备必须首先打开设备，在Linux中，打开设备使用open函数。

函数原型：

```
int (*open) (struct inode *inode, struct file *file)
```

参数：

- inode：节点
- file：文件
- 返回值：如果成功；返回该设备的句柄
- 头文件：#include <linux/fs.h>

对于不同的设备来说，open函数完成的功能也各不相同，但通常要完成如下几件工作。

- 增加设备使用计数器：如果同一设备可以被多个应用程序同时打开使用，则其中任一进程想要关闭该设备时，必须确保其他设备没有使用该设备。模块计数器相关宏可以实现这个功能。

```
MOD_INC_USE_COUNT：计数器加一
MOD_DEC_USE_COUNT：计数器减一
```

　　　　MOD_IN_USE：计数器非零时返回真
- 检查特定设备的特殊情况。
- 初始化设备。
- 完成其他功能。

依据上述原理，在下面的例子中，看门狗设备的接口函数可以按如下设计。

```
int WATCHDOG_DEV=0;
static int watchdog_open(struct inode *inode, struct file *file)
{
  printk(" watchdog device will be opened");
/*
    看门狗设备不是共享设备，在一段时间内只能为单个应用程序使用，所以此处定义了全局变量
WATCHDOG_DEV来完成该任务。
*/
  if(WATCHDOG_DEV)
      return -EBUSY;
  WATCHDOG_DEV++;
/*     模块计数加一*/
  MOD_INC_USE_COUNT;
/*打开看门狗并初始化看门狗设备*/
  WTCNT=65535;
  WTCON=0xff39;
  return 0;
}
```

在上面的例子中，必须注意的是WTCNT和WTCON寄存器，在这里不能直接使用寄存器物理地址，而必须使用该物理地址所对应的虚地址，具体代码如下。

```
/*
 * Watchdog timer
 */
#define bWTCON(Nb)   _REG(0x53000000 + (Nb))
#define WTCON        bWTCON(0)
#define WTDAT        bWTCON(4)
#define WTCNT        bWTCON(8)
```

其中，__REG(x)宏表示将物理地址x转换为对应的虚拟地址。

(2) 释放设备：release函数

当一个进程不使用由它打开的设备时，可以将其释放，释放函数的接口原型为realse，它可以完成下面几个任务。

- 递减计数器。
- 如果没有进程使用该设备，则将该设备关闭。
- 如果在打开该设备时申请了堆中的内存，则释放该内存。

在上面看门狗的例子中，看门狗释放接口函数的代码可设计为如下。

```
static int watchdog _release(struct inode *inode, struct file *file)
{
 MOD_DEC_USE_COUNT;
 if (!(MOD_IN_USE))
 {
     WTCON=0X0;   //关闭看门狗
 }
 return 0;
}
```

(3) 操纵内存：kmalloc和kfree等函数

在打开设备或释放设备时，有时会申请内存或释放内存，由于设备驱动程序位于内核，我们必须使用基于内核内存的函数，而不能使用malloc()和free()函数来获得内存或者释放内存。

● kmalloc函数

函数原型：

```
void * kmalloc(unsigned int len , int flags)
```

参数：

◆ len：申请内存大小(以字节为单位)

◆ flags：

◆ GFP_KERNEL：分配内核内存时通常使用该参数，但可能会引起休眠

◆ GFP_BUFFER：用于管理缓冲区高速缓存

◆ GFP_ATOMIC：为中断处理程序或其他运行于进程上下文之外的代码分配内存，不会引起休眠

◆ GFP_DMA：分配DMA内存

◆ GFP_HIGHUSER：优先高端内存分配

◆ GFP_HIGHMEM：从高端内存区分配

◆ GFP_USER：用户分配内存

返回值：

◆ 成功：分配的内核内存地址

◆ 错误：-EFAULT

◆ 头文件：#include <linux/malloc.h>

● kfree函数。

函数原型：

```
void   kfree(void * ptr)
```

参数：

ptr：要释放的内存指针

返回值：

♦ 成功：无返回值

♦ 错误：-EFAULT

♦ 头文件：#include <linux/malloc.h>

说明：kmalloc()函数本身是基于slab实现的。slab是为分配小内存提供的一种高效机制。但slab这种分配机制又不是独立的，它本身也是在页分配器的基础上划分更细粒度的内存供调用者使用。也就是说，系统先用页分配器分配以页为最小单位的连续物理地址，然后 kmalloc() 再在这上面根据调用者的需要进行切分。如果要分配比较大的一块连续物理内存，可以使用_get_free_page()来完成，_get_free_page()是页面分配器提供给调用者的最底层的内存分配函数，基于buddy算法实现，其最小分配粒度以页为单位，用于分配连续的物理内存。

(4) 读写设备：read和write等函数

一般来说，读写设备就是设备进行数据的发送和接收操作。这通过read函数和write函数来完成。

● read函数

函数原型：

```
ssize_t (*read) (struct file *file, char *buff, size_t count, loff_t *offp)
```

参数：

♦ file：文件指针

♦ buff：指向用户缓冲区，即将内核数据存放的目的地址

♦ count：要读取的数据长度

♦ offp：读指针位置

返回值：

♦ 如果成功，返回读取的字节数

♦ 头文件：#include <linux/fs.h>

● write函数

函数原型：

```
ssize_t (*write) (struct file * file, const char * buffer, size_t count, loff_t *ppos)
```

参数：

♦ file：文件指针

♦ buff：指向用户缓冲区，即要读取的数据源地址

♦ count：要读取的数据长度

♦ offp：读指针位置

♦ 返回值：

♦ 如果成功，返回写入的字节数

♦ 头文件：#include <linux/fs.h>

说明：在前面的部分，我们介绍过用户程序位于用户空间，而驱动程序位于内核空间，要传输内核空间数据和用户空间数据，不能简单地使用memcpy()函数来完成，必须使用copy_to_user和copy_from_user函数。其中copy_to_user函数将内核空间数据传输到用户空间，copy_from_user函数则将用户空间的数据传输到内核空间，这两个函数的详细使用方法如下。

● copy_from_user()/copy_to_user函数

函数原型：

```
unsigned long copy_to_user(void *to, const void *from, unsigned long count)
unsigned long copy_from_user(void *to, const void *from, unsigned long count)
```

参数：

◆ to：指向目的缓冲区地址

◆ from：指向数据源缓冲区地址

◆ count：传输的数据长度

返回值：

◆ 如果成功，返回传输字节数

◆ 头文件：#include <linux/fs.h>

针对看门狗设备，如果用户将看门狗设备打开，必须在计数寄存器减为零之前对其重新赋值，可以使用write函数完成该功能，代码如下。

```
static int watchdog_write(struct file * file, const char * buffer, size_t count, loff_t *ppos)
{
    int wdtcnt_val;
    copy_from_user(&wdtcnt_val, buffer, sizeof(int));
    WTCNT=wdtcnt_val;
    return 0;
}
```

在用户测试程序中，可以使用诸如write(fd，&value，sizeof(int))来将用户空间的value变量的值传入到内核空间并赋给WTCNT寄存器，完成看门狗计数寄存器的重新赋值。

2. 建立文件系统与设备驱动程序的接口定义

设备驱动程序的格式如下，比如说要得到watchdog_open函数，可定义如下。

```
static struct file_operations watchdog_fops = {
    open: watchdog_open,
    release:    watchdog_release,
    write:      watchdog_write,
};
```

这样open函数指针指向watchdog_open函数，release函数指针指向watchdog_release函数，write函数指针指向watchdog_write函数。

3. 注册/注销设备

设备注册使用函数register_chrdev，该函数执行后将设备在chrdevs[]数组中进行登记，如果用户要注销设备(即将设备从chrdevs[]数组中删除)，可以调用unregister_chrdev函数。

● register_chrdev函数

函数原型：

```
int register_chrdev(unsigned int major, const char *name, struct file_operations *fops)
```

参数：

◆ major：设备驱动程序向系统申请的主设备号，如果为0，则动态分配一个主设备号

◆ name：设备名

◆ fops：指向文件系统与设备驱动程序的接口变量

返回值：

◆ 成功：返回分配设备的主设备号，可以在/proc/devices文件中查询到

◆ 出错：返回－1

◆ 头文件：#include <linux/fs.h>

● unregister_chrdev函数

函数原型：

```
int unregister_chrdev(unsigned int major, const char *name)
```

参数：

◆ major：设备驱动程序向系统申请的主设备号，如果为0，则动态分配一个主设备号

◆ name：设备名

◆ fops：指向文件系统与设备驱动程序的接口变量

返回值：

◆ 成功：返回值0

◆ 出错：返回值－1

◆ 头文件：#include <linux/fs.h>

从上面可以看出，注册或注销设备必须使用主设备号和设备名，我们可以给每个设备定义一个设备名和主设备号。如果用户指定主设备号，必须保证不能和系统中其他设备的主设备号相同，推荐用户使用参数0，这样系统可以自动分配一个合适的主设备号。

可以在任何时候注册设备或注销设备，一般在模块加载的时候注册设备，在模块退出的时候注销设备。

```
#define DEVICE_NAME"watchdog"
#define WATCHDOG_MAJOR 234
static int _init watchdog_init(void)
{
  int ret;
  ret = register_chrdev(WATCHDOG_MAJOR, DEVICE_NAME, &watchdog_fops);
```

```
    if (ret < 0) {
        printk(DEVICE_NAME " Can't initial the watchdog device\n");
        return ret;
    }
    return 0;
}

static void __exit watchdog_exit(void)
{
    int ret;
    ret=unregister_chrdev(WATCHDOG_MAJOR, DEVICE_NAME);
    if(ret<0)
    {
        printk(DEVICE_NAME " Can't exit the watchdog device\n");
    }
    return 0;
}

module_init(watchdog_init);
module_exit(watchdog_exit);
MODULE_LICENSE("GPL");
```

4. 编译并加载模块

如果以模块的方式进行编译，则编写makefile，内容如下。

```
CROSS=arm-linux-
MODFLAGS=-Wall -DMODULE -D_KERNEL_ -DLINUX   \
                    -I/root/Myjob/s3c2440_kernel2.4.18_rel /include  -c  -o
watchdog.o :watchdog.c
    $(CROSS)gcc    $(MODFLAGS) $@ $<
clean:
    rm -rf watchdog.o
```

只需make后生成watchdog.o文件，调用insmod命令进行加载。

```
#insmod watchdog.o
```

5. 创建设备节点

到上一步为止，已经完整编写了看门狗设备驱动程序，并将其代码搬运到内核中，下面就可以以文件的方式来访问这些底层接口函数。所以必须创建设备文件，并将其和内核中的设备驱动程序关联到一起，这样用户就可以在用户空间中通过访问设备文件来控制底层硬件工作了。

创建设备节点格式如下。

```
mknod 设备名 设备类型 主设备号 次设备号
```

因此创建看门狗设备文件如下。

```
#mknod /dev/watchdog c 234 0
```

6. 编写上层应用程序

有了底层驱动程序，就可以编写应用软件来调用驱动函数。下面是看门狗设备驱动程序的测试应用程序。完整的应用程序源代码清单如下。

```
#include <stdlib.h>
#include <stdio.h>
#include <unistd.h>        /*UNIX标准函数定义*/
#include <sys/types.h>     /**/
#include <sys/stat.h>      /**/
#include <fcntl.h>         /*文件控制定义*/
#include <termios.h>       /*PPSIX终端控制定义*/
#include <errno.h>         /*错误号定义*/
#include <pthread.h>

void * feeddogthread()
{
  int feeddogvalue;
  int returnval;

  feeddogvalue=65535;
  while(1)
  {
      //每隔20秒，将重载看门狗计数寄存器的值
      printf("feed dog \n");
      returnval=write(watchdogfd, &feeddogvalue, sizeof(int));
      sleep(20);
  }
}

int main()
{
  pthread_t watchdogThd;
  int watchdogfd;
  int returnval;
  char ch;
  //打开看门狗设备
  if((watchdogfd=open("/dev/watchdog", O_RDWR|O_NONBLOCK))<0)
  {
      printf("cannot open the watchdog device\n");
```

```
        exit(0);
    }

    //创建喂狗线程
    returnval=pthread_create(&watchdogThd, NULL, feeddogthread, NULL);
    if(returnval<0)
        printf("cannot create feeddog thread\n");
    while(1)
    {
        printf("If you want to quit , please press 'e' character!\n ");
        ch=getchar();
        if (ch= ='e')
        {
            printf("Close watchdog an exit safety!\n");
            close(watchdogfd);
            break;
        };
        if (ch= ='r')
        {
            printf("we don't close watchdog.The    machine will reboot in a few seconds!\n");
            printf("wait ... ...\n");
            break;
        };
    }
}
```

10.4.3　字符设备驱动程序扩展操作

前面介绍了如何构建结构完整的设备驱动程序，从中用户可以读也可以写。但实际一个驱动程序通常会提供比read和write更多的功能。

补充设备读写操作的功能之一就是控制硬件，最常用的通过设备驱动程序完成控制动作的方法就是实现ioctl方法。

1. ioctl基本概念

ioctl是设备驱动程序中对设备的I/O通道进行管理的函数。所谓对I/O通道进行管理，就是对设备的一些特性进行控制，例如串口的传输波特率、马达的转速等。

ioctl函数调用形式如下：

```
    int ioctl(int fd, ind cmd, …);
```

其中fd是用户程序打开设备时使用open函数返回的文件标识符，cmd是用户程序对设备的控制命令，后面的省略号是一些补充参数，一般最多一个，具体个数与参数cmd有关。

值得注意的是，如果不用ioctl的话，也可以实现对设备I/O通道的控制，例如，我们可以在驱动程序中实现write的时候检查一下是否有特殊约定的数据流通过，如果有，那么后面就跟着控制命令(一般在socket编程中常常这样做)。但是如果这样做的话，会导致代码分工不明，程序结构混乱。所以要对底层硬件进行设置，就可以使用ioctl函数来完成。这时用户可以通过命令码告诉驱动程序它想做什么，至于怎样解释这些命令和怎样实现这些命令，就都由驱动程序来完成。

2. 构建命令码

在驱动程序中实现的ioctl函数体内，实际上有一个switch{case}结构，每一个case对应一个命令码，做出一些相应的操作。程序员可以根据设备进行具体编写来实现这些操作。但是命令码是如何组织的呢？这很关键，因为在ioctl中命令码是联系用户程序命令和驱动程序支持的唯一途径。

命令码的组织是有技巧的，一定要做到命令和设备一一对应，这样才不会将正确的命令发给错误的设备，或者是把错误的命令发给正确的设备，或者是把错误的命令发给错误的设备。这些错误都会导致不可预料的事情发生，而当程序员发现这些奇怪的事情的时候，再来调试程序查找错误，将非常困难。

在Linux内核中命令码采用如表10-2所示的定义方式。

表10-2　命令码格式

设　　备	序　　列	方　　向	数　　据
8位	8位	2位	8~14位

可以看出，一个命令码实质上是一个整数形式的命令。但是命令码非常不直观，所以Linux Kernel中提供了一些宏，这些宏可根据便于理解的字符串生成命令码，或者是从命令码得到一些用户可以理解的字符串，以标明这个命令对应的设备类型、设备序列号、数据传送方向和数据传输尺寸。具体相关的宏如下。

```
//include/ioctl.h
#define _IOC(dir, type, nr, size) \
(((dir)   << _IOC_DIRSHIFT) | \
 ((type) << _IOC_TYPESHIFT) | \
 ((nr)    << _IOC_NRSHIFT) | \
 ((size) << _IOC_SIZESHIFT))
/* used to create numbers */
#define _IO(type, nr)          _IOC(_IOC_NONE, (type), (nr), 0)
#define _IOR(type, nr, size)   _IOC(_IOC_READ, (type), (nr), sizeof(size))
#define _IOW(type, nr, size)   _IOC(_IOC_WRITE, (type), (nr), sizeof(size))
#define _IOWR(type, nr, size)  _IOC(_IOC_READ|_IOC_WRITE, (type), (nr), sizeof(size))
```

其中，_IO宏用于生成没有传输方向的命令码，_IOR宏用于生成读命令码，_IOW宏用于生成写命令码，_IOWR宏用于生成双向传输的命令码。

10.5　网络设备驱动程序

网络设备是Linux中三个基本的设备之一，也是嵌入式系统中非常重要的部分，本节将简单介绍网络设备驱动程序的基本原理。关于网络驱动程序的高级应用开发，读者可以参看有关专门介绍驱动程序开发的书籍。

10.5.1　基本概念

首先介绍几个很重要的结构体和方法，这些结构体定义了网卡的相关属性、参数等，对于理解驱动程序的编写非常重要。

1. net_device数据结构

在Linux系统中，描述网络设备的数据结构为struct net_device，该结构体定义文件位于include/linux/netdevice.h文件中，是网络驱动程序层最核心的一个结构体，值得读者细细品味，但并不要求大家记住其中的每个细节。由于该结构体成员变量很多，我们只将该数据结构的主要成员介绍如下：

(1) 全局信息

全局信息的成员主要是设备名称、设备状态、下一设备指针和初始化函数等。

● 设备名称

全局信息的第一个成员是设备的名称，在net_device结构体中定义如下。

```
char    name[IFNAMSIZ];
```

注意：

顺便提一下配置网络IP地址经常使用的一条命令：

```
ifconfig   eth0   192.168.0.213
```

此处eth0就为第一块网卡的设备名称。通常在给name赋值时为0(NULL字符)或空格，如果这样，register_netdev将给它分配名字ethn，n取合适的值，如第一块网卡就为eth0，第二块网卡取名为eth1，依此类推。

● 设备状态

接下来很重要的成员是设备状态，该成员定义如下。

```
unsigned long   state;
```

这个成员包含许多标志，其实驱动程序通常无需直接操作这些标志，它可以通过内核提供的一组工具函数来访问。

● 下一设备指针

这个成员也很重要，在net_device结构体中定义如下。

```
struct net_device  *next;
```

该成员表示全局链表下一个设备的指针，因为所有的网络设备都可以通过next指针连接成一条链。值得注意的是驱动程序不应该修改这个成员。

- 初始化函数

如果该指针被设置，则register_netdev()将调用该函数完成对net_device结构的初始化。init函数指针指向网卡。该函数的定义格式如下。

```
int (*init)(struct net_device *dev);
```

但是现在很多网络驱动程序不再使用这个函数，它们通常在注册接口前就直接完成初始化工作。

(2) 硬件信息

硬件信息都与底层硬件相关，它的主要成员如下。

- 内存起始和中止地址

这些成员网络数据包传输和接收数据的内存起始地址和中止地址。其中，mem成员用于传输内存，rmem成员用于接收内存。其定义如下。

```
unsigned long    rmem_end;/* shmem "recv" end   */
unsigned long    rmem_start;/* shmem "recv" start  */
unsigned long    mem_end; /* shared mem end     */
unsigned long    mem_start;/* shared mem start    */
```

- 网络I/O基地址

不同的目标板使用的I/O口一般都不尽相同，因此网络接口的I/O基地址的设置和具体的网络硬件连接密切相关。这个成员的具体定义如下。

```
unsigned long   base_addr;    /* device I/O address  */
```

- 网络设备中断号

跟网络I/O基地址一样，但不同的是这个中断号一般可以统一，但它也和具体的网络硬件连接密切相关。其定义如下。

```
unsigned int  irq;        /* device IRQ number  */
```

- 网络端口

网络很重要的成员还有网络端口，net_device结构体中定义端口的成员如下。

```
unsigned char   if_port; /* Selectable AUI, TP, ..*/
```

它用于指定在多端口设备上使用哪个端口，完整的已知端口类型在<linux/netdevice.h>中定义。

- DMA通道

这个成员为设备分配的DMA通道。该成员只对某些总线有用，比如ISA。该成员定义如下。

```
unsigned char    dma;            /* DMA channel        */
```

(3) 接口信息

这类成员不是每种网卡都必需的，如果是以太网卡，大部分接口信息可由ether_setup()函数正确设置。

在net_device结构体中相关的成员如下。

● 最大传输单元

这个成员用于设置最大传输单元。该值的设定和数据链路层使用的帧类型密切相关，如果为以太帧，则MTU设置为1500个octet。其定义如下。

```
unsigned   mtu;   /* interface MTU value        */
```

● 接口硬件类型

type成员用于指定接口的硬件类型。在以太网中，ARP使用type成员判断接口所支持的硬件地址类型。已知的硬件地址类型在<linux/if_arp.h>中定义。为以太网接口类型时，type应设置为ARPHRD_ETHER。其定义如下。

```
unsigned short   type;   /* interface hardware type    */
```

● 硬件头长度

这个成员用于定义硬件头的长度。对以太网接口，一般该成员应该被赋值为14(ETH_HLEN)，其定义一般如下。

```
unsigned short   hard_header_len;  /* hardware hdr length */
```

● MAC地址

这个成员是网络驱动程序最重要的几个变量。该成员指定网卡设备的硬件地址(MAC地址)，以太网地址长为6个八元组(指接口板的硬件标志)，播送地址由6个0xff八元组组成，ether_setup负责这些值的正确设置。另一方面，设备地址必须以设备特定的方式从接口板中读出，驱动程序应把它复制到dev_addr。这个硬件地址用来在把包交给驱动程序传送前产生正确的以太网包头。其定义如下。

```
unsigned char    dev_addr[MAX_ADDR_LEN];/* hw address     */
```

● 接口地址簇

接口程序通常不查看这个变量或者对其赋值，该变量通常为AF_INET。其具体定义如下。

```
unsigned short family;
```

● 地址相关

跟地址相关的成员很多，比较重要的是以下三个。这三个成员分别描述了网卡接口的三个重要地址：接口地址、播送地址及网络掩码。这些值是协议特定的(它们是"协议地址")；如果dev->family是INET，则它们为IP地址。这些域由ifconfig赋值，对驱动程序是只读的。它们一般定义如下。

```
unsigned long pa_addr;
unsigned long pa_brdaddr;
unsigned long pa_mask;
```

- 接口标志

跟接口有关的标志位，对于这些标志，有些由核心管理，有些则是在初始化时由接口设置，以确认接口的能力。常用的定义格式如下。

```
unsigned short flags;
```

接口标志这个域含有一些位值。前缀IFF意为接口标志(InterFace Flags)。有效的标志有(仅列举部分常用地) "IFF_UP"，当接口是活跃时，核心置上该标志，其前缀IFF意为接口标志(InterFace Flags)。这个标志对驱动程序是只读的；常用的还有"IFF_BROADCAST"，这个标志表明接口的播送地址是有效的，以太网卡支持播送。另外，还有"IFF_DEBUG"，即查错模式。该标志不仅控制printk的调用，还用于其他一些查错目的。尽管目前没有官方驱动程序使用它，但用户程序可以通过ioctl来对其置位或者清除，驱动程序可以使用它，而且"misc-progs/netifdebug"程序也可以用来将这个标志打开或关闭。最后的一个接口标志是"IFF_LOOPBACK"，这个标志在循环操作接口中要被置位。核心检测这个标志而不是将名字lo作为特殊接口硬写入程序。

2. 设备方法

与字符设备和块设备的情况一样，每个网络设备要声明在其上操作的函数，可以在网络接口上进行的操作列在下面。一些操作可以留为NULL，还有一些通常不动用，因为ether_setup会给它们分配合适的方法。

一个网络接口的设备方法可以分为两类：基本的和可选的。基本的包括为访问接口所必需的方法；可选的方法实现一些并不严格要求的高级功能。

这些设备方法中最基本的方法如下。

- open接口

这个方法是打开硬件接口。只要ifconfig激活一个接口，它就被打开了。open方法要注册它需要的所有资源(I/O端口、IRQ、DMA等)，打开硬件，增加模块的使用计数。其格式如下。

```
int (*open)(struct device *dev);
```

- stop接口

跟open方法对应的是stop接口，即终止接口。接口在关闭时就终止了；在打开时进行的操作应被保留。其格式如下。

```
int (*stop)(struct device *dev);
```

- 硬件开始接口

这个方法请求一个数据包的传送。该数据包包含在一个套接字缓冲区结构(sk_buff)中。套接字缓冲区将在下面介绍。

```
int (*hard_start_xmit)(struct sk_buff *skb, struct device *dev);
```

- 重构硬件包头方法

这个函数用来在一个包传送之前重构硬件包头。这个以太网设备使用的默认包头用ARP向包中填入缺少的信息。snull驱动程序实现了它自己的这个方法，因为ARP并不在sn接口上运行(在本章的后面会介绍ARP)。这个方法的参数是一些指针，分别指向硬件包头、设备、"路由器地址"(包的初始目的地)以及被传送的缓冲区。这个方法的定义如下：

```
int (*rebuild_header)(void *buf, struct device *dev, unsigned long raddr, struct sk_buffer *skb);
```

- 硬件包头

这个函数用以前获取的源和目的地址构造包头，它的任务是组织那些以参数的形式传给它的信息。eth_header是以太网类接口的默认函数，ether_setup相应的对这个域赋值。给出的参数顺序适用于核心2.0或更高版本，但与1.2有所不同。这个改变对以太网驱动程序是透明的，因为它继承了eth_header的实现。如果其他驱动程序想保持向后兼容，则可能要处理这个不同之处。其基本的定义如下。

```
int (*hard_header)(struct sk_buffer *skb, struct device *dev, unsigned short type,
                   void *daddr, void *saddr, unsigned len);
```

- 统计信息方法

当应用希望获得接口的统计信息时需要调用这个方法，例如，当运行ifconfig或netstat –i时。这个方法的定义如下。

```
struct enet_statistics * (*get_stats)(struct device *dev);
```

- 网络配置方法

这个方法用于改变接口的配置，它是配置驱动程序的入口点。设备的I/O地址和中断号可以在运行时用set_config改变。在不能探测到接口时，系统管理员可以使用这个方法。这个方法的定义如下。

```
int (*set_config)(struct device *dev, struct ifmap *map);
```

还有一些方法不是必须的，属于可选方法，这一类方法主要如下。

- 自定义ioctl命令

顾名思义，是用户自定义的ioctl命令。其定义如下：

```
int (*do_ioctl)(struct devices *dev, struct ifreg *ifr, int cmd);
```

- 多播列表设置

当设备的选播列表改变和标志改变时，将调用这个方法。定义这个方法可使用以下格式。

```
void (*set_multicast_list)(struct device *dev);
```

- 重设mac地址

如果接口支持改变硬件地址的能力，可实现这个函数。多数接口要么不支持这个能力，要么使用默认的eth_mac_addr实现。

```
int (*set_mac_address)(struct device *dev, void *addr);
```

10.5.2　网络数据包处理流程

网络数据传输是一个复杂而又漫长的过程，了解这个过程对深入了解和掌握网卡驱动程序非常重要。下面就以一个UDP数据包被传输的过程为例来讲解网络数据包处理细节。

1. 建立socket

通信双方要通过网络进行通信，必须首先建立socket连接。假设socket连接已建立，甲方要向乙方发送数据。调用write函数发送数据，数据内容存放在msg缓冲区中，如图10-8所示。

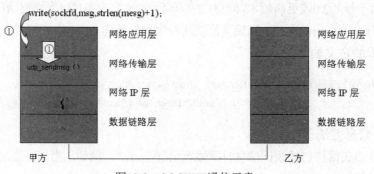

图10-8　SOCKET通信示意

write()函数完成下列部分工作。

首先，分配和初始化"消息头"，存放各种控制消息，调用sock_sendmsg()函数，给它传递套接字对象的地址和消息头数据，该函数调用udp_sendmsg函数进入传输层，sock_sendmsg()函数定义位于net/socket.c文件中。具体定义如下。

```
int sock_sendmsg(struct socket *sock, struct msghdr *msg, int size)
{
 int err;
 struct scm_cookie scm;
 err = scm_send(sock, msg, &scm);
 if (err >= 0) {
     err = sock->ops->sendmsg(sock, msg, size, &scm);
     scm_destroy(&scm);
 }
 return err;
}
```

注意：
加粗部分根据传输层协议类型调用相应的sendmsg()函数，此处使用udp协议，故调用

udp_sendmsg函数。

2. 在传输层调用udp_sendmsg函数

udp_sendmsg函数定义位于net/ipv4/udp.c中，该函数用于接收sock对象的地址和信息头，并以其作为参数分配内存，组装UDP数据包调用ip_bulid_xmit()，并把sock对象、UDP数据头等数据传递给它。

3. IP层处理

在传输层最为重要的工作就是将应用层传输的数据加上UDP数据头，再把该数据交给网络层(IP层)继续处理。IP层处理UDP层传输过来的函数为ip_bulid_xmit()，该函数定义位于net/ipv4/ip_output.c文件中。该函数分配内存，以存放IP头；把IP头部写入上述内存中；组装IP数据包调用dst_entry对象的output函数转到数据链路层。

4. 数据链路层处理

数据链路层的处理包含两个部分的内容。前一部分仍然属于TCP/IP协议族完成的内容，后一部分则转交给底层网卡驱动程序来完成。

TCP/IP协议族部分完成的工作如下。

● dst_entry对象的output函数调用数据链路层的函数，该函数把包的硬件头部加入数据包中，output函数最后调用dev_queue_xmit()函数进行排队，qdisc_run()函数用于发送排队队列中的包。

● 驱动程序部分检查net_device网卡对象的state字段，看看能否发送；然后从队列中取包(遵循一定的取包策略)；最后调用hard_start_xmit()方法传送数据包。

● hard_start_xmit()函数是针对具体的网卡设备的，并负责把套接字缓存区中的数据复制到设备的内存中，调用底层的函数把数据发送出去。

5. 接收数据的处理

乙方接收到甲方传输过来的数据，其处理流程如下。

网络设备把包保存在设备内存的一个缓冲区中，然后网卡设备产生中断，此时中断处理程序为它分配一个新的套接字缓存区，中断程序把设备内存缓存区的内容复制到刚分配的套接字缓存区中。然后，中断程序确定该包是否进行下一步处理。最后调用netif_rx()函数通知Linux网络代码新的套接字已到达，交给上层协议进行处理。

上述过程可以用图10-9描述。

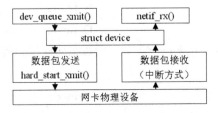

图10-9 网络数据包处理流程图

以上为网卡驱动程序的基本原理，不同的网卡可能具体的实现略有不同，但基本上大同小异，有兴趣的读者可以自行分析典型的网卡驱动程序(如CS8900、dm9000等)，限于篇幅，这里不再给出具体的实现代码。

思考与练习

一、填空题

1. Linux系统的设备文件分为四类：_____、_____、_____和_____。

2. 设备号是一个数字，它是设备的标志。如前所述，一个设备文件可以通过mknod命令来创建，其中指定了_____和_____。前者表明某一类设备，用于标识设备对应的驱动程序，一般对应着确定的驱动程序；后者一般用于区分标明不同属性，它标志着某个具体的物理设备。

3. 本章中的四种数据结构：file_operations、file、inode和device_struct，其中_____存储驱动内核模块提供的对设备进行这种操作的函数指针，_____代表一个打开的文件描述符，表示具体的文件。

4. 创建设备节点的命令是_____。

5. 设备读写操作的功能之一就是控制硬件，最常用的通过设备驱动程序完成控制动作的方法就是实现_____方法。

二、选择题

1. 磁盘属于(　　)。
   A. 字符设备　　　　　　　　　　　B. 块设备
   C. 网络设备　　　　　　　　　　　D. 杂项设备

2. USB属于(　　)。
   A. 字符设备　　　　　　　　　　　B. 块设备
   C. 网络设备　　　　　　　　　　　D. 杂项设备

3. Linux内核是"单内核"结构，这个单内核由很多(　　)构成。
   A. 模块　　　　　　　　　　　　　B. 函数
   C. 设备　　　　　　　　　　　　　D. 驱动程序

4. 如果一个模块要实现read、open和release等功能，则将其定义为(　　)结构。
   A. file_operations　　　　　　　　B. inode
   C. file　　　　　　　　　　　　　D. device_struct

5. 数据结构(　　)包括两个元素：一个登记设备驱动程序的名称的指针和一个指向一组文件操作的指针。
   A. file_operations　　　　　　　　B. inode
   C. file　　　　　　　　　　　　　D. device_struct

三、简答题

1. Linux驱动程序主要有哪些功能？
2. 简述字符设备与块设备有什么区别。
3. Linux驱动程序可以通过哪两种方式集成到内核中？
4. Linux设备驱动程序与外界的接口可以分为几个部分？
5. 进行模块编程的一般步骤是什么？
6. 字符设备驱动程序开发流程主要是什么？

第11章 嵌入式Linux图形设计

本书第2章讲到，目前的Linux桌面机操作系统有着美观、方便、功能齐全的图形用户界面(GUI)，例如KDE或者GNOME。图形用户界面(GUI)是指计算机与其使用者之间的对话接口，为用户与计算机的交互提供了友好的平台。它的存在为使用者提供了友好便利的界面，大大方便了非专业用户的使用，使得人们从繁琐的命令中解脱出来，通过窗口、菜单方便地进行操作。本章介绍嵌入式Linux的图形用户界面(GUI)的设计，主要内容包括嵌入式GUI概述及常见类型，QT图形开发平台概述，QT平台的安装、使用方法和开发技巧，最后给出了一个QT设计的应用实例，对前面的知识加以总结，供读者参考。

本章重点：

- 嵌入式GUI组成
- QT/Embedded关键技术
- 信号与插槽机制
- QT/Embedded关键类
- QT/Embedded程序设计

11.1 嵌 入 式 GUI

图形用户界面(Graphical User Interface，简称GUI，又称图形用户接口)是指采用图形方式显示的计算机操作用户界面。与早期计算机使用的命令行界面相比，图形界面对于用户来说在视觉上更易接受。在嵌入式系统中，GUI的地位也越来越重要，但是不同于桌面机系统，嵌入式GUI要求简单、直观、可靠、占用资源小且反应快速，以适应系统硬件资源有限的条件。另外，由于嵌入式系统硬件本身的特殊性，嵌入式GUI应具备高度可移植性与可裁减性，以适应不同的硬件条件和使用需求。

11.1.1 嵌入式GUI简介

总体来讲，嵌入式GUI具备以下特点。

- 体积小。
- 运行时耗用系统资源小。
- 上层接口与硬件无关，高度可移植。
- 高可靠性。
- 在某些应用场合具备实时性。

随着嵌入式设备市场的不断扩大，GUI系统的开发成为嵌入式开发过程中必不可少的关键环节。众多的开发厂商对各种专用GUI系统的需求也日渐紧迫。采用一种适合的GUI系统，往往成为嵌入式产品是否在市场上获得成功的决定性因素。由于嵌入式设备具有开发周期短的特点，嵌入式厂商多采用较为现成的GUI产品，这无疑产生了一个巨大的GUI系统软件市场。近年来，国内和国外软硬件厂商均有大手笔进入这个日益膨胀的领域。

国外的Linux嵌入式GUI系统发展较早，较为著名的有QT库开发商面向嵌入式系统的QT/Embedded，还有开放源码的项目Micro Windows、OpenGUI及GTK+公司专门面向嵌入式系统开发的Gtk FB。另外X Windows系统的紧缩型版本也有较好的应用。

国内嵌入式领域的公司和厂商主要着眼于对国外优秀嵌入式产品的引进和技术吸收，为嵌入式Linux平台提供基于QT/Embedded的解决方案等。其他国内嵌入式系统提供商纷纷拿出了采用国外先进GUI产品的解决方案。

国内自有软件领域最为成功的产品是MiniGUI。它是一套基于Linux实时嵌入式系统的轻量级图形用户界面支持系统，可以为应用程序定义一组轻量级的窗口和图形设备接口。随着其不断完善，MiniGUI逐渐得到了用户的认可。在计算机数控系统、POS机、销售终端以及其他工业领域中得到了广泛应用。

未来嵌入式系统图形用户界面层(GUI)的研究将着重于可移植性、标准性、与具体硬件平台无关性、可剪裁性等方面。主要的研究内容涉及多线程多进程的使用、消息驱动、完备触摸屏和显示设备相关的驱动程序、实现与X-Window标准的部分兼容、支持不同语言文字输入输出等。

11.1.2　嵌入式GUI需求

在初期的嵌入式或小型手持式设备上，由于硬件条件等的限制，用户界面都非常简单，几乎看不到PC机上华丽美观的GUI支持。随着手持式设备硬件条件的提高，嵌入式系统对轻量级GUI的需求变得越来越迫切。近来的市场需求显示，越来越多的嵌入式系统，包括控制设备、机顶盒、DVD/VCD播放机、智能手机、平板电脑等系统均要求提供全功能的Web浏览器，这包括HTML 4.0的支持、JavaScript的支持，甚至包括Java虚拟机的支持。而这一切均要求有一个高性能、高可靠的GUI支持。

另外一个迫切需要轻量级GUI的系统是工业实时控制系统。这些系统一般建立在标准PC平台上，硬件条件比嵌入式系统好，但对实时性的要求非常高，并且比起嵌入式系统，对GUI的要求也更高。这些系统一般不希望建立在庞大累赘且非常消耗系统资源的操作系统和GUI之上，比如Windows或X Window。在出现Linux系统之后，尤其在RT-Linux系统出现之后，许多工业控制系统开始采用RT-Linux作为操作系统，但GUI仍然是一个问题，X Window 太过庞大和臃肿。这样，这些系统对轻型GUI的需求更加突出。

嵌入式系统往往是一种定制设备，它们对GUI需求也各不相同。有的系统只要求一些图形功能，而有些系统要求完备的GUI支持。因此，GUI必须是可定制的。

11.1.3　嵌入式GUI组成

嵌入式GUI组成和PC机上一般的应用程序的GUI相差不大，主要由桌面、视窗、单一文件界面或者多文件界面、标签、菜单、功能表、图标等组成。具体对各个组成部分的说明如下。

1. 桌面(Desktop)

桌面在启动时显示，是界面中最底层，有时也指代包括窗口、文件浏览器在内的"桌面环境"。在桌面上由于可以重叠显示窗口，因此可以实现多任务化。在一般的界面中，桌面上放有各种应用程序和数据的图标，用户可以依次开始工作。

2. 视窗(Window)

视窗是指应用程序为使用数据而在图形用户界面中设置的基本单元。应用程序和数据在窗口内实现一体化。用户可以在窗口中操作应用程序，进行数据的管理、生成和编辑。通常在窗口四周设有菜单、图标，数据放在中央。

在窗口中，根据各种数据和应用程序的内容设有标题栏，一般放在窗口的最上方，并在其中设有最大化、最小化(隐藏窗口，并非消除数据)、前进后退、缩进(仅显示标题栏)等动作按钮，可以简单地对窗口进行操作。

3. 单一文件界面(Single Document Interface)

单一文件界面指一个窗口内只负责管理一份数据。一份数据对应一个显示窗口。在这种情况下，数据和显示窗口的数量是一样的。若要在其他应用程序的窗口中使用数据，将相应生成新的窗口。因此窗口数量多，管理复杂。

4. 多文件界面(Multiple Document Interface)

多文件界面是在一个窗口内进行多份数据管理的方式。在这种情况下，窗口的管理简单化，但是操作变为双重管理。微软视窗系统采用的主要是多文件界面。

5. 标签(Label)

标签指在多文件界面的数据管理方式中使用的一种界面，将数据的标题在窗口中并排，通过选择标签标题显示必要的数据，这样使得接入数据方式变得更为便捷。

6. 菜单(Menu)

菜单指将系统可以执行的命令以阶层的方式显示出来的一个界面。一般置于画面的最上方或者最下方，应用程序能使用的所有命令几乎全部都能放入。重要程度一般是从左到右，越往右重要度越低。命令的层次根据应用程序的不同而不同，一般重视文件的操作、编辑功能，因此放在最左边，然后往右有各种设置等操作，最右边往往设有帮助。一般使用鼠标的第一按钮进行操作。

7. 即时菜单,又称功能表(Real Time Menu)

与应用程序准备好的层次菜单不同,在菜单栏以外的地方,通过鼠标的第二按键(即右键)调出的菜单称为"即时菜单"。根据调出位置的不同,菜单内容即时变化,其中会列出所指示的对象目前可以进行的操作。

8. 图标(Icon)

图标用于显示应用程序中的数据,或者显示应用程序本身。通常情况下图标显示的是数据的内容或者与数据相关联的应用程序的图案。另外,单击数据的图标,一般可以完成启动相关应用程序以后再显示数据本身这两个步骤的工作。而应用程序的图标只能用于启动应用程序。

9. 按钮(Button)

按钮通常是将在菜单中利用程度高的命令用图形表示出来,配置在应用程序中。应用程序中的按钮通常可以代替菜单。一些使用程度高的命令不必通过一层层翻动菜单才被调出,极大地提高了工作效率。但是,各种用户使用的命令频率是不一样的,因此这种配置一般都可以由用户自定义编辑。

在了解了嵌入式GUI的组成之后,我们似乎觉得它和平时一般用的Windows的视窗操作系统非常类似。其实,正是有了Windows视窗操作的使用经验,我们对嵌入式GUI的认识才更透彻。下面介绍目前主流的一些GUI。

11.1.4 Qt/Embedded

Qt Embedded是Digia公司(收购自Nokia公司,由Trolltech公司创立)的图形化界面开发工具QT的嵌入式版本,它通过Qt API与Linux的I/O以及Framebuffer直接交互,拥有较高的运行效率,而且整体采用面向对象编程,拥有良好的体系架构和编程模式。Qt/embedded和Qt一样,在4.5版本之后提供了三种不同的授权协议:GPL、LGPL和Commercial。这个版本的主要特点是可移植性好,许多基于QT的X Window程序可以非常方便地移植到嵌入式系统。

Qt Embedded移植了大量的原来基于QT的X Windows程序,提供了非常完整的嵌入式GUI解决方案。但是该系统不开放源码,需要支付昂贵的授权费用。特点是可移植性好,放弃了X Server及X Library等角色,将所有功能全部整合在一起,具有层次简单、效率高、代码尺寸小等优点。Qt Embedded的运行界面如图11-1所示。

Qt Embedded的优缺点可以简单归纳如下。

优点:

● 以开发包形式提供:包括了图形设计器、Makefile制作工具、字体国际化工具、Qt的C++类库等。

图11-1 Qt Embedded的运行界面

- 跨平台：支持Microsoft Windows、MacOS X、Linux、Solaris、HP-UX、Tru64(Digital UNIX)、Irix、FreeBSD、BSD/OS、SCO、AIX等众多平台。
- 类库支持跨平台：Qt类库封装了适应不同操作系统的访问细节，这正是Qt的魅力所在。
- 模块化：可以任意裁减。

缺点：

结构过于复杂臃肿，很难进行底层的扩充、定制和移植，例如，尽管Qt/Embedded声称它最小可以裁减到630KB，但这时的Qt/Embedded库已经基本失去了使用价值；又如，它提供的控件集沿用了PC风格，并不太适合许多手持设备的操作要求；而且Qt/Embedded 的底层图形引擎只能采用FrameBuffer，只能应用于高端嵌入式图形领域；另外，由于该库的代码追求面面俱到，以增加它对多种硬件设备的支持，造成了其底层代码比较凌乱，各种补丁较多。

11.1.5　MiniGUI

MiniGUI是由北京飞漫软件技术有限公司创办的开源Linux图形用户界面支持系统，经过近些年的发展，MiniGUI已经发展成为比较成熟的、性能优良的、功能丰富的跨操作系统的嵌入式图形界面支持系统。"小"是MiniGUI的特色，它目前已经广泛应用于通信、医疗、工控、电子、机顶盒、多媒体等领域。目前，MiniGUI的最新版本为MiniGUI 3.0.12。MiniGUI对中文的支持最好，它支持GB2312与BIG5字元集，其他字元集也可以轻松加入。

MiniGUI开发的主要目标就是为基于Linux的实时嵌入式系统提供一个轻量级的图形用户界面支持系统。MiniGUI为应用程序定义了一组轻量级的窗口和图形设备接口。利用这些接口，每个应用程序可以建立多个主窗口，然后在这些主窗口中创建按钮、编辑框等控件。MiniGUI还为用户提供了丰富的图形功能，帮助用户显示各种格式的位图，并在窗口中绘制复杂图形。

MiniGUI分为底层的GAL(图形抽象层)和IAL(输入抽象层)，向上为基于标准POSIX接口中pthread库的Mini-Thread架构和基于Server/Client的Mini-Lite架构。其中Mini-Thread受限于Thread模式，对于整个系统的可靠性影响较大——进程中某个Thread的意外错误可能导致整个进程崩溃，该架构应用于系统功能较为单一的场合。Mini-Lite应用于多进程的应用场合，采用多进程运行方式设计的Server/Client架构能够较好地解决各个进程之间的窗口管理、Z序剪切等问题。MiniGUI-Lite上的每个程序是单独的进程，每个进程也可以建立多个窗口。

MiniGUI-Lite适合于具有完整UNIX特性的嵌入式操作系统，如嵌入式Linux。MiniGUI还有一种从Mini-Lite衍生出的Standalone运行模式。与Lite架构不同，Standalone模式一次只能以窗口最大化的方式显示一个窗口。这在显示屏尺寸较小的应用场合具有一定的应用意义。在这种运行模式下，MiniGUI可以以独立进程的方式运行，既不需要多线程也不需要多进程的支持，这种运行模式适合功能单一的应用场合。比如在一些使用uClinux的嵌入式产品中，因为各种原因而缺少线程支持，这时，就可以使用MiniGUI-Standalone来开发应用软件。

MiniGUI的GAL层技术是基于SVGA Lib、LibGDI库、FrameBuffer的native图形引擎及图

形引擎等，对于Trolltech公司的QVFB在X Window下也有较好的支持。IAL层则支持Linux标准控制台下的GPM鼠标服务、触摸屏及标准键盘等。

MiniGUI下丰富的控件资源也是MiniGUI的特点之一。当前MiniGUI的最新版本是1.6.x。在该版本的控件中已经添加了窗口皮肤、工具条等桌面GUI的高级控件支持。用MiniGUI开发的地图程序如图11-2所示。

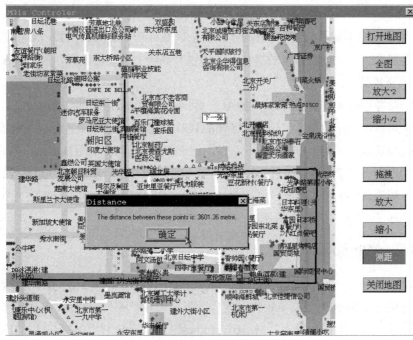

图11-2　MiniGUI开发的应用程序

MiniGUI主要有以下特点。

- 提供常用的控件类，包括静态文本框、按钮、单行和多行编辑框、列表框、组合框、进度条、属性页、工具栏、拖动条和树形控件等，支持对话框和消息框。
- 包含其他GUI辅助元素，包括菜单、加速键、插入符及定时器等。
- 支持界面皮肤。用户可通过皮肤获得外观华丽的图形界面；支持Windows兼容的资源文件，如位图、图标、光标等；支持各种流行图像文件，包括JPEG、GIF、PNG、TGA、BMP等。
- 支持多字符集和多字体。MiniGUI支持ISO8859-1～ISO8859-15、GB2312、GBK、GB18030、BIG5. EUC-JP、Shift-JIS、EUC-KR和UNICODE等字符集，支持等宽点阵字体、变宽点阵字体、Qt/Embedded使用的嵌入式字体QPF、TrueType及Adobe Type1等向量字体。
- 支持多种键盘布局。MiniGUI除支持常见的PC键盘布局之外，还支持法语、德语等西欧语种的键盘布局。
- 支持汉字(GB2312)输入法，包括内码、全拼、智能拼音等。用户还可以从飞漫软件获得五笔、自然码等输入法支持。

- 层的支持。可以使用JoinLayer将一个客户程序加入到某个已由其他客户程序创建好的层中。如果成功，则处于同一个层中的客户能够同时向屏幕上进行图形输出(该功能增加在MiniGUI-Lite版本中)。
- 借鉴著名的跨平台游戏和多媒体函数库SDL(Simple DirectMedia Layer)的新GAL接口，即NEWGAL，提供了更快、更强的位块操作，视频加速支持及Alpha混合等功能。
- 增强了新GDI函数，包括光栅操作、复杂区域处理、椭圆、圆弧、多边形及区域填充等函数。在提供数学库的平台上还提供有高级二维绘图函数，可设置线宽、线型及填充模式等。
- 图形抽象层(GAL)及输入抽象层(IAL)。利用GAL和IAL，MiniGUI可以在许多图形引擎上运行，并且可以非常方便地将MiniGUI移植到其他系统上，而这只需要根据抽象层接口实现新的图形引擎即可。目前，已经编写了基于Frame Buffer、QVFB、eCOS LCD的图形引擎，内建有针对Xcopilot仿真器、EP7312开发板、iPAQ系列和S3C2410开发板等硬件的输入引擎。利用QVFB，MiniGUI应用程序可以运行在X Window上，这将大大方便应用程序的调试。

11.1.6　MicroWindows

MicroWindows是一个著名的开放源码的嵌入式GUI软件。它和MiniGUI一起是现在开发得比较活跃的项目。MicroWindows提供了现代图形窗口系统的一些特性。它不需要其他图形系统的支持，在Linux操作系统上，MicroWindows也可以充分利用Linux提供的FrameBuffer机制来进行图形显示。MicroWindows的移植性很强，它支持很多软硬件。MicroWindows的主要目标之一就是能运行在嵌入式Linux上。

目前，MicroWindows可以运行在支持FrameBuffer的32位的Linux系统上，也可以使用著名的SVGALib库来进行图形显示。此外，它还被移植到16位的ELKS和实模式的MSDOS上。MicroWindows实现了1、2、4、8、16和32位的像素支持，还实现了VGA16平面模式的支持。MicroWindows已经被移植到一些掌上电脑。它的图形引擎被设计成能够运行在任何支持readpixel、writepixel、drawhorzline、drawvertline和setpalette的系统之上。如果底层驱动系统实现了Blitting，则上层可以提供更多的增强功能。在底层函数的支持下，上层实现了位图、字体、光标以及颜色的支持。除了基于调色板的1、2、4和8位像素模式，MicroWindows也实现了15、16和32位像素的真彩模式。

最近，MicroWindows实现了对X11的支持，这样，基于MicroWindows的应用程序就可以运行在X Window下了。该驱动程序还模拟了各种颜色和调色板模式，使得我们可以在X Window下预览各种模式的效果。

MicroWindows可移植性非常好，基本上用C语言实现，只有某些关键代码被用汇编重写以提高速度。MicroWindows已经支持Intel 16位、32位CPU、MIPS R4000以及现在很多掌上电脑使用的ARM芯片。在一个典型的16位系统上，整个系统，包括屏幕、鼠标和键盘驱动程序小于64KB。在一个典型的32位系统上，包括对比例字体的支持一般也小于100KB。

MicroWindows采用分层设计方法，以便不同的层面能够在需要的时候被改写，充分体现了嵌入式系统定制的特色。在最底层，屏幕、鼠标/触摸屏以及键盘驱动程序提供了对物理设备访问的能力。在中间层，实现了一个可移植的图形引擎，支持行绘制，区域填充，剪切以及颜色模型等。在上层，实现多种API以适应不同的应用环境。目前，MicroWindows项目实现了MicroWindows和Nono-X应用接口。前者类似于Win32，后者类似于X Window，这样还有一个好处就是从这些系统移植代码变得非常简单。

当初，David Bell写过一个mini-X服务器，Alan Cox对其进行了一些修改，然后Alex Holden为其加入了基于网络的客户/服务器功能，这就是NanoGUI。接着Greg Haerr加入了NanoGUI项目并对其进行了广泛的功能增强和修改。在版本0.5发布前后，Greg Haerr实现了多API的支持框架，并开始发布MicroWindows。到了MicroWindows 0.84版本，所有对NanoGUI的支持被加入MicroWindows，所以其实现在的 MicroWindows包括了NanoGUI和MicroWindows两个API。

Nano-X是类似于X的一个API，它基于David Bell的mini-X服务器。它没有实现窗口管理，所以对窗口的处理需要使用系统提供的一个插件(widget)集，或者完全由应用程序员自己负责。目前，有一些人正在为Nano-X开发插件。

MicroWindows API接口支持类Win32 API，该接口试图和Win32完全兼容，它还实现了一些Win32用户模块功能，比如拖动、标题条、消息传送与产生。由于WinCE API是Win32的一个子集，所以MicroWindows API也是WinCE兼容的，可以被用于实现对WinCE应用程序的支持。

MicroWindows支持RGB颜色、颜色匹配、真彩和调色板显示、3D效果的显示，也支持窗口覆盖和子窗口概念及完全的窗口和客户区剪切。经过优化的绘制函数被用来当用户在移动窗口时提供更好的响应。内存图形绘制和移动的实现使得屏幕画图显得很平滑，这在显示动画、多边形绘制、任意区域填充、剪切时特别有用。

MicroWindows基于MPL许可证，如果需要，也可以使用GPL许可证。这意味着标准的MicroWindows发布版本可以被用于商业目的，并且可以被用于非开放代码的环境。但如果您的代码被加入标准版本中，这些代码必须是开放的。

总的说来，MicroWindows的主要特色在于提供了比较完善的图形功能，包括一些高级功能，比如Alpha混合(如图11-3所示)、三维支持、TrueType字体支持等。但作为一个窗口系统，该项目提供的窗口处理功能还需要进一步完善，比如控件或构件的实现还很不完备，键盘和鼠标等的驱动程序还很不完善。值得一提的是，该项目的许多控件是从MiniGUI中移植过去的，扫雷游戏也是从MiniGUI中移植过去的。

该项目已经启动了一个开放源码的浏览器项目，该浏览器在KDE kfm提供的HTML解释器的基础上开发，目前能够解释一些简单的HTML页面。图11-4是ViewML的界面。

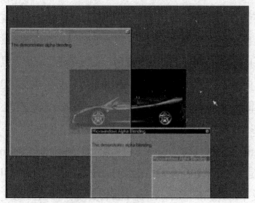

图11-3　Alpha混合

图11-4　ViewML访问slashdot

11.1.7　OpenGUI

　　OpenGUI已经在Linux系统中存在很长时间了，最初的名字叫FastGL，只支持256的线性显存模式，但目前也支持其他显示模式。这个库是用C++编写的，只提供C++接口。

　　OpenGUI基于用汇编实现的x86图形内核提供了高层的C/C++图形/窗口接口。它和MiniGUI一样，也是使用LGPL许可证。OpenGUI提供了二维绘图原语，消息驱动程序的API、BMP文件格式支持。OpenGUI功能强大，使用方便。我们甚至可以实现Borland BGI风格的应用程序，或者是QT风格的窗口。OpenGUI支持鼠标和键盘的事件，在Linux上基于Framebuffer或者SVGALib实现绘图。Linux下OpenGUI也支持Mesa 3D。在颜色模型方面，OpenGUI已经支持8、15、16和32位模型。

　　由于其基于汇编实现的内核并利用MMX指令进行了优化，OpenGUI运行速度非常快，可以用UltraFast形容，它支持32位的机器，能够在MS-DOS、QNX和Linux下运行，主要用来在这些系统中开发图形应用程序和游戏。由于历史悠久，OpenGUI非常稳定。当然，也可以看出，由于其内核用汇编实现，可移植性受到了影响。通常在驱动程序一级，性能和可移植性是矛盾的，必须找到一个平衡点。

11.1.8　Tiny-X

　　Tiny X Server是XFree86 Project的一部分，由Keith Pachard发展起来，他自己就是X Free86专案的核心成员之一。一般的X Server都太过于庞大，因此Keith Packard以X Free86为基础，精简而成Tiny X Server，它的体积可以小到几百KB，非常适合应用于嵌入式环境。

　　就纯X Window System搭配Tiny X Server架构来说，其最大的优点就是具有很好的弹性开发机制，并能大大提高开发速度。因为与桌面的X架构相同，因此相对于很多以Qt、 GTK+、FLTK等为基础开发的软件可以很容易地移植过来。

　　虽然移植方便，但是却有体积大的缺点，由于很多软件本来是针对桌面环境开发的，因此无形之中具备了桌面环境中很多复杂的功能。因此"调校"变成采用此架构最大的课题，有时候重新改写都可能比调校所需的时间还短。

11.1.9　各种GUI比较

比较上述几个面向嵌入式系统的GUI，它们各有千秋。具体使用哪种GUI，开发人员应根据具体的要求来选用。例如Tiny-X，其X服务器可以降低到大小为800KB，但因为X Window系统的运行还需要其他程序和库的支持，包括X窗口管理器、XLib、建立在XLib之上的GTK和QT等函数库，因此，紧缩的X Window系统在运行期间所占用的系统资源很多，加上中文显示和中文输入等本地化代码，系统的整体尺寸和运行时的资源消耗将进一步变大。因此，嵌入式系统的开发商往往将紧缩的X Window系统定位在机顶盒等对资源要求并不苛刻的嵌入式系统上。

Qt/Embedded由于移植了大量的原来基于QT的X Window程序，提供了非常完整的嵌入式GUI解决方案，再加上Opera浏览器，可以说是一个成熟的商业软件。

MiniGUI和MicroWindows均为自由软件，只是前者遵循LGPL条款，后者遵循MPL条款。这两个系统的技术路线也有所不同。MiniGUI的策略是首先建立在比较成熟的图形引擎之上，比如Svgalib和LibGGI，开发的重点在于窗口系统、图形接口之上；MicroWindows目前的开发重点则在底层的图形引擎之上，窗口系统和图形接口方面的功能还比较欠缺。举个例子来说，MiniGUI有一套用来支持多字符集和多编码的函数接口，可以支持各种常见的字符集，包括GB、BIG5、UNICODE等，而MicroWindows在多字符集的支持上尚没有统一接口。

表11-1对这几种常见的GUI参数进行了比较。

表11-1　常见GUI参数比较

	MiniGUI	OpenGUI	Qt/Embedded
API(完整性)	Win32(完备)	私有(很完备)	Qt(C++)(很完备)
函数库典型大小	300KB	300KB	600KB
移植性能	很好	只支持x86	较好
授权	LGPL	LGPL	QPL/GPL
系统消耗	小	最小	最大
操作系统支持	Linux	Linux、DOS、QNX	Linux

11.2　Qt/Embedded开发入门

下面将详细介绍GUI中广泛使用的Qt/Embedded，包括图形开发基础、Qt/Embedded的安装及其关键技术。

11.2.1　Qt/Embedded简介

Qt是Digia公司的一款图形开发产品，它采用完全的面向对象技术来进行图形应用程序的设计，给程序开发者建立艺术级的图形用户界面提供所需的全部功能，并且允许真正的组件编程。

QT的创始者Trolltech(奇趣科技)是挪威的一家公司，在1994年成立，但是在公司成立之前的两年就开始进行Qt的设计，并且在1995年推出第一个商业版本。Qt自1996年早期进入商业领域以来，已经成为全世界范围内数千种成功的应用程序的基础。Qt也是流行的Linux桌面环境KDE的基础，KDE是所有主要的Linux发行版的一个标准组件。

Qt发行的版本有多种，其中主要的版本如下。

- Qt企业版和Qt专业版：提供给商业软件开发。它们提供传统商业软件发行版，并且提供免费升级和技术支持服务，企业版比专业版多一些扩展模块。
- Qt自由版：仅仅为了开发自由和开放源码软件提供的UNIX/X11版本。在Qt公共许可证和GNU通用公共许可证下是免费的。
- Qt/嵌入式自由版：指Qt为了开发自由软件提供的嵌入式版本，在GNU通用公共许可证下，它也是免费的。

2008年，Trolltech(奇趣科技)被Nokia收购，而在2012年Qt业务被Nokia卖给了Digia公司。

11.2.2　Qt/Embedded架构

Qt/Embedded以原始Qt为基础，并做了许多出色的调整，以适用于嵌入式环境。Qt/Embedded通过Qt API与Linux I/O设施直接交互，成为嵌入式Linux端口。同Qt/X11相比，Qt/Embedded很省内存，因为它不需要一个X服务器或是Xlib库，它在底层摒弃了Xlib，采用Frame Buffer(帧缓冲)作为底层图形接口，同时，将外部输入设备抽象为键盘和鼠标输入事件。Qt/Embedde的应用程序可以直接写内核缓冲帧，避免开发者使用繁琐的Xlib/Server系统。如图11-5所示比较了Qt/Embedded与Qt/X11的架构对应关系，从中可以看出Qt/Embedded在架构中完成了Qt/X11、Qt/Xlib和X Window Sever的功能。

图11-5　Qt/Embedded与Qt/X11的Linux版本的比较

Qt源代码的开发可以基于Qt API函数，使用单一的API进行跨平台编程有很多好处。提供嵌入式设备和桌面计算机环境下应用的公司可以培训开发人员使用同一套工具开发包，有利于开发人员之间共享开发经验与知识，也使得管理人员在分配开发人员到项目中的时候增加灵活性。更进一步来说，针对某个平台而开发的应用和组件也可以销售到Qt支持的其他平台上，从而以低廉的成本扩大产品市场。Qt API一般包含了窗口系统、字体、输入设备及输入法和屏幕加速等。

1. 窗口系统

一个Qt/Embedded窗口系统包含了一个或多个进程，其中的一个进程可作为服务器。该服务进程会分配客户显示区域，产生鼠标和键盘事件。该服务进程还能够给运行起来的客户应用程序提供输入方法和一个用户接口。该服务进程其实就是一个有某些额外权限的客户进程，任何程序都可以在命令行上加上"-qws"的选项来把它作为一个服务器运行。

客户与服务器之间的通信使用共享内存的方法实现，通信量应该保持最小，例如客户进程直接访问帧缓冲来完成全部的绘制操作，而不会通过服务器，客户程序需要负责绘制它们自己的标题栏和其他式样。这就是Qt/Embedded库内部层次分明的处理过程。客户可以使用QCOP通道交换消息。服务进程简单地广播QCOP消息给所有监听指定通道的应用进程，接着应用进程可以把一个插槽连接到一个负责接收的信号上，从而对消息做出响应。消息的传递通常伴随着二进制数据的传输，这是通过QDataStream类的一个序列化过程来实现的，有关这个类的描述请参考相关资料。

QProcess类提供了另外一种异步的进程间通信机制。它用于启动一个外部的程序，并且通过写一个标准输入和读取外部程序的标准输出及错误码来和它们通信。

2. 字体

Qt/Embedded支持四种不同的字体格式：True Type字体(TTF)、Postscript Type1字体、位图发布字体(BDF)和Qt的预呈现(Pre-rendered)字体(QPF)。Qt还可以通过增加Qfont-Factory的子类来支持其他字体，也可以支持以插件方式出现的反别名字体。

每个TTF或者TYPE1类型的字体首次在图形或者文本方式的环境下被使用时，这些字体的字形都会以指定的大小预先呈现出来，呈现的结果会被缓冲。根据给定的字体尺寸(例如10或12点阵)预先呈现TTF或者TYPE1类型的字体文件，并把结果以QPF的格式保存起来，这样可以节省内存和CPU的处理时间。QPF文件包含了一些必要的字体，这些字体可以通过makeqpf工具取得，或者通过运行程序时加上"-savefonts"选项获取。如果应用程序中使用的字体都是QPF格式，Qt/Embedded将被重新配置，并排除对TTF和TYPE1类型字体的编译。这样就可以减小Qt/Embedded库的大小和存储字体的空间。例如一个10点阵大小的包含所有ASII字符的QPF字体文件的大小为1300Byte，这个文件可以直接从物理存储格式映射成为内存存储格式。

Qt/Embedded的字体通常包括Unicode字体的一部分子集：ASII和Latin-1。一个完整的16点阵的Unicode字体的存储空间通常超过1MB，我们应尽可能存储一个字体的子集，而不是存储所有的字，例如在一个应用中，仅仅需要以Cappuccino字体、粗体的方式显示产品的名称，但是却有一个包含了全部字形的字体文件。

3. 输入设备及输入法

Qt/Embedded 3.0支持几种鼠标协议：BusMouse、IntelliMouse、Microsoft和MouseMan，Qt/Embedded 还 支 持 NECVr41XX 和 iPAQ 的 触 摸 屏 。 通 过 从 QWSMouseHandler 或 者 Qcalibra-tedMouseHandler派生子类，开发人员可以让Qt/Embedded支持更多的客户指示设备。

Qt/Embedded支持标准的101键盘和Vr41XX按键，通过子类化QWSKeyboardHandler，可以让Qt/Embedded支持更多的客户键盘和其他的非指示设备。

对于非拉丁语系字符(例如阿拉伯、中文、希伯来和日语)的输入法，需要把它写成过滤器的方式，并改变键盘的输入。输入法的作者应该对全部的Qt API的使用有完全的认识。

在一个无键盘的设备上，输入法成了唯一的输入字符的手段。Qt提供了四种输入方法：笔迹识别器、图形化的标准键盘、Unicode键盘和基于字典方式提取的键盘。

4. 屏幕加速

通过子类化QScreen和QgfxRaster，可以实现硬件加速，从而为屏幕操作带来好处。Troll-tech提供了Mach64和Voodoo3视频卡硬件加速的驱动程序例子，同时可以按照协议编写其他的驱动程序。

11.2.3　Qt的开发环境

Qt/Embedded的开发环境可以取代我们熟知的UNIX和Windows开发工具。它提供了几个跨平台的工具，使得开发变得迅速和方便，尤其是它的图形设计器。UNIX下的开发者可以在PC机或者工作站使用虚拟缓冲帧，从而模仿一个和嵌入式设备的显示终端大小、像素相同的显示环境。

嵌入式设备的应用可以在安装了一个跨平台开发工具链的不同平台上编译。最通常的做法是在一个UNIX系统上安装跨平台的带有Libc库的GNU C++编译器和二进制工具。在开发的许多阶段，一个可替代的做法是使用Qt的桌面版本，例如通过Qt/X11或是Qt/Windows来进行开发。这样开发人员就可以使用他们熟悉的开发环境，例如微软公司的Visual C++或者Borland C++。在UNIX操作系统下，许多环境也是可用的，例如Kdevelop，它也支持交互式开发。

如果Qt/Embedded的应用是在UNIX平台下开发，它就可以在开发的机器上以一个独立的控制台或者虚拟缓冲帧的方式来运行，对于后者来说，其实是有一个X11的应用程序虚拟了一个缓冲帧。通过指定显示设备的宽度、高度和颜色深度，虚拟出来的缓冲帧将和物理的显示设备在每个像素上保持一致。这样每次调试应用时，开发人员就不用总是刷新嵌入式设备的Flash存储空间，从而加速了应用的编译、链接和运行周期。运行Qt虚拟缓冲帧工具的方法是在Linux的图形模式下运行以下命令。

```
qvfb
```

将打开虚拟缓冲帧工具，如图11-6所示。

注意：
由于我们只是调用虚拟缓冲帧工具，并没有QT程序运行，因此打开的程序屏幕区显示为黑。我们后面还会讲到虚拟缓冲帧工具的使用。

图11-6　虚拟缓冲帧工具

如果要使Qt嵌入式的应用程序把显示结果输出到虚拟缓冲帧，在命令行运行这个程序时可以在程序名后加上"-qws"的选项。

例如，在终端中输入以下命令。

```
$> hello‑qws
```

11.2.4 Qt的支撑工具及组件

Qt包含了许多支持嵌入式系统开发的工具，其中两个最实用的工具是Qmake和Qt designer(图形设计器)。

Qmake是一个为编译Qt/Embedded库和应用而提供的Makefile生成器。它能够根据一个工程文件(.pro)产生不同平台下的Makefile文件。Qmake支持跨平台开发和影子生成(影子生成是指当工程的源代码共享给网络上的多台机器时，每台机器编译链接这个工程的代码将在不同的子路径下完成，这样就不会覆盖别人编译链接生成的文件。Qmake还易于在不同的配置之间切换)。

Qt图形设计器可以使开发者可视化地设计对话框而不需编写代码。使用Qt图形设计器的布局管理可以生成能平滑改变尺寸的对话框。

Qmake和Qt图形设计器是完全集成在一起的。

另外，Qt/Embedded 提供一组用于访问嵌入式设备的Qt C++ API。在Qt/Embedded的Qt/X11中，它提供的API同Qt/Windows和Qt/Mac版本提供的都是一样的版本，从这一点可以看出Qt具有强大的跨平台能力。图11-7显示了Qt/Embedded的基本架构。

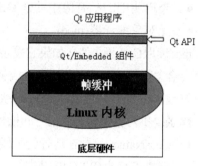

图11-7 Qt/Embedded架构

Qt/Embedded以软件包的形式提供组件，主要有四个软件包：tmake工具安装包、Qt/Embedded安装包、Qt的X11版的安装包和Qt/Embedded安装包。

- tmake工具包提供了生成Makefile的能力。
- Qt/Embedded工具包中包含了绝大部分的类定义及其实现文件。
- Qt的X11工具包提供了图形设计器和帧缓冲管理等多个实用软件。
- Qt/Embedded工具包提供了一种可定制的开发环境和用户界面，从本质上说，它之于Linux犹如UIQ和Series 60之于Symbian。

由于上述这些软件安装包有许多不同的版本，版本的不同可能会导致在使用这些软件时造成冲突，为此选择Qt/Embedded的某个版本的安装包之后，要使Qt for X11的安装包的版本比Qt/Embedded的版本旧。

11.2.5 Qt/Embedded对象模型

标准的C++对象模型为对象范例提供了十分有效的运行时刻支持，但是这种C++对象模

　　型的静态特性在某些领域不够灵活。图形用户界面编程就是一个同时需要运行时刻的高效率和高水平的灵活性的领域。Qt通过结合C++的速度为这一领域提供了Qt对象模型的灵活性。

　　Qt把下面这些特性添加到了C++当中。
- 信号和槽的无缝对象通信机制。
- 可查询和可设计的属性。
- 强大的事件和事件过滤器。
- 根据上下文进行国际化的字符串翻译。
- 完善的时间间隔驱动的计时器，它使得可以在一个事件驱动的图形界面程序集成许多任务。
- 以一种自然的方式组织对象的所有权以及可查询的对象树。
- 被守护的指针QGuardedPtr，当参考对象被破坏时，可以自动设置为无效，不像正常的C++指针在它们的对象被破坏的时候变成"摇摆指针"。

　　Qt的许多特性基于QObject的继承，通过标准C++技术实现。其他的特性，比如对象通信机制和虚拟属性系统，都需要Qt自己的元对象编译器(moc)提供的元对象系统。

　　Qt中的元对象系统常用来处理对象间通信的信号/槽机制、运行时的类型信息和动态属性系统。它基于下列三类。
- QObject类。
- 类声明中的私有段中的Q_OBJECT宏。
- 元对象编译器(moc)。

　　moc读取C++源文件。如果它发现其中包含一个或多个类的声明中含有Q_OBJECT宏，它就会给含有Q_OBJECT宏的类生成另一个含有元对象代码的C++源文件。这个生成的源文件可以被类的源文件包含(#include)或者和这个类的实现一起被编译和连接。

　　除了提供对象间的通信信号和槽机制之外，QObject中的元对象代码还实现了其他特征：
- className()函数在运行的时候以字符串返回类的名称，不需要C++编译器中的本地运行类型信息(RTTI)的支持。
- inherits()函数返回这个对象是否是一个继承于QObject继承树中一个特定类的类的实例。
- tr()和trUtf8()两个函数用于国际化中的字符串翻译。
- setProperty()和property()两个函数用来通过名称动态设置和获得对象属性。
- metaObject()函数返回这个类所关联的元对象。

　　虽然使用QObject作为一个基类而不使用Q_OBJECT宏和元对象代码是可行的，但是如果Q_OBJECT宏没有被使用，则不会被提供这里的信号和槽以及其他特征描述。根据元对象系统的观点，一个没有元代码的QObject的子类和它含有元对象代码的最近的祖先相同。举个例子来说，className()将不会返回类的实际名称，返回的是它的这个祖先的名称。所以不管它们是否实际使用了信号、槽属性，QObject的所有子类都应该使用Q_OBJECT宏。

11.2.6 信号与插槽机制

1. 信号与插槽机制简介

信号与插槽机制是Qt非常重要的一个特征，通常用于对象之间的通信。比如对象1的状态发生变化时需要通知给另外的一个对象，并且引起该对象的相应动作，此时就可以使用信号与插槽来进行处理。

传统的处理办法是使用回调机制。所谓回调就是指一个函数的指针当需要一个处理函数通知一些事件时，就可以将另一个函数(回调)的指针传递给处理函数，该处理函数在适当的时候调用回调。下面就是使用回调的一个比较典型的例子。

```
void (*p) (); //p是指向某函数的指针
void func()
{
/* do something */
}


void caller(void(*ptr)())
{
ptr(); /* 调用ptr指向的函数 */
}
void func();
int main()
{
p = func;
caller(p); /* 传递函数地址到调用者 */
}
```

但是回调具有下列一些缺点：首先，不是类型安全的。我们从来都不能确定处理函数是否使用了正确的参数来调用回调。其次，回调和处理函数非常紧密地联系在一起，因为处理函数必须知道要调用哪个回调。

在Qt中使用信号和槽机制代替回调技术。Qt的窗口部件有很多预定义的信号，还可以通过继承加入自己的信号。当一个特定事件发生的时候，一个信号被发射。和信号相对应，当一个信号被发射出去的时候，可以定义一个或多个槽(即处理函数)来对信号进行响应。同理，Qt的窗口部件有很多预定义的槽，也可以加入自己的槽。信号和槽机制的优点如下。

● 首先，信号和槽的机制是类型安全的：一个信号的签名必须与它的接收槽的签名匹配。因为签名一致，编译器就可以帮助我们检测类型是否不匹配。

● 其次，信号和槽是宽松地联系在一起的：一个发射信号的类不用知道也不用注意哪个槽要接收这个信号。Qt的信号和槽的机制可以保证如果把一个信号和一个槽连接起来，槽会在正确的时间使用信号的参数而被调用。信号和槽可以使用任何数量、任何类型的参数。

图11-8显示了信号和插槽之间的一种可能组合。

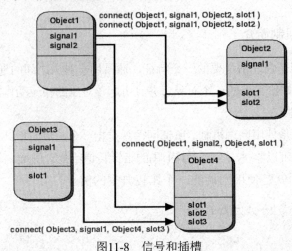

图11-8　信号和插槽

2. 信号的定义

当对象的内部状态发生改变时，信号就被发射。但是，只有定义了一个信号的类和它的子类才能发射这个信号。

```
class  类名
{      ……
       signal:
           //信号定义
           ……
}
```

信号会由moc自动生成，并且一定不要在.cpp文件中实现，它们也不能有任何返回类型(比如使用void)。

3. 插槽定义

定义槽时使用关键字slots，并且槽具有公有、保护和私有三种属性。当一个和槽连接的信号被发射的时候，这个槽被调用。槽也是普通的C++函数，可以像它们一样被调用，唯一的区别就是槽可以被信号连接。

```
class  类名
{      ……
       public slots:
           //公有插槽定义
       protected slots:
           //保护插槽定义
       private slots:
           //私有插槽定义
           ……
}
```

槽的访问权限决定了谁可以和它相连。

- public slots：包含了任何信号都可以相连的槽。
- protected slots：包含了此类和它的子类的信号才能连接的槽。
- private slots：包含了此类本身的信号可以连接的槽。

4. 信号和插槽连接

从上面的定义可以看出，信号和插槽都是某一对象的成员，通常情况下一个信号可以和一个或多个插槽相关联，关联函数如下。

```
connect(对象1, 对象1信号, 对象2, 插槽)
```

5. 信号发射

在Qt中，发射信号使用emit来完成。下面举例说明如何在一个类中添加自己的信号和插槽。

一个小的Qt类如下。

```cpp
class Foo : public QObject
{        Q_OBJECT
public:
    Foo();
    int value() const { return val; }
public slots:
    void setValue( int );
signals:
    void valueChanged( int );
private:
    int val;
};

void Foo::setValue( int v )
{
        if ( v != val ) {
            val = v;
            emit valueChanged(v);
        }
}

void main()
{
    Foo a, b;
    connect(&a, SIGNAL(valueChanged(int)),  &b,  SLOT(setValue(int)));
    b.setValue( 11 ); // a = undefined   b = 11
    a.setValue( 79 ); // a = 79          b = 79
```

```
        b.value();
        ……
    }
```

解释:

在类中定义信号使用关键字signal,在Foo类中定义了信号valueChanged(int),通过发射该信号告诉外面的世界它的状态发生了变化。

在上例中定义了一个公有槽,其他对象(或自身)可以发送信号给这个槽。在槽函数setValue()中,首先判断是否要修改val成员的值,如果需要,则修改val成员的值,然后调用emit来发送valueChanged(v)信号,告诉其他对象,该对象的val成员的值已经发生改变。

调用a.setValue(79)会使a发射一个valueChanged()信号,b将会在它的setValue()槽中接收这个信号,也就是b.setValue(79)被调用。接下来b会发射同样的valueChanged()信号,但是因为没有槽被连接到b的valueChanged()信号,所以信号消失了。

11.2.7 Qt/Embedded常用的类

在Qt/Embedded中提供了近400个已定义好的类,涵盖基本图形开发、网络通信、数据库设计等方方面面,大家在设计的时候可以到相关网站上去查询。下面简单介绍几个常用的类。

1. 窗体类

Qt拥有丰富的满足不同需求的窗体(按钮、滚动条等),Qt的窗体使用起来很灵活。为了满足特别的要求,它很容易就可以被子类化。

窗体是QWidget类或它子类的实例,客户自己的窗体类需要从Qwidget的子类继承。如图11-9所示为窗体类的层次图。

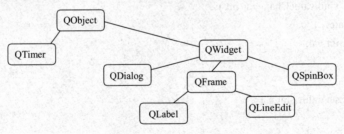

图11-9 QT窗体类层次

一个窗体可以包含任意数量的子窗体,子窗体可以显示在父窗体的客户区,一个没有父窗体的窗体称为顶级窗体,一个窗体通常有一个边框和标题栏作为装饰。Qt并未对一个窗体有什么限制,任何类型的窗体都可以是顶级窗体,任何类型的窗体都可以是别的窗体的子窗体。

Qt/Embedded的窗口系统由多个程序组成,其中一个作为主窗口程序,用来分配子窗口的显示区域,并产生鼠标和键盘事件。主窗口程序提供输入方式和启动子应用程序的用户界面。主窗口程序处理行为类似于子窗口程序,但有一些特殊。在命令行方式中键入"-qws"选项,任何应用程序都可以运行为主窗口程序。子窗口程序通过共享内存方式与主窗口程序进行通信。通信保持在一种很低的水平，子窗口程序可以不通过主窗口程序，而把所有绘制窗口的操作直接写到帧缓存，包括自身的标题栏和其他部件。所有这些都是由Qt/Embedded链接库自动完成的，对开发者来说完全透明。

2. QWidget类

QWidget类是所有用户界面对象的基类。它包括的具体函数如表11-2所示。

窗口部件是用户界面的一个原子：它从窗口系统接收鼠标、键盘和其他事件，并且在屏幕上绘制自己的表现。每一个窗口部件都是矩形，并且按Z轴顺序排列。

下面是一个典型的应用程序设计。

```
//#include <qwidget.h>
class Q_EXPORT QWidget : public QObject,   public QPaintDevice
{
…  …
}
```

表11-2　QWidget类函数表

组　　别	函　数　名
窗口函数	show()、hide()、raise()、lower()、close()
顶级窗口	caption()、setCaption()、icon()、setIcon()、iconText()、setIconText()、isActiveWindow()、setActiveWindow()、showMinimized()、showMaximized()、showFullScreen()、showNormal()
窗口内容	update()、repaint()、erase()、scroll()、updateMask()
几何形状	pos()、size()、rect()、x()、y()、width()、height()、sizePolicy()、setSizePolicy()、sizeHint()、updateGeometry()、layout()、move()、resize()、setGeometry()、frameGeometry()、geometry()、childrenRect()、adjustSize()、mapFromGlobal()、mapFromParent()、mapToGlobal()、mapToParent()、maximumSize()、minimumSize()、sizeIncrement()、setMaximumSize()、setMinimumSize()、setSizeIncrement()、setBaseSize()、setFixedSize()

3. QApplication类

QApplication类管理图形用户界面应用程序的控制流和主要设置。

它包含主事件循环，在其中来自窗口系统和其他资源的所有事件被处理和调度。它也处理应用程序的初始化和结束，并且提供对话管理。它还处理绝大多数系统范围和应用程序范围的设置。

对于任何一个使用Qt的图形用户界面应用程序，都存在一个QApplication对象，与这个应用程序在同一时间内是否有0、1、2或更多个窗口无关。

下面是一个典型的应用程序设计。

```
#include <qapplication.h>
#include "application.h"

int main( int argc,   char ** argv ) {
```

```
QApplication a( argc, argv );    //定义一个QApplication类对象，名称为a，参数为argc和argv
ApplicationWindow * mw = new ApplicationWindow();
                                 //建立一个新的窗口，窗口名为mw
mw->setCaption( "Qt Example - Application" );
                                 //调用ApplicationWindow的成员函数setCaption设置窗口显示
                                 //标题
mw->show();                      //用同样的方法，调用show函数，显示窗口
a.connect( &a,   SIGNAL(lastWindowClosed()),   &a,   SLOT(quit()) );
return a.exec();
}
```

本例的代码中，最重要的是最后这部分："a.connect(&a, SIGNAL(lastWindowClosed()), &a, SLOT(quit()))"。GUI是为了方便与用户的交互，那么对于"交互"而言应该如何进行呢？在Qt中，上节讲到的信号和槽是核心，即signal和slot。在GUI程序设计中，我们时常要求某一窗口部件的状态变化引起另外一个窗口部件的事件响应。比如在上述代码中，单击quit按钮会使程序退出。

不妨看看connect原型。

```
bool QObject::connect ( const QObject * sender,   const char * signal,   const QObject * receiver,   const
char * method,   Qt::ConnectionType type = Qt::AutoConnection )
```

显然，connect创建了sender和receiver之间的连接。sender发出一个signal，然后receiver用它的slot接收这个signal并且触发method。signal和method必须使用宏SIGNAL()和SLOT()来指定。

如果成功创建连接，则返回true，否则返回false。

上面是有关Qt/Embedded开发的基本知识，这些内容需要在开发之前进行了解，只有了解Qt/Embedded的架构及其相关机制，在开发时才能熟练运用。下面介绍Qt/Embedded的安装。

11.3　安装Qt/Embedded

这里使用的安装版本是Qt/Embedded 4.3.3。源码可以从网站上下载。具体地址为：ftp://ftp.qtsoftware.com/qt/source/qt-all-opensource-src-4.3.3.tar.gz。

解压之后就可以开始安装了。我们可以新建一个目录来编译，比如"build"目录。具体命令如下。

```
$tar xvf qt-all-opensource-src-4.3.3.tar.gz
$mkdir build
$cd build
```

11.3.1　配置

进入build目录，开始配置安装文件。在命令行中输入以下命令。

```
$cd build
$../ qt-all-opensource-src-4.3.3/configure -release -no-qvfb -xplatform qws/linux-arm-g++ -embedded
arm -no-stl -plugin-sql-sqlite -no-qt3support -no-nis -no-cups -no-iconv -no-qdbus -no-freetype -depths 4, 8, 16,
32 -qt-mouse-linuxtp
```

配置过程中有一些确认选项，确认之后，就可以使用"gmake"命令编译安装了。

11.3.2 编译

在命令行中输入gmake命令安装。

```
$gmake
#gmake install
```

qt-all-opensource-src-4.3.3将被安装到/usr/local/Trolltech/ qt-all-opensource-src-4.3.3。

11.3.3 测试

将/usr/local/Trolltech/ qt-all-opensource-src-4.3.3全部复制到开发板的NFS启动目录下并形成我们的nfs目录/opt/arm/rootnfs。

将开发板从使用NFS文件系统启动，此时就可以在开发板上运行了。在开发板上，我们还需要设置环境变量，具体设置如下。

```
#export set HOME=/root
#export set QTDIR=/usr/local/Trolltech/ qt-all-opensource-src-4.3.3
#export set QPEDIR=/usr/local/Trolltech/ qt-all-opensource-src-4.3.3
#export set QWS_KEYBOARD="USB:/dev/input/event1"
#export set QWS_MOUSE_PROTO="LinuxTP:/dev/h3600_tsraw"
#export set PATH=$QPEDIR/bin:$PATH
#export set LD_LIBRARY_PATH=$QTDIR/lib:$QPEDIR/lib
```

这样就安装好了QT的交叉编译环境。

11.4 Qt设计实例——密码验证程序

接下来讲解如何使用Qt Designer设计器编写密码验证程序，这里使用QT4版本。之后我们再将这个程序移植到目标开发板上运行。具体要求如下。

我们的密码验证程序的运行界面如图11-10所示，一共10个数字键、一个清除键、一个退出键、一个确认键。当我们输入正确的密码(这里设置为"123456")时弹出MessageBox，提示"用户密码正确"；当输入错误的密码时，提示"用户密码错误"，并提示重新输入密码。

图11-10　密码验证程序

11.4.1　快速安装QDevelop和Qt Designer

由于要在宿主机Ubuntu上运行调试页面，所以必须在Ubuntu中安装QDevelop和Qt Designer，这两个工具可以像我们先前那样安装，但是，前面在介绍Ubuntu中已经有所提示，Ubuntu下有一个庞大的软件库，对于基于PC的Qt开发环境，可以直接利用这个软件库安装。关于软件库的具体使用方法可参照第5章的相关内容，为了节省篇幅，这里简单介绍一下命令。

在终端中输入以下命令。

```
sudo apt-get install qt4-dev-tools qt4-doc qt4-qtconfig qt4-demos qt4-designer libqt4-dev libqt4-core
```

注意在这个版本的软件包中，qt4-dev-tools包含了Qt Assistant及Qt Linguist等工具，因此不需要单独安装这两个工具。qt4-doc是帮助文档，包含了Qt中各个类库的详细说明以及丰富的例子程序，可以使用Qt Assistant工具来打开阅读。qt4-qtconfig是配置Qt环境的一个对话框，一般选择"默认"就可以，很少有必要去更改。qt4-demos包含很多可以运行起来的可执行文件以及源代码，qt4-designer是用来设计GUI界面的设计器。

为了连接MySQL数据库，需要安装连接MySQL的驱动程序。

```
sudo apt-get install libqt4-sql-mysql
```

比起在Windows下安装和配置Qt的MySQL驱动程序，在Ubuntu下的安装的确方便很多。如果还需要其他没有默认安装的Qt库，可以在命令行输入"sudo apt-get install libqt4-"，然后按"Tab"键自动补全，之后就会列出所有以libqt4-开头的软件包。如图11-11所示为全部的软件包。

```
               -$ sudo apt-get install libqt4-
libqt4-assistant        libqt4-opengl           libqt4-sql-psql
libqt4-core             libqt4-opengl-dev        libqt4-sql-sqlite
libqt4-dbg              libqt4-qt3support        libqt4-sql-sqlite2
libqt4-dbus             libqt4-ruby              libqt4-svg
libqt4-debug            libqt4-ruby1.8           libqt4-test
libqt4-designer         libqt4-ruby1.8-examples  libqt4-webkit
libqt4-dev              libqt4-script            libqt4-webkit-dbg
libqt4-gui              libqt4-sql               libqt4-xml
libqt4-help             libqt4-sql-mysql         libqt4-xmlpatterns
libqt4-network          libqt4-sql-odbc          libqt4-xmlpatterns-dbg
```

图11-11　所有的软件包

这些使用一个命令就可以了，不需要从源码开始编译。在记不准或不知道名字的情况下，读者应该学会使用"Tab"键列出所有可选的软件包，这在命令输入时是一个很实用的小技巧。

这时，打开Qt Designer，就会发现左边的Widget列表里面多了"Qwt Widget"这一组。

最后安装集成开发环境QDevelop，它跟Qt Designer结合得很好，而且有提示类成员函数的功能。熟悉Windows下VC编程的人都知道这个功能非常实用，当输入某一个类时，按下"."符号，会自动列出类的各个成员函数，结合"Tab"键，可以方便快速地输入代码，减少输入错误。运行以下命令安装QDevelop。

```
sudo apt-get install qdevelop
```

接下来将使用QDevelop编写代码和编译、调试，使用Qt Designer设计界面，以提高开发效率。

11.4.2　界面设计

首先选择任务栏中的"应用程序"｜"编程"｜QDevelop命令。打开QDevelop程序，然后选择"工程"｜"新建工程"命令，此时将打开"新建工程"对话框。

在"模板"处选择"带对话框的工程"项，同时在"属性"的"位置"处，本例选择"/home/arm/"，工程名为"check"。其他默认即可，如图11-12所示。

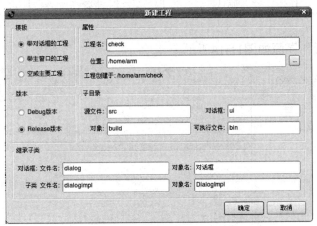

图11-12　"新建工程"对话框

确定之后，将回到QDevelop主界面。这样check的工程文件及一些必要的初始代码就创建成功了，在左面就可以看到工程资源管理器的信息，如图11-13所示。

然后，右键单击或者双击工程资源管理器中对话框下面的"ui/dialog.ui"标题，选择在Designer中打开。

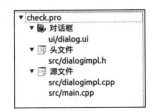

图11-13　工程资源管理器

此时在窗口最前面的是"新建窗体"对话框，因为窗口界面已经存在，就是 dialog.ui，因此单击"关闭"按钮。因为程序初始化界面设计器打开的工具很多，但对于入门者来说这些暂时还用不着，因此可以将动作编辑器、对象编辑器等不常用的工具都关掉，只保留"属性编辑器"。

首先清理dianlog.ui界面的内容，将"Remove this widget and insert your own widgets"及下面的按钮全部删除。下面开始设计密码验证程序的主界面窗口，具体步骤如下：

(1) 单击"Dialog"，在属性编辑器将"objectName"后面的三个问号"???"改为"check"，下面的"windowTitle"改为"密码验证"。

(2) 单击左边的"Line Edit"按钮，按住不放将其拖曳到对话框主界面中，一开始它的"objectName"为"lineEdit"，这个控件不做修改。

(3) 单击左边的"lable"按钮，按住不放将其拖曳到主界面中，"objectName"属性改为"lable1"，"text"属性改为"请输入密码！"。

(4) 单击左边的"Push Button"拖曳到对话框中，将"objectName"属性改为"zero"，"text"属性改为"0"；按照类似操作，再拖曳来8个，分别将它们的"text"属性改为"1"到"8"，而且将它们的"objectName"属性分别改为对应数字的英文单词。比如说"1"的"objectName"为"one"，"8"的"objectName"为"eight"。

(5) 然后再在主界面上安放三个Push Button按钮，各自的具体设置属性如表11-3所示。

表11-3　Button按钮属性设置

objectName	verify	clean	cancel
text	确认	清除	退出

经过调整之后，界面如图11-14所示。

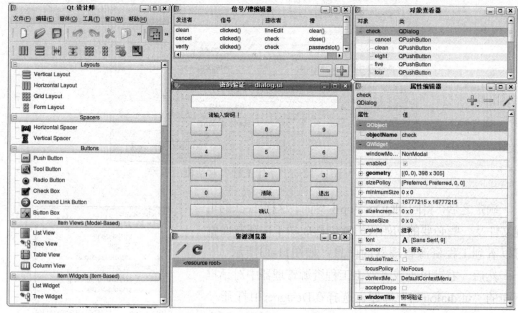

图11-14　初始界面设计效果

(6) 选择"编辑"｜"编辑Tab顺序"命令，将Line Edit设为"1"。程序运行时，光标就落在Line Edit上了。其他设置如图11-15所示。

图11-15　界面Tab顺序设置

11.4.3　信号与槽

下面开始进行信号和槽的编辑，具体步骤如下。

(1) 增加槽。在窗口空白处右击选择"改变信号/槽"命令，打开"check的信号/槽"对话框，单击槽下面的"＋"按钮，增加槽zero0()、one1()、two2()等。这里可以自定义槽的名称，但是不能跟先前界面上的元件相同，比方说，界面中有一个元件objectName为zero，此时的槽就不能再命名为zero，否则编译将会出错。

增加后的槽如图11-16所示，共12个。

(2) 按键盘上的F4键或依次选择"编辑"|"编辑信号/槽"命令，拖曳clean按钮到Line Edit上，松开鼠标，打开"配置连接"对话框。在"clean (QpushButton)"中选择"clicked()"项，"lineEdit (QlineEdit)"中选择"clear()"项。这样按钮"clean"的"clicked()"信号就和"lineEdit"的"clear()"槽连接起来了。当程序运行时，用户单击"clean"按钮，"lineEdit"的内容就会被清空。

(3) 按照上一步的方法添加数字按钮信号和槽的连接。依次选择"工具"|"信号/槽编辑器"命令，打开"信号/槽编辑器"对话框。单击"＋"按钮就可以添加"信号和槽的连接"。最后设置完成的效果如图11-17所示。

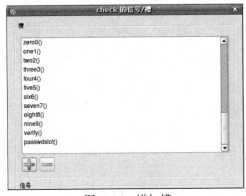

图11-16　增加槽

图11-17　数字按钮信号和槽的连接

到此为止，密码验证程序的界面设置已经完成。单击"保存"按钮对工程文件进行保存。我们可以预览一下界面的效果，依次选择"窗体"|"预览"命令，刚才所做的界面就都呈现

出来了，但只有按钮"clean"和"cancel"起作用，因为其他按钮的槽是用户添加的，还没有具体的执行代码。

上面所做的几个步骤都可以用命令来写，也就是说可以自己编写代码文件来实现同样的功能，但是这个对于初学者来说难度比较大。通过长时间实践，对代码熟悉以后应该就可以具备这样的能力了。这里可以使用Qt设计器来查看那些代码，它可以将上面所做的步骤自动生成代码。

也可以通过选择"窗体"|"查看代码"命令，来查看所做的操作系统自动记录下的源代码。

当在界面中做修改时，代码也会相应的发生变化。下面关闭Qt Designer，开始在QDevelop里进行程序设计。

11.4.4　添加代码

在QDevelop里主要修改的是dialogimpl.h和dialogimpl.cpp这两个文件。

在Dialogimpl.h文件中主要是添加槽的声明。将我们添加的槽添加到slots下面，修改后的文件如下。

```
#ifndef DIALOGIMPL_H
#define DIALOGIMPL_H
//
#include <QDialog>
#include "ui_dialog.h"
//
class DialogImpl : public QDialog,    public Ui::check
{
Q_OBJECT
public:
  DialogImpl( QWidget * parent = 0,    Qt::WFlags f = 0 );
private slots:
  void passwdslot();//密码
  void zero0();          //数字0
  void one1();           //数字1
  void two2();           //数字2
  void three3();         //数字3
  void four4();          //数字4
  void five5();          //数字5
  void six6();           //数字6
  void seven7();         //数字7
  void eight8();         //数字8
  void nine9();          //数字9
};
#endif
```

注意:

该文件中的Q_OBJECT是使用QT中的signal和slot时必须加入的,Qt会自动生成。

接下来就是dialogimpl.cpp文件,在这个文件中必须添加对槽的操作,即槽的实现。这里给出修改后的代码,并在代码中解释,这样便于读者理解。

```cpp
#include "dialogimpl.h"
#include <QMessageBox>
#include <qstring.h>

DialogImpl::DialogImpl( QWidget * parent,    Qt::WFlags f)

: QDialog(parent,    f)

{
setupUi(this);
}

//passwdslot()槽的编写。验证密码是不是123456
void DialogImpl::passwdslot()
{
  if(lineEdit->text() != "123456")
  {
        QMessageBox::information( this,    "Input Erro", tr("Please input again"));
        //第一个参数为消息框的父窗口指针
        //第二个参数为消息框的标题栏
        //第三个参数为消息框的文字提示信息
        lineEdit->setText("");
        lineEdit->setFocus();
        return;
  }
  else
  {
  QMessageBox::information( this,    "Input correct！", tr("yes!"));
  return;
  }
}

//单击0到9按钮时产生的事件
//用按钮数组应该不用写下面那么多重复的命令

void DialogImpl::zero0()
{
  QString add;
  add=lineEdit->text()+ zero->text();//add的值等于lineEdit的test和按钮text的“和”值
```

```
    lineEdit->setText(add);              //将add的内容添加到lineEdit->text()里
    lineEdit->setFocus();                //将光标设在lineEdit上，可以省掉
}
//与zero0()类似，我们就不一个个说明
void DialogImpl::one1()
{
  QString add;
  add=lineEdit->text()+ one->text();
  lineEdit->setText(add);
  lineEdit->setFocus();
}

void DialogImpl::two2()
{
  QString add;
  add=lineEdit->text()+ two->text();
  lineEdit->setText(add);
  lineEdit->setFocus();
}

void DialogImpl::three3()
{
  QString add;
  add=lineEdit->text()+ three->text();
  lineEdit->setText(add);
  lineEdit->setFocus();
}

void DialogImpl::four4()
{
  QString add;
  add=lineEdit->text()+ four->text();
  lineEdit->setText(add);
  lineEdit->setFocus();
}

void DialogImpl::five5()
{
  QString add;
  add=lineEdit->text()+ five->text();
  lineEdit->setText(add);
  lineEdit->setFocus();
}
```

```
void DialogImpl::six6()
{
  QString add;
  add=lineEdit->text()+ six->text();
  lineEdit->setText(add);
  lineEdit->setFocus();
}
void DialogImpl::seven7()
{
  QString add;
  add=lineEdit->text()+ seven->text();
  lineEdit->setText(add);
  lineEdit->setFocus();
}
void DialogImpl::eight8()
{
  QString add;
  add=lineEdit->text()+ eight->text();
  lineEdit->setText(add);
  lineEdit->setFocus();
}
void DialogImpl::nine9()
{
  QString add;
  add=lineEdit->text()+ one->text();
  lineEdit->setText(add);
  lineEdit->setFocus();
}
```

11.4.5　编译

文件修改好之后就可以编译了。跟其他的集成
开发工具一样，Qt设计器的编译非常方便。

依次选择"编译"|"编译"命令或者直接按键
盘上的"F7"功能键，就开始进行编译操作。编译完
成后将在"/home/arm/check"下生成"check"文件，
这就是编译后生成的可执行文件。

如果编译没有出现错误，就可以调试程序并运
行了。依次选择"调试"|"启动程序"命令，将启
动程序运行，界面如图11-18所示。

图11-18　程序启动

11.4.6　程序测试

　　程序启动成功后，下面对设计的程序进行测试，看是否满足设计要求。依次单击数字按钮，输入"123456"，然后单击"确认"按钮，弹出提示窗口，效果如图11-19所示。

这说明输入的密码是正确的，下面我们输入一个错误的密码看程序的提示效果。

再用同样的方法输入"7"，弹出错误提示，具体效果如图11-20所示。

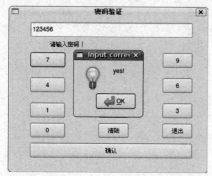 

　　　　图11-19　密码输入正确　　　　　　　　　　　图11-20　密码输入错误

　　到此，在宿主机上的设计编译就完成了。但上面生成的"check"可执行文件还不能在开发板上运行，因为它编译的环境和所依赖的库都是源自宿主机上的。要在开发板上运行，还需要进行移植操作。

11.4.7　移植

　　要移植到基于S3C2440的开发板上，必须重新编译。我们先前编译的是基于x86的二进制文件，所以必须重新编译这个文件，因为要在arm架构上运行就必须使用交叉编译器编译。这个修改很方便，首先必须安装Qt的编译环境，安装方法如前所示。

　　这里只需要修改qmake工具就能编译arm架构的二进制文件。依次选择"工具"|"外部工具"命令，将打开"外部工具"设置对话框，如图11-21所示。

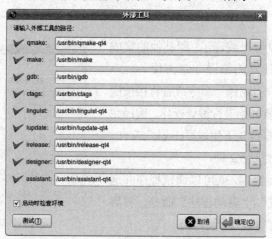

　　　　　　　　　　　图11-21　"外部工具"对话框

　　这里修改qmake就行了。接下来重新按键盘上的"F7"功能键，进行代码的重新编译，将在先前的目录中生成基于arm架构的二进制文件。使用File命令查看该文件属性，如图11-22所示。

图11-22　基于arm的文件属性

可见该文件为一个arm架构文件，跟先前生成的arm文件一致。

但是，这个文件还是不能直接在目标板上运行，还必须有必要的库的支持，我们在移植到开发板上时必须移植相关的库。可以直接复制交叉编译环境目录下的库，复制Qt安装目录下的"/lib/"目录到开发板的"/lib/"目录下即可。

这样就完成了整个程序的移植工作，之后将程序刻录到开发板上就可以了。如何刻录在前面章节中已经详细介绍过，这里不再赘述。

思考与练习

一、填空题

1. 嵌入式GUI组成和PC机上一般的应用程序的GUI相差不大，主要由桌面、＿＿＿＿＿、＿＿＿＿＿、＿＿＿＿＿、＿＿＿＿＿、功能表、图标等组成。

2. Qt源代码的开发是可以基于Qt API函数的。Qt API一般包含了＿＿＿＿＿、＿＿＿＿＿、＿和＿＿＿＿＿等。

3. Qt/Embedded以软件包的形式提供组件，主要有4个软件包：＿＿＿＿＿、＿＿＿＿＿、＿＿＿＿＿和Qt/Embedded安装包。

4. Qt/Embedded安装一般需经历＿＿＿＿＿、＿＿＿＿＿和＿＿＿＿＿等过程。

5. 在嵌入式GUI设计中，由于要在宿主机Ubuntu上运行调试页面，所以必须在Ubuntu中安装＿＿＿＿＿和＿＿＿＿＿这两个工具。

二、选择题

1. (   )是Digia公司的图形化界面开发工具的嵌入式版本，它通过API与Linux的I/O以及Frame Buffer直接交互，拥有较高的运行效率，而且整体采用面向对象编程，拥有良好的体系架构和编程模式。

  A．MiniGUI   B．Qt Embedded

  C．MicroWindows   D．OpenGUI

2. 运行Qt的虚拟缓冲帧工具的方法是在Linux的图形模式下运行(   )命令。

  A．qvfp   B．pvfq

  C．fpqv   D．qvpf

3. 在嵌入式GUI设计中，如果对象1的状态发生变化时需要通知给另外的一个对象，并且引起该对象的相应动作，此时就可以使用(　　)来进行处理。

    A. 回调   B. 信号与插槽

    C. 管道   D. 共享内存

4. 一个窗体可以包含任意数量的子窗体，子窗体可以显示在父窗体的客户区，一个没有父窗体的窗体我们称之为(　　)。

    A. 全局窗体   B. 父亲窗体

    C. 儿子窗体   D. 顶级窗体

5. 在安装Qt时，使用的安装命令是(　　)。

    A. install   B. make

    C. fmake   D. gmake

三、简答题

1. 嵌入式GUI有什么特点？具体有什么作用？

2. 目前常见的嵌入式GUI有哪些？

3. 简述嵌入式GUI的通信中信号和槽机制的优点。

4. Qt/Embedded常用的类有哪些？具体有什么作用？

四、上机题

1. 下载Qt源码，并在宿主机上编译。

2. 仿照第四节的程序，使用Qt Designer设计一个计算器程序，并移植到目标板上，界面可参考图11-23。

图11-23 第2题参考图

第12章 嵌入式视频监视系统开发实例

本书前面介绍了嵌入式系统设计的基本理论知识，包括嵌入式系统的组成，嵌入式Linux基本命令和嵌入式硬件架构。除此之外，本书还详细介绍了具体操作，包括交叉编译工具的使用，BootLoader的移植，定制内核，驱动程序开发，Web移植等需要实践的知识。所有这些内容都是在每一章内单独讲解的。在真正的嵌入式系统设计过程中，这些知识相互穿插。读者只有做到对每一章节的基础理论和操作都学通学会，才能在系统设计过程中运用自如。

本章将介绍一个嵌入式系统设计的实例——嵌入式视频监视系统。通过该实例，一方面可以带领读者对本书所介绍的基本操作进行一次复习；另一方面也向读者展示嵌入式系统设计的一般过程，为读者以后独立进行设计打好基础。

12.1 系统设计背景

随着计算机技术、网络技术的快速发展，人类进入了一个全新的信息时代，人们对信息的需求量越来越大。为获得更舒适的生活品质和更安全的生活环境，监控成为人们获取信息的一种重要方式。在获取信息的所有途径中，视频是携带信息量最大的一种，因此视频监控系统也成为监控系统中最重要的组成部分之一。在国民经济快速发展，人民生活质量普遍提高的背景下，视频监控系统已经越来越广泛地出现于银行、交通部门、政府部门、学校、军队、家庭等各种场合，视频应用也呈现出多样化的发展趋势，并具有越来越多的数字化、网络化、实时性等特性。

目前国内外市场上大部分视频监控系统，无论是数字控制的模拟视频监控系统还是数字视频监控系统，大都采用了专门的软、硬件和专用的视频信号传输系统，这造成了价格比较昂贵，阻碍了视频监控系统的进一步普及。

在嵌入式技术日臻成熟，网络应用无处不在的今天，几乎所有的电子电器设备里面都可以找到使用嵌入式芯片和基于一种或者几种网络协议的嵌入式系统的影子。使用嵌入式系统的设备一般都具有体积小、性能强、功耗低、可靠性高以及成本相对较低的突出特征，在监控领域，嵌入式系统的应用越来越广泛，尤其是随着32位嵌入式微处理器和数字信号处理器应用的普及，性能的不断提高，嵌入式系统在视频监控领域更是得到了很大的发展。

12.2　系统总体设计

嵌入式视频监视系统总体设计包括总体的设计思路，系统设计的要求与特点和系统的架构设计。

12.2.1　系统总体设计思路

设计一个成本低而可靠性好、通用性高的嵌入式网络视频监控系统，系统总体功能架构如图12-1所示。

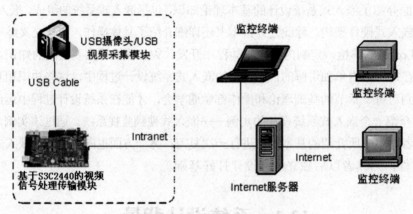

图12-1　系统总体构架

12.2.2　系统的设计要求及特点

依照要求，在实现网络视频监控功能的前提下，本系统主要有以下几个特点。

- 系统实现视频监控，且相关功能成本较低。
- 保证硬件设备兼容性、通用性、稳定性。
- 具有一定的安全性(用户识别、身份认证机制)。
- 较好的系统设计延续性及功能可扩展性。

在系统设计过程中，需要考虑以上四个特点。在目前已有资料、方案的基础上，对系统硬件的组成、使用的嵌入式操作系统、视频采集及传输程序、网络监控终端程序等进行消化、吸收与创新，以达到课题设计的要求。

12.2.3　系统总体架构设计

系统总体架构分为硬件和软件两块内容。

1. 系统的硬件架构

设计采用基于ARM 9的嵌入式模块作为系统的中心处理模块，是整个设计中的核心模块。中心处理模块通过USB接口连接USB摄像装置，并驱动USB摄像装置采集视频信号，经过相应的处理后通过以太网进行传输，实现这些功能是本设计的重点所在。系统硬件架构及信号流向如图12-2所示。

如图12-2所示，系统主要由USB摄像头，ARM 9芯片及其外围接口电路，终端视频信号接收、显示终端构成。首先由USB摄像头采集视频信息，通过USB接口将数据传输到由ARM芯片及其外围电路组成的核心模块进行处理，将原始的视频信息处理成为可传输、存储、再处理或显示的视频信号，通过以太网传输到终端模块进行存储、再处理或直接显示，实现视频监控的功能。

本文将在后面的内容中对系统的各个硬件组成部分及其电路连接做详细的介绍与分析。

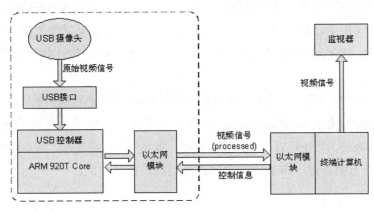

图12-2　系统硬件架构

2. 系统的软件结构

系统的软件构架主要由三个模块组成，即USB驱动程序模块、网络视频服务器模块和终端视频信号处理模块。

USB驱动程序模块中包含了USB总线驱动程序，USB摄像头数据输入驱动程序，这个模块的功能即驱动摄像头设备并采集视频信号；视频服务器模块包括视频信号处理模块和基于TCP/IP协议的视频信号传输程序模块，这个模块的功能即处理摄像头采集到的视频信号并将视频信号传输到被允许的视频监控终端；终端视频信号处理模块包括视频信号接收、存储及播放程序。

3. 系统的安全性考虑

在本设计中，视频信号通过以太网进行传输，这种设计在带来视频监控的广泛性与低成本的同时也带来了一定的安全问题。一般来说，接入网络的嵌入式视频服务器可以在以下几个方面加强系统的安全性。

- 在嵌入式操作系统内移植防火墙软件，通过防火墙的工作机制对访问系统的终端进行限制。
- 在嵌入式视频服务器软件内做IP地址过滤，对发出视频信号传输请求的IP地址进行过滤。
- 使用某种安全加密算法对需要传输的每一帧图像都进行加密，在访问系统的终端只能通过对应的解密程序获得原始的图像信息。

- 对于嵌入式Web服务器来说，目前可以通过嵌入式Web Server支持的CGI语言来实现连接用户身份认证，实现简单的安全性要求。

在本设计中，由于系统需要接入Internet以实现网络视频监控功能，故需要考虑数据传输中的安全性问题。综合本设计的ARM-Linux操作系统及使用的硬件设备，可以使用第二种方法来保障系统的安全性。

4. 系统的可扩展性

嵌入式系统就其本质来说是微型化的、专用的计算机系统，其在功能结构上具有专用性的特点。本设计采用了以ARM 9为核心的嵌入式芯片构建系统，从功能上讲，是针对网络视频监控而设计的。在实现网络视频监控及相关的功能方面，系统具有比较好的可扩展性以及开发的持续性。

Linux操作系统本身是一个功能非常强大，尤其是网络功能非常强大的操作系统，其针对ARM处理器的嵌入式版本ARM-Linux同样具有上述特点。基于本系统的硬件设计及其ARM-Linux操作系统，系统可以在本地存储扩展、视频信号压缩处理、简单图像识别、系统网络安全等几个方面有进一步扩展的余地以及功能的提高空间。

12.3　系统详细设计

系统详细设计部分涉及具体的硬件电路设计和软件代码实现等，是整个系统设计的关键环节。下面首先分析系统的硬件实现部分。

12.3.1　系统的硬件设计与调试

1. 总体硬件模块

设计一个嵌入式系统，硬件选取应当在保证系统功能正常的情况下尽量使用封装尺寸小、集成度高、低功耗，且成本低，较为普及，易应用的芯片及硬件设备。基于这样的原则，结合现有的硬件条件，本设计选取了GT2440开发板作为系统设计的硬件平台。

根据系统设计的要求与综合考虑，GT2440开发板核心板的硬件配置与外围扩展电路完全可以满足本课题的前期设计与后期的实验要求，使用其作为整个系统的核心模块进行硬件扩展以及程序设计、刻录、运行具有可行性，这一点在系统设计开发以及后期实验的过程中得到了充分的验证。

本系统以S3C2440芯片为核心进行外围功能芯片及电路扩展，相应的硬件模块图如图12-3所示。

本文将在下面几节对GT2440开发板上本设计使用的主要芯片以及重要硬件接口电路做简要介绍。

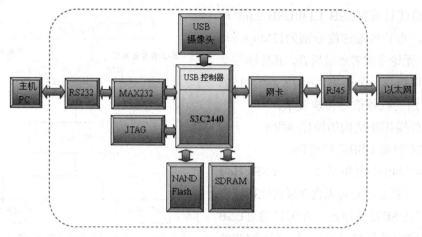

图12-3 系统硬件模块

2. USB摄像装置

本设计中采用的视频摄像的实验装置为目前使用广泛的采用USB输出的数字摄像头。数字摄像头的工作原理为：景物通过镜头(LENS)生成的光学图像投射到图像传感器表面上，转为电信号，经过模数转换(A/D)后变为数字信号，并送到专用的数字信号处理芯片(DSP)中进行压缩编码处理，再通过接口电路传输到PC中进行处理。

专用的数字信号处理芯片主要由三部分组成：ISP(Image Signal Processor，镜像信号处理器)、JPEG Encoder(JPEG图像压缩编码器)、USB Device Controller(USB设备控制器)。数字摄像头中使用的DSP芯片不同，决定了摄像头硬件驱动程序的不完全兼容性，使用不同DSP芯片的摄像头往往需要安装不同的驱动程序。目前市场上USB摄像头使用的DSP芯片常见的有Z-star系列、SONIX系列、OV511等。

采用USB输出的数字摄像头相比于其他种类的视频采集装置，其优点比较明显。

- 分辨率一般都大于或等于30万像素，均可实现VGA级(640×480)的压缩视频信号输出。
- 内置专用DSP芯片，可对原始视频信号做前期压缩编码处理，减少系统中MCU时间占用与程序编写的工作量。
- USB接口传输速度较快，且向下兼容低版本协议，USB 1.1接口设备带宽也完全满足VGA级压缩视频数据传输。

一般采用USB数据输入的数字摄像头价格较低，使系统成本进一步降低。

由于本系统中提到的USB摄像头设备均指采用USB输出的数字摄像头，接下来首先介绍USB的相关知识。

(1) USB总线

USB英文全名为Universal Serial Bus，即通用串行总线，是目前应用最为广泛的一种连接外围设备的总线标准。其最大的优点在于支持USB硬件设备的热插拔，并且可以通过一个USB控制器管理最多7级127个USB设备。

USB总线目前有USB 1.1和USB 2.0两种协议标准，理论传输速度分别为12Mbps/s和480Mbps，无论是前者还是后者，其传输带宽理论上均可以满足分辨率为640×480、15f/s的VGA级别的视频信号传输要求。

USB总线拓扑结构如图12-4所示。

(2) S3C2440 USB接口电路

在S3C2440片内集成了一个USB Host Controller，也就是说它可以直接通过USB硬件接口电路与USB设备相连，并可以通过USB HUB进行USB设备数量的扩展。S3C2440的USB Host Controller是符合USB 1.1协议标准

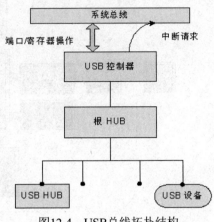

图12-4　USB总线拓扑结构

的硬件控制器，由于USB协议的向下兼容性，符合USB 2.0协议标准的设备同样可以接在这个接口上使用USB 1.1的协议进行数据传输。S3C2440片内的USB Host Controller与USB设备的硬件接口电路如图12-5所示。

其中VDD5VUSB、USBDP、USBDM为直接从S3C2440芯片管脚引出的线路，即直接连接到S3C2440的USB Controller模块，电路的结构比较简单，需要的外围器件也比较少。

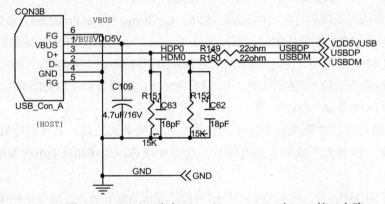

图12-5　S3C2440片内USB Host Controller与USB接口电路

3. 系统调试接口

本设计使用RS232串口作为系统的调试接口与PC机进行通信。系统与PC机通过串口线连接，加电后在PC机上使用Linux操作系统下的Minicom或Windows操作系统下的超级终端等串口终端软件，即可以查看系统输出的启动、运行状态信息，并可以通过输入命令行进行系统配置或运行相关程序。

如图12-6所示为S3C2440通过MAX232串口接口芯片连接到两个9针RS232接口电路。

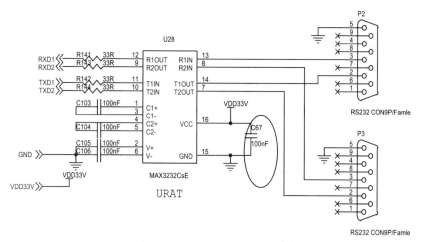

图12-6　串口MAX232芯片连接RS232芯片电路

12.3.2　系统的软件设计与调试

在本系统的设计过程中使用在硬件构架及功能上基本符合设计需求的GT2440开发板作为设计的实验板，硬件电路实现过程被大大简化，系统设计的主要工作为系统软件的设计、编写及调试。

本节将详细分析与实现ARM-Linux嵌入式操作系统在GT2440开发板上的移植，系统设计开发环境的搭建和基于ARM-Linux的功能软件的设计、编写、调试。其中主要包括基于ARM-Linux的程序开发、调试环境的构建，基于S3C2440的USB摄像头数据输入驱动程序设计，SPCA5xx系列Linux下通用摄像头驱动程序的介绍、分析和其在ARM-Linux平台上的移植，以及嵌入式视频服务器的设计与编写。

1. 嵌入式Linux开发环境的构建

按照本书第7~第10章介绍的方法建立一个完整的嵌入式Linux基本系统，这里限于篇幅不再重复。下面重点介绍USB摄像头的驱动程序设计。

2. Linux下通用USB摄像头数据输入驱动程序

上面两节介绍了Linux下的驱动程序的功能、结构和设计时的一些基本函数等，以及Linux下摄像头驱动程序设计思想和流程。本节将研究与分析一个开源的通用USB摄像头数据输入驱动程序的构架及主要的功能函数，并在后续章节中研究基于这个通用驱动程序的ARM-Linux移植以及应用程序的开发。

Linux系统的先进性就在于其开放性，任何人都可以了解其内核架构、运行机制，这样的一种开放性又反过来对Linux的进一步发展形成了有力的促进。在研究Linux下摄像头驱动及视频采集的过程中，本设计参考一个开源网站提供的Linux下通用的摄像头驱动程序进行架构研究与驱动测试。经过研究、分析、编写与移植，在本设计中实现了基于S3C2440的嵌入式开发板与ARM-Linux下的通用摄像头的驱动。

这个驱动程序为SPCA5xx系列驱动程序，是由Michel Xhaard在前人大量工作的基础上后续开发并负责目前维护的一个开源驱动程序项目，网站地址：http://mxhaard.free.fr/，可以在这个网站上下载内核相关版本的源文件，也可以在http://www.sourceforge.net/上下载相关版本的源文件。

本设计中使用的是针对Linux 2.6版本内核的spca5xx-Light-Edition，这个版本的特点是编译生成后的驱动程序文件体积比较小，节省驱动程序加载及应用程序运行的存储空间，比较适合运行嵌入式Linux的嵌入式系统使用。经过对源代码的研究与分析，发现spca5xx-Light-Edition与其他版本在功能上的主要不同之处如下。

- 减少了音频部分的驱动及接口函数，简化了应用程序的编写。
- 减少了对视频信号的JPEG编码、压缩的功能，大大减少系统中CPU的工作量，更适合低工作频率、无协处理器的嵌入式MCU使用。
- 只能支持JPEG视频流输出的摄像头，也就是说，视频图像的编码、压缩在摄像头内部的DSP处理器中完成。上面提到的摄像头芯片厂家中，如Sunplus、Z-star/Vimicro、Sonix等公司的大部分USB摄像头DSP芯片都是直接输出JPEG视频流的(JPEG RAW格式)。仅Z-star/Vimicro一家公司的USB摄像头DSP芯片在市场的占有率就达70%以上。

综上所述，spca5xx-Light-Edition驱动程序是适合在嵌入式Linux系统下使用的一款通用USB摄像头数据输入驱动程序，尽管在功能上有一定的裁减，但是对于实现视频监控的主要功能来说已经足够了，而且保持着对目前市场上绝大多数USB摄像头的支持与良好的兼容性，其对音频等功能的裁减也在一定程度上减少了视频服务器与客户端播放软件的复杂程度。

本设计中使用的是版本号为00.57.06LE的spca5xx-Light-Edition驱动程序，可以在http://mxhaard.free.fr/网站上下载到名为usb-2.4.31LE06.tar.gz的源文件，解压后即可得到其驱动程序源代码。在下面的章节，本文将对这个驱动程序的构架以及功能函数做详细的研究、分析与说明。

3. spca5xx通用驱动程序的架构

解压usb-2.4.31LE06.tar.gz的源文件后得到21个文件，其中通过分析源代码可以看出：包含有如zc3xx.h、hv7131b.h、pas106b.h、sn9xxxx.h、hdcs2020.h、cs2102.h、hv713c.h、icm105a.h、tas5130c.h、sp5xxfw2.h、pb0330.h等12个不同厂家/系列DSP芯片的硬件特征定义的头文件，每个头文件中都针对此品牌的一系列不同的DSP芯片寄存器及其硬件特征定义了相对应的数据结构，而在驱动程序的主程序中，也依靠对这些数据结构的使用来完成对不同USB摄像头的相应操作。关于各个品牌的DSP芯片的寄存器及其相关硬件的定义，在其芯片的Data Sheet中一般都可以找到比较详细的介绍，在此不再赘述。

还有三个是与编译相关的Makefile.xxx文件，是关于GCC/ARM-GCC编译器如何对源代码进行编译的文件。关于本驱动程序的Makefile文件的设计，将在下一节进行分析说明。

spcaCpact.h这个文件是对嵌入式Linux的内核版本兼容的检查，具体内容如下。

```
# if LINUX_VERSION_CODE < KERNEL_VERSION(2, 4, 24)
static inline void * video_get_drvdata(struct video_device *vdev){...}
static inline void video_set_drvdata(struct video_device *vdev, void *data){...}
```

```
static inline struct video_device *video_device_alloc(void){...}
static inline void video_device_release(struct video_device *vdev){...}
#endif
```

从源代码可以看出，内核版本大于2.4.24的Linux就不能被这个版本的驱动程序很好地支持。本系统中运行的ARM-Linux的内核版本为2.4.18，满足这个驱动程序的兼容性条件。

spcadecoder.h与spcadecoder.c这两个程序用来在JPEG RAW数据流中抓取数据并产生一帧JPEG图像，重要数据结构及功能解释如下。

```
#define JPEGHEADER_LENGTH 589
const unsigned char JPEGHeader[JPEGHEADER_LENGTH] =
                        // 定义JPEG图像头，并给出JPEG头的内容
int spca50x_outpicture ( struct spca50x_frame *myframe )
// 保存JPEG图像帧到tempbuffer中
static int make_jpeg (struct spca50x_frame *myframe)
            // 生成JPEG图像帧
```

spcausb.h、spcacore.h、spcacore.c是spca5xx驱动程序的核心部分，其中spcausb.h、spcacore.h为主程序定义、预定义相关的变量以及数据结构，spcacore.c为驱动程序的主程序，USB实现了设备的初始化与卸载，与USB Core的设备操作V4L接口函数，JPEG图像信息在用户内存空间的映射等。下面将对这个程序作详细的功能函数分析与注释。

spac5xx的实现是按照标准的USB Video设备的驱动程序框架编写(/usr/src/linux/drivers/usb/usbvideo.c)的，整个程序由三个主要模块组成。

- USB设备模块的初始化模块和卸载模块。
- 上层软件接口模块。
- 数据传输模块。

下面将结合Linux操作系统下USB驱动程序架构，对spcacore.c的架构及其主要数据结构、功能函数作详细的分析与说明。

4. spca5xx通用驱动程序核心程序分析

(1) USB设备模块的初始化模块和卸载模块

该驱动程序采用了显式的模块初始化和消除函数，即调用module_init初始化一个模块，并在卸载时调用moduel_exit函数。其具体实现如下。

```
module_init (usb_spca5xx_init);
static int __init
usb_spca5xx_init (void)
{
#ifdef CONFIG_PROC_FS
  proc_spca50x_create ();                    // 建立PROC设备文件
#endif
  if (usb_register (&spca5xx_driver) < 0)    // 注册USB设备驱动
    return -1;
```

```
    info ("spca5xx driver %s registered", version);
    return 0;
}
模块卸载：
module_exit (usb_spca5xx_exit);
tatic void __exit
usb_spca5xx_exit (void)
{
    usb_deregister (&spca5xx_driver);          // 注销USB设备驱动
    info ("driver spca5xx deregistered");
#ifdef CONFIG_PROC_FS
    proc_spca50x_destroy ();                   // 撤销PROC设备文件
#endif
}
设备模块的初始化模块和卸载模块中的几个关键数据结构有：
static struct usb_driver spca5xx_driver =
{                                              // USB驱动结构，即插即用功能的实现
    "spca5xx",
    spca5xx_probe,                             // 注册设备自我侦测功能
    spca5xx_disconnect,                        // 注册设备自我断开功能
    {NULL, NULL}
};
```

程序调用spca5xx_probe和spca5xx_disconnect来支持USB设备的即插即用功能，这两个函数也是按照标准USB设备即插即用的自动注册与自动断开函数编写的，具体函数体可参考内核文件"/usr/src/linux/drivers/usb/usb.c"。

(2) 上层软件接口模块

上层软件接口模块通过file_operations数据结构，依据V4L协议规范，实现设备的关键系统调用，实现设备文件化的Linux系统设计特点。作为USB摄像头数据输入驱动程序，其功能为对摄像头的DSP输出视频信号进行传输与处理，而没有向摄像头输出数据的功能，因此在程序中没有实现write系统调用。其关键的数据结构如下。

```
static struct file_operations spca5xx_fops =
{
    .owner = THIS_MODULE,
    .open = spca5xx_open,                // open功能
    .release = spca5xx_close,            // close功能
    .read = spca5xx_read,                // read功能
    .mmap = spca5xx_mmap,                // 内存映射功能
    .ioctl = spca5xx_ioctl,              // 文件信息获取
    .llseek = no_llseek,                 // 文件定位功能未实现
};
```

(3) Open功能模块

Open功能模块主要用来完成设备的打开和初始化，并初始化解码器模块。其具体实现如下。

```
spca5xx_open(struct video_device *vdev,   int flags)
{
    struct usb_spca50x *spca50x = video_get_drvdata (vdev);
    int err;
    MOD_INC_USE_COUNT;                      // 增加模块计数
    down (&spca50x->lock);
    err = -ENODEV;
    if (!spca50x->present)                  // 检查设备是否存在
      goto out;                             // 是否正在被占用
       err = -ENOMEM;
   if (spca50x->user)
        goto out;
        err = -ENOMEM;
   if (spca50x_alloc (spca50x))
goto out;
    err = spca50x_init_source (spca50x);    // 初始化传感器和解码模块，在此函数的实现中，
                                            //   对每一款DSP芯片的初始化都不一样
……
        spca5xx_initDecoder(spca50x);
//解码模块初始化，其模块的具体实现采用的是huffman算法
    spca5xx_setFrameDecoder(spca50x);
    spca50x->user++;
    err = spca50x_init_isoc (spca50x);
//初始化URB，启动摄像头，采用同步传输的方式传送数据
 ……
    }
```

Close功能如下：

```
 spca5xx_close( struct video_device *vdev)
{
    struct usb_spca50x *spca50x =vdev->priv;
    int i;
    PDEBUG (2, "spca50x_close");
    down (&spca50x->lock);
    spca50x->user--;
    spca50x->curframe = -1;
    if (spca50x->present)
       {
spca50x_stop_isoc (spca50x);
 // 停止摄像头工作和数据包发送
```

```
        spcaCameraShutDown (spca50x);
    // 关闭摄像头，由子函数spca50x_stop_isoc完成
    for (i = 0; i < SPCA50X_NUMFRAMES; i++) // 唤醒所有等待进程
        {
            if (waitqueue_active (&spca50x->frame[i].wq))
                wake_up_interruptible (&spca50x->frame[i].wq);
        }
            if (waitqueue_active (&spca50x->wq))
                wake_up_interruptible (&spca50x->wq);
        }
        up (&spca50x->lock);
        spca5xx_dealloc (spca50x);                    // 回收内存空间
        PDEBUG(2, "Release ressources done");
        MOD_DEC_USE_COUNT;
    }
```

(4) Read功能模块

Read功能模块主要用来完成数据的读取，其主要工作就是将数据由内核空间传送到进程用户空间，具体代码如下。

```
    spca5xx_read(struct video_device *dev, char * buf, unsigned long
            count, int noblock)
    {
    struct usb_spca50x *spca50x = video_get_drvdata (dev);
        int i;
        int frmx = -1;
        int rc;
        volatile struct spca50x_frame *frame;
    if (down_interruptible(&spca50x->lock))            // 获取信号量
            return -EINTR;
        if (!dev || !buf){                              // 判断设备情况
            up(&spca50x->lock);
            return -EFAULT;
    }
        if (!spca50x->dev){
            up(&spca50x->lock);
            return -EIO;
    }
        if (!spca50x->streaming){
            up(&spca50x->lock);
            return -EIO;
    }
        ……
    for (i = 0; i < SPCA50X_NUMFRAMES; i++)
        if (spca50x->frame[i].grabstate == FRAME_DONE) //标识数据已到
```

```
    ……
    frame = &spca50x->frame[frmx];
    if (count > frame->scanlength)
    count = frame->scanlength;
    if ((i = copy_to_user (buf, frame->data, count)))
// 实现用户空间和内核空间的数据拷贝
      ……
    frame->grabstate = FRAME_READY;            // 标识数据已空
up(&spca50x->lock);
    return count;                              // 返回复制的数据数
}
```

(5) mmap功能模块

mmap功能模块主要用来实现将设备内存映射到用户进程的地址空间的功能，其关键函数是remap_page_range，具体实现如下。

```
spca5xx_mmap(struct video_device *dev, const char *adr, unsigned long size)
{
    unsigned long start=(unsigned long) adr;
    struct usb_spca50x *spca50x = dev->priv;
    unsigned long page, pos;
    if (spca50x->dev == NULL)
      return -EIO;
      if (size >
    (((SPCA50X_NUMFRAMES * MAX_DATA_SIZE) + PAGE_SIZE - 1) & ~(PAGE_SIZE -1)))
      return -EINVAL;
          if(down_interruptible(&spca50x->lock))        // 获取信号量
                  return -EINTR;
      pos = (unsigned long) spca50x->fbuf;
      while (size > 0)                          // 循环实现内存映射
        {
         page = kvirt_to_pa (pos);
        if (remap_page_range (start, page, PAGE_SIZE, PAGE_SHARED)){  // 实现内存映射
            up(&spca50x->lock);
            return -EAGAIN;      }
        ……
        }
up(&spca50x->lock);                          // 释放信号量
    return 0;
}
```

(6) ioctl功能模块

ioctl功能模块主要用来实现文件信息的获取功能，具体的代码实现如下。

```
spca5xx_ioctl (struct inode *inode, struct file *file, unsigned int cmd, unsigned long arg)
  {
```

```
            struct video_device *vdev = file->private_data;
            struct usb_spca50x *spca50x = vdev->priv;
            int rc;
            if (down_interruptible(&spca50x->lock))        // 获取信号量
                    return -EINTR;
        rc = video_usercopy (inode, file, cmd, arg, spca5xx_do_ioctl);
    // 将信息传送到用户进程，其关键函数实现spca5xx_do_ioctl
up(&spca50x->lock);
        return rc;
    }
```

spca5xx_do_ioctl函数的实现依赖不同的硬件，驱动程序为了支持多种DSP芯片，实现程序比较繁琐，主要思想是通过copy_to_user(arg，b，sizeof(struct video_capability)函数将设备信息传递给用户进程。

(7) 数据传输模块

程序采用tasklet实现同步快速传递数据，并通过spcadecode.c上的软件解码函数实现JPEG图像的解码。此模块的入口节点挂在spca_open函数中，具体的函数为spca50x_init_isoc。设备被打开时，同步传输数据也已经开始，并通过spca50x_move_data函数将数据传递给驱动程序，驱动程序通过轮询的办法实现对数据的访问。

```
outpict_do_tasklet (unsigned long ptr)
{
    int err;
    struct spca50x_frame *taskletframe = (struct spca50x_frame *) ptr;
    taskletframe->scanlength = taskletframe->highwater - taskletframe->data;
            taskletframe->hdrwidth, taskletframe->hdrheight,
            taskletframe->method);
    err = spca50x_outpicture (taskletframe);        // 输出处理过的图片数据
    if (err != 0)
      {
        PDEBUG (0, "frame decoder failed (%d)", err);
        taskletframe->grabstate = FRAME_ERROR;
      }
    else
      {
        taskletframe->grabstate = FRAME_DONE;
      }
  if (waitqueue_active (&taskletframe->wq)) // 若有进程等待，唤醒等待进程
      wake_up_interruptible (&taskletframe->wq);
}
```

以上为spca5xx通用USB摄像头数据输入驱动程序的具体框架说明及其中主要的功能模块及关键数据结构和函数说明。

12.3.3　USB数据输入驱动程序移植

Linux的设备驱动程序有两种加载模式，一种是内核直接加载，也就是说Linux启动后驱动程序直接进入内核，在映射内存中占用一定的空间；另一种就是模块加载，即Linux启动以后，通过insmod命令加载驱动程序到内核，并且可以rmmod命令从内核中卸载该驱动程序。

比较这两种驱动程序的加载方式，无疑模块加载方式更加能够适应嵌入式系统的资源条件与功能要求。在本设计中，摄像头的驱动程序将以模块的方式加载入内核。下面将对SPCA5XX驱动程序的ARM-Linux移植做详细阐述。

在前面的章节中提到过将一个功能或驱动程序支持定制到内核的方法，但那是针对在Linux内核中自带源程序的定制方法，而本设计的驱动程序源码是在Linux内核源代码之外的，这样就需要其他的一些工作来实现spca5xx驱动的内核定制。基本步骤如下。

(1) 将spca5xx的驱动程序选项加入到MENUCONFIG的MENU之中，以供选择并在编译中编译进入内核。

在文件/drivers/usb/config.in中，"$CONFIG_VIDEO_DEV"项如下。

```
dep_tristate 'USB Philips Cameras' CONFIG_USB_PWC $CONFIG_USB $CONFIG_VIDEO_DEV
```

添加如下代码。

```
dep_tristate 'USB SPCA5XX Cameras' CONFIG_USB_SPCA5XX $CONFIG_USB
$CONFIG_VIDEO_DEV
```

后面的参数代表其依赖于$CONFIG_USB $CONFIG_VIDEO_DEV。
然后再在代码：

```
/DRIVERS/USB/MAKEFILE中, # Object files in subdirectories选项中,
subdir-$(CONFIG_USB_STORAGE)+= storage
```

中加入下面的代码。

```
subdir-$(CONFIG_USB_SPCA5XX)+= spca5xx
ifeq ($(CONFIG_USB_SPCA5XX), y)
obj-y += spca5xx/spca5xx.o
endif
```

这样，就可以依次从MENUCONFIG中的"DEVICE DRIVER"|"USB"|"VIDEO_DEV"下面找到spca5xx的视频设备驱动程序选项。

(2) 在根目录下修改MAKEFILE。将"CC=gcc"改为"CC=/usr/local/arm/2.95.3/bin/arm-gcc-linux"，保存后，编译器的默认编译器即变成了V2.95.3的cross-complier。

(3) 接着配置内核编译参数并编译内核。在终端的相应目录下运行如下命令。

```
$make clean
$make menuconfig
```

进行内核编译参数设置，选择load装载一个默认的也就是SAMSUNG公司给出的一个配

置文件，打开目录/arch/arm下的smdk2440.config文件，手动修改几项设置(其余设置根据自己需要添加或修改)，具体步骤如下：

- 选择对视频设备支持，依次选择"MEDIA DEVICES"|"V4L"|"静态编译入内核"，启动时自动加载。
- 配置USB设备，选择支持USB DEVICE并选择静态编译入内核。
- 选中S3C2440的OHCI支持。
- 在VIDEO DEVICE中选择对spca5xx的模块化编译，开机后手动加载，也可通过配置/usr/etc/rc.local自动加载。

保存MENUCONFIG后进行编译，具体命令如下。

```
$make
$make modules
```

编译结束之后会在目录"/drivers/usb/spca5xx"下产生三个.o的驱动程序文件，即为产生的摄像头设备的驱动程序。在"/arch/arm/boot"下会产生zImage这样一个压缩内核文件，启动MINICOM将其刻录入开发板。至此，spca5xx摄像头驱动程序的ARM-Linux移植过程基本完成，接着即可进行相关的测试与功能程序的运行。

12.3.4　USB摄像头数据输入驱动程序测试

测试的具体步骤如下。

(1) 挂载驱动程序模块及摄像头设备。具体输入命令如下。

```
$ cd    tmp
$ ls
bin      linuxrc      test      spca5xx.o      dev      mnt
usr      etc          lib       sbin
```

进入开发板控制台，可以发现系统已经将宿主机NFS目录下的文件挂载到开发板"/tmp"目录下，显示内容如下。

```
$ insmod      spca5xx.o
$usb.c:registered new driver spca5xx
$spca_core.c:spca5xx driver 00.57.06LE registered
```

加载驱动程序模块，出现如下所示的信息，说明加载驱动程序模块成功。

```
$hub.c: USB new device connect on bus1/1, assigned device number 2
spca_core.c:USB   SPCA5XX camera found. Type Vimicro Zc301P 0x301b
```

(2) 建立设备挂载点，具体命令如下。

```
$ mknod   /dev/video0 c 81 0
```

查看设备是否挂载成功，可以看到设备video0已被创建，如图12-7所示，设备现在可以被应用程序操作。

```
# cd dev
# ls
adc         fb0        mtdblock     rtc           tty2      vcc
bon         full       null         scsi          ttyS0     video0
clkctl      gpiokey    port         sda1          ttyS1     watchdog
console     kmem       ptmx         shm           ttyS2     zero
cua0        led        pts          touchscreen   urandom
cua1        mem        pty          tty           usb
cua2        misc       random       tty0          v4l
fb          mtd        root         tty1          vc
```

图12-7　ARM-Linux下设备列表

(3) 测试驱动程序加载的正确性。

具体使用如下命令。

```
# cat   /dev/video0 > /tmp/1.jpeg
# cat   /dev/video0 > /tmp/2.jpeg
```

然后可看到在宿主机的NFS目录下有1.jpeg和2.jpeg两个图像文件，说明摄像头已经驱动成功。

12.3.5　嵌入式网络视频服务器的设计

USB摄像头输出的数据流被成功接收后，要做的工作就是让摄像头采集的视频信号能够在网络上传输并最终显示在监控终端上，这就需要设计一个网络视频服务器来负责接收监控终端(客户端)的视频信号传输请求，然后读取视频信号并通过特定的网络协议传输视频信号。

根据设计要求以及设计中采用的硬件器件，视频服务器与客户端之间采用TCP/IP协议进行通信，使用C语言编写Socket套接字程序来实现视频数据的传输，服务器功能流程框图如图12-8所示。

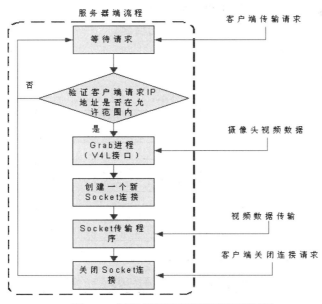

图12-8　网络视频服务器程序流程框图

12.3.6　Video4Linux程序设计

1. Video4Linux视频编程流程

Video4Linux(简称V4L)是Linux中关于视频设备的内核驱动程序,也就是视频设备与应用程序的一个接口函数集合。目前已经有Video4Linux2的标准,但还未加入标准Linux内核,使用时需自己下载补丁。在Linux中,视频设备是设备文件,可以像访问普通文件一样对其进行读写,在本设计中,摄像头文件为/dev/video0。

Video4Linux下视频编程的具体流程如下。

(1) 打开视频设备。

(2) 读取设备信息。

(3) 更改设备当前设置。

(4) 进行视频采集,可使用两种方法(将结合本设计讨论)。

● 内存映射(mmap)。

● 直接从设备读取。

(5) 对采集的视频进行处理。

(6) 关闭视频设备。

Video4Linux中主要的数据结构如下。

● video_capability:包含设备的基本信息如设备名称、支持的最大最小分辨率、信号源信息等。

● video_picture:设备采集的图像的各种属性。

● video_channel:关于各个信号源的属性。

● video_window:包含关于capture area的信息。

● video_mbuf:利用mmap进行映射的帧的信息。

● video_buffer:最底层对buffer的描述。

● video_mmap:用于mmap。

Video4Linux的程序流程框图如图12-9所示。

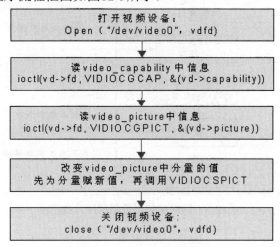

图12-9　V4L程序流程框图

2. 视频采集方法

前面提到，使用V4L进行视频采集有两种方法。

(1) 用内存映射(mmap)方式采集视频

mmap系统调用使得进程之间通过映射同一个普通文件实现内存共享。普通文件被映射到进程地址空间后，进程可以像访问普通内存一样对文件进行访问，不必再调用read、write等操作。两个不同进程A、B共享内存的意思是同一块物理内存被映射到进程A、B各自的进程地址空间，进程A可以即时看到进程B对共享内存中数据的更新，反之亦然。

采用共享内存通信的一个显而易见的好处是效率高，因为进程可以直接读写内存。使用mmap方式进行采集视频的具体步骤如下：

先使用ioctl(grab_fd, VIDIOCGMBUF, &grab_vm)函数获得摄像头存储缓冲区的帧信息，之后修改video_mmap中的设置，例如重新设置图像帧的垂直及水平分辨率、彩色显示格式，具体设置如下。

```
grab_buf.height=240;
grab_buf.width=320;
grab_buf.format=VIDEO_PALETTE_RGB24;
```

接着把摄像头对应的设备文件映射到内存区，具体代码如下。

```
grab_data=(unsigned char*)
```

通过执行mmap(0, grab_vm.size, PROT_READ|PROT_WRITE, MAP_SHARED, grad_fd, 0)操作，设备文件的内容就映射到内存区，该映射内容区可读可写并且可在不同进程间共享。该函数成功时返回镜像内存区的指针，失败时返回值-1。

(2) 用直接读设备方式采集视频

调用read函数，通过内核缓冲区来读取视频数据信息，指向要读写的信息的指针，返回值为实际读写的字符数，具体代码如下。

```
int len ;
unsigned char *vd->map=
    (unsigned char *) malloc(vdcapability.maxwidth*vdcapability.maxheight );
len = read(vdfd, vd vd->map, vdcapability.maxwidth*vdcapability.maxheight*3 );
```

12.4 系 统 测 试

12.4.1 准备工作

将在宿主机NFS目录中所有调试成功的程序与原有文件系统中的程序文件一同打包成镜像文件，通过BootLoader自带的刻录工具刻录到开发板上，将系统硬件全部按照设计连接好，准备进行系统的功能测试。

12.4.2　测试方法

依据系统设计需要达到的目标，对系统的测试主要分为以下几个方面。

- 通过串口作为console口观察系统启动、运行、关闭过程中程序有无错误、异常情况发生。
- 通过串口作为console口查看USB摄像头数据输入驱动程序的加载，摄像头设备的挂载，以及服务器的启动，客户端连接等是否与系统设计标准相符合。
- 测试嵌入式视频监控服务器是否工作正常，是否可以正确响应监控终端的传输请求。
- 测试监控终端视频监控软件是否工作正常，图片抓取、存储功能是否正常。
- 测试使用嵌入式WebCam Server作为服务器时，是否可以跨平台使用浏览器查看监控视频。
- 用数种型号、品牌的摄像头测试系统的兼容性、通用性、稳定性。
- 令系统长时间工作，测试系统的稳定性。

12.4.3　测试结果

系统按照上面的测试步骤进行了一系列的测试，系统测试结果如下。

- 系统在启动、运行、关闭过程中没有出现异常错误，启动、运行与关闭信息均为正常情况，达到设计要求。
- 系统启动过程中摄像头驱动程序的加载，摄像头设备挂载均正常；启动嵌入式视频服务器正常，出现测试信息如图12-10所示。

```
# ./videoserver -d /dev/video0 -g -s 640x480 -w 8080
videoserver version: 1.1.3 date: 11:12:2006
Waiting .... for connection. CTrl_c to stop
Got connection from 192.168.100.1
```

图12-10　嵌入式视频服务器运行信息

说明服务器已经正常启动，并成功响应了视频监控终端传输请求。

- 视频监控终端软件测试工作正常，分辨率为640×480的监控画面如图12-11所示。

系统的JPEG格式图片存储功能也通过测试，可以在SD卡上成功地从嵌入式视频服务器处截取JPEG格式的图片。

WebCam Server时，终端浏览器下载Java插件后可以看到来自摄像头的320×240的流畅监控视频，如图12-12、图12-13所示分别为使用Linux下的Mozilla Firefox 1.01与Windows下IE 6.0浏览器的效果图。

图12-11　监控画面

图12-12　Linux下Mozilla Firefox浏览器　　　　图12-13　Windows下IE浏览器

　　至此，一个完整的系统就建立起来了，当然这个系统在实际使用中还有许多工作要做。读者可以在此系统基础上扩展其功能。

　　对于该系统的扩展，读者可以添加上位机系统、图像处理、抓图、视频录制功能等等。由于这些功能牵涉的知识很多，比如说上位机及处理程序可能会用到VC++、VB等高级语言，上位机界面可参考图12-14。

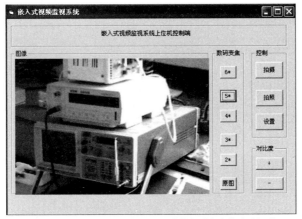

图12-14　嵌入式视频监视系统控制端参考界面

　　这些都已经超出了本书的范围，有兴趣的读者可以参看相关书籍，这里不再介绍。